Die

Papier-Prägetechnik

Praktiſches Handbuch für die
geſamte Papier-Prägetechnik

Herausgegeben unter Mitarbeit namhafter Fachleute der Prägepraxis von

Walter Hess

Mit einem Anhang von V. Langnickel, Chemnitz

Mit 55 Figuren im Text und Tafeln ausgeführter Prägearbeiten

**Zweite
vermehrte und verbeſſerte Auflage**

BERLIN W
VERLAG VON M. KRAYN
1923

Druck von Carl Seifert, Köstritz, Thür.

Inhaltsverzeichnis

Vorwort zur zweiten Auflage.

Ein Jahrzehnt nach der ersten Auflage dieses Handbuches erscheint nunmehr die zweite wesentlich vermehrte und verbesserte Auflage. Wenn wir zwei Drittel der verflossenen Jahre abrechnen, die durch den Krieg und seine Folgeerscheinungen ohnehin den technischen Künsten nicht gerade günstig waren, so beweist der Umstand, daß die „Prägepraxis" schon seit zwei Jahren im Buchhandel vergriffen ist, wie groß die Nachfrage seitens der Industrie nach einem wirklich praktischen Handbuch des Prägens und Pressens war. Das beweisen auch die mir ständig direkt und durch Vermittlung der Fachpresse zugehenden Zuschriften der Interessenten, ob und wann wohl eine 2. Auflage dieses praktischen Handbuches erscheinen wird.

Ein großer Teil der Arbeiten, die in der 1. Auflage Aufnahme fanden und die als Grundlage für die Beschreibung der technischen Vorgänge der Papierprägung gelten können, ist bestehen geblieben. Die allermeisten der geschilderten Verhältnisse treffen auch heute noch zu, denn die Ungunst der Verhältnisse hat ja schließlich vorwiegend nur die Materialien, weniger die ganze Arbeitsweise bedeutend beeinflußt, so daß die Folgerungen der Vorkriegszeit auch heute noch anwendbar sind.

Soweit die einzelnen Abschnitte nicht meiner eigenen Feder entstammen, sind sie von namhaften Fachleuten aus der Praxis behandelt worden, denen ich, soweit sie aus beruflichen Rücksichten nicht genannt zu werden wünschen, an dieser Stelle für ihre Mitarbeit nicht minder dafür verbindlichst danke, daß sie bemüht waren, ihre Erfahrungen in den Dienst der Fachkollegen und derer zu stellen, die es werden wollen, um sie über die mannigfachen Schwierigkeiten der beruflichen Ausübung des Prägens und Pressens durch ihre sachdienlichen Anleitungen hinwegzuhelfen.

Insbesondere steuerte in dankenswerter Weise der Fachschriftsteller Herr Carl Gustav Junge in Niedersedlitz bei Dresden eine ganze Anzahl einschlägiger Arbeiten über das Prägen aus seiner erfahrungsreichen Praxis bei, die es mir ermöglichten, durch Ausschöpfung weiterer Quellen die vorliegende 2. Auflage der Papierprägetechnik auf den gegenwärtigen Stand dieser nicht gerade einfachen aber umso interessanteren Technik zu bringen.

Herr V. Langnickel-Chemnitz schrieb über das Pressen einen Anhang zu diesem Buche, auch besorgte er die Durchsicht der sonst noch auf das Pressen bezüglichen Abschnitte, die er durch sein reiches Wissen auf diesem Gebiet sachgemäß ergänzt hat.

Berlin im Oktober 1922.

Walter Hess.

Zur Einführung.

Prägen — Pressen ist die mechanische Verrichtung, einen Körper mittels geeigneter Werkzeuge durch Stoß oder Druck bestimmte Gestalt zu geben.

Prägen heißt den dargestellten Gegenstand möglichst plastisch aus einer Fläche herausheben, während derselbe umgekehrt beim Pressen in dieselbe hinein gedrückt wird.

Ist dort das Bild in dem zum Prägen gebrauchten Teil (Stempel) tief gearbeitet, d. h. ähnlich einer Form zum Gießen, so ist dasselbe zum Pressen erhaben dargestellt.

Prägen und Pressen wird in den verschiedensten Industrien angewandt.

Man sagt, die Münze oder Medaille usw., der Löffel, die Siegelmarke ist geprägt, hingegen der Buchdeckel, der Pappteller usw. ist gepreßt.

Unter Pressen versteht man gewöhnlich ein Zusammenpressen ähnlich dem mechanischen Vorgang beim Zusammenpressen von Papierballen oder bei Fruchtpressen. In der Prägepraxis sprechen wir daher mit logischer Berechtigung von „Tiefprägung" oder „Hoch- und Reliefprägung" bzw. -Pressung.

Ihre weitaus größte Verbreitung findet die Technik des Prägens in der Papier verarbeitenden Industrie.

Die einfachste Art des Prägens wird die sein, wie man sie auch vielfach in Papiergeschäften zur Selbstherstellung von Monogrammen findet, zwischen zwei erhaben herausgearbeiteten Flächenteilen aus Metall ein dünnes Papierblatt zu bringen, um durch kräftigen Druck zu erreichen, daß das Papier an der Stelle der gewünschten Prägung die Form der in dem Stempel gravierten verschlungenen Buchstaben zu erkennen gibt und diese plastisch durch den Prägedruck wiedergibt.

Je dünner das Papier ist, desto besser gelingt die Prägung.

Die einfache Weiß- oder Blindprägung findet dann Anwendung, wenn auf weißes oder farbiges Papier bzw. Karton eine einfache Prägung, ohne den Stempel vorher einzufärben, ausgeführt werden soll. Dabei ist darauf zu achten, daß das zu prägende Material durch die starke Druckwirkung sich in den um die Reliefornamente liegenden Flächen nicht verändert, was durch sorgfältigen Matrizenaufbau vermieden werden kann.

Ist die Veränderung der Papierfläche nicht vermeidbar, so muß sie vollkommen gleichmäßig sein, um Flecken oder glänzende Stellen im Papier oder Karton zu vermeiden. Die Wirkung der Weiß- oder Blindprägung steht selbst bei scharfen Reliefs meist hinter der Erwartung zurück; es läßt sich eine Steigerung derselben nur durch das koloristische Hilfsmittel des Anspritzens solcher Prägungen mit dem Ärograph (Luftpinsel) erzielen.

Schon seit alters her, wie auch heute noch, suchte man z. B. dem Buche ein geschmackvolles Gewand zu geben. Mittels Treib- und Schlaginstrumenten trieb und punzte man Embleme in den Ledereinband.

Man benutzte getriebene Embleme, Ecken und Buckel. Auch wurden gegossene, ziselierte Beschläge, Buckel und Klammern aus Metall auf den Lederbändern angebracht, die den Zweck verfolgten, das auf den Deckel gepreßte, gemalte oder geschnitzte Bild beim Aufschlagen desselben zu schützen, im übrigen sich aber der Zeichnung harmonisch anpaßten. Die verschiedenen hierzu gebrauchten Werkzeuge vereinigte man in Platten, mit denen man dann auf mechanischem Wege dieselben Wirkungen als von Hand gearbeitet erzielte. Größere Anwendung fand diese Methode, als die Buchbinderei mehr handwerksmäßig ausgeführt wurde.

Wird statt der Tiefprägung die zu veredelnde Fläche erhaben herausgeprägt, so haben wir es mit einer Reliefprägung zu tun, die in ihrer einfachsten Form ohne Verwendung von Farbe als Blinddruck bezeichnet wird.

Die Verwendung des Kalikos als Deckelüberzug, seine Billigkeit dem Leder gegenüber und seine Eigenschaften gaben dem Buchbinder ein Material in die Hand, das sich hinsichtlich seiner weiteren Veredelung durch die Technik des Prägens und Pressens ausgezeichnet eignete. — Die früher mit der Hand gepunzten und gemalten oder sonstwie aufgebrachten Embleme, Arabesken und die Beschläge wurden nachgeahmt, d. h. durch Verwendung gravierter Platten in den Deckel unter Benutzung einer Maschine (Kniehebelpresse, Tiegeldruckpresse u. a. m.) gepreßt.

Zur Herstellung dieser Pressungen bedarf es Platten, auf denen das dargestellte Bild hoch (erhaben) graviert ist. Wird die Platte nun schwarz oder farbig eingewalzt, zur Nachahmung der gemalten Embleme, so haben wir den Schwarz- oder Farbdruck.

Wird statt der Farbe Blattgold in Anwendung gebracht, so entsteht eine Arbeit, die wir in der Praxis mit Preßvergoldung (oder auch Goldtiefdruck) bezeichnen.

Zum Prägen sind Platten erforderlich, in die der darzustellende Gegenstand vertieft graviert ist. Was man früher also durch Punzen und Treiben (Aufnieten von Beschlägen) herstellte, erreicht man nun, da größere maschinelle Hilfsmittel zur Verfügung stehen, durch Prägen.

Weiter findet die Prägeplatte die mannigfaltigste Anwendung in der Luxuspapierfabrikation bei der Herstellung der Gratulationskarten, bei Zigarrenpackungen usw., bei der Fabrikation von Lampenschirmen, bei denen sie als sogenannte Durchbruchplatte gebraucht wird u. a. m.

Auch zur wirksamen Ausstattung von Buchdruckarbeiten kommt die Prägetechnik nicht selten zur Anwendung.

Es gibt in der papierverarbeitenden Industrie wohl kaum ein anderes Verfahren, welches so oft und vielseitig Anwendung findet als die Prägetechnik. Die Handhabungen des Prägens sind nicht so einfacher Art, wie es auf den ersten Blick hin scheinen mag. Die mit Prägungen versehenen Erzeugnisse der Papierwarenfabrikation werden bei den Abnehmern um so größeren Anklang finden, je mehr den Anforderungen der Käufer an der sachgemäßen Ausführung der Ware Genüge geleistet wird.

Die technischen Vorgänge zur Veränderung der Papieroberfläche durch Anwendung der verschiedenen Techniken des Prägens und Pressens mit und ohne Verwendung von Farben, Folien und Blattmetallen kennen zu lernen werden wir uns in diesem praktischen Handbuch angelegen sein lassen.

Die Prägestempel.

Die Herstellung und Aufbewahrung der Prägeplatten und Stempel.

Zur Hochprägung einzelner Teile einer Zeichnung, welche plastisch wirken resp. den Gegenstand möglichst natürlich darstellen sollen, bedarf es einwandfrei gravierter Platten oder Stempel, die aus Stahl oder Rotguß bestehen.

Wie bei anderen Berufen, so haben sich auch bei den Graveuren mit der Zeit bestimmte Spezialisten herangebildet, z. B. Reliefgraveure, welche die Gravuren herstellen, zum Unterschied von Golddruckgraveuren.

Die Herstellung der Prägeplatte ist der vorbereitende Arbeitsgang zur praktischen Ausführung der Prägearbeit. Die Plattenherstellung fällt selten in das eigentliche Arbeitsgebiet der Prägeanstalten, wird vielmehr in den meisten Fällen von Graveuren außer dem Hause besorgt. Erst mit dem Vorhandensein der fertig ausgearbeiteten Platte beginnt das erste Stadium der Prägetechnik. Es sei vorausgeschickt, daß das Bestellen der Prägeplatte, von der nicht selten der Ausfall der Prägearbeit abhängt, ein weitgehendes fachtechnisches Wissen nicht nur bezüglich der Technik der Gravur selbst voraussetzt, sondern besonders auf die weitere Verwendbarkeit in der Technik des Prägens mit Bezug auf das Verarbeiten der Ware erfordert, die nicht selten durch irgendwelche technische Schwierigkeiten Veränderungen ausgesetzt ist, die meist in dem Dehnungsprozeß des Papiers ihren Ursprung haben.

Nicht jeder Graveur ist imstande, Präge- oder tief geprägte Platten herzustellen, sondern es gibt für dieses Gebiet eben bestimmte Spezialisten.

Reliefgraveure nennt man solche, deren Arbeitsmaterial Stahl und Messing ist, und die sozusagen in Metall die betreffende

Zeichnung negativ modellieren, um diese dann später bei dem Prägevorgang unter Zuhilfenahme einer Matrize in positiver, erhaben herausgeprägter Form zum Ausdruck zu bringen. Den Gegensatz hierzu bilden die Golddruckgraveure, welche hoch gestochene resp. gravierte Platten herstellen, die gebraucht werden zur Prägung von Goldtiteln für Bücherrücken und -Deckeln, sowie Farbdrucken für die äußere Ausstattung von Buchdeckeln. Bei den Erzeugnissen dieser Technik wird der Grund herausgearbeitet, so daß die Schriften (bzw. die Zeichnung) erhaben dastehen zur Erzielung eines Flächendruckes. Das Material des Golddruckgraveurs besteht vorwiegend in Messing, für Heißprägungen nur in Rotguß.

Stempelschneider sind solche, die Modelle und Originale von Schriften, Ornamenten usw. in Stahl schneiden, nach welchen die vom Buchdrucker gebrauchten Schriften und Zierstücke vom Schriftgießer hergestellt resp. gegossen werden.

Wir kommen nun zu den Vorarbeiten für die Herstellung einer Prägeplatte.

Die Zeichnung, welche durch die Hochprägung einzelner Teile hervorgehoben werden soll, wird zunächst auf Pauspapier übertragen.

Bei Lithographien wird von der Konturplatte ein Abzug mittels Umdruckfarbe gemacht und dieser auf die plan und sauber polierte Stempelfläche der Stahl- oder Rotgußplatte übertragen, die vorher mittels weißer Farbe (bestehend aus pulverisiertem Kremserweiß in Verbindung mit Damarlack) überzogen wird. Bei der Übertragung von Bleistiftzeichnungen erhält die heißgemachte Platte einen Wachsüberzug, auf welchen die auf Pauspapier gebrachte Bleistiftzeichnung abgerieben wird.

Für die Herstellung von Farbdruckstempeln ist zu beachten, daß eine Farbe genau in die andere passen muß; es wird erst die schwarze Platte (die Grund- oder Konturplatte) und dann die anderen Fortdruckplatten nacheinander aufgedruckt und dann bearbeitet.

Es sei nicht unerwähnt gelassen, daß die unschätzbaren Dienste der Photographie auch für dieses Gebiet große Dienste zu leisten vermögen, besonders wo es gilt, das koloristische Werk des Künstlers genau zu kopieren, wie beispielsweise bei mehrfarbig ausgestatteten Buchdecken.

Die Genauigkeit der Wiedergabe zugleich mit der Billigkeit in der Herstellung haben neuerdings die Übertragung der Zeichnung auf die Platte auf photographischem Wege gezeitigt. Die Platten werden vorher mit einem lichtempfindlichen Präparat behandelt und nach Übertragung der Zeichnung durch chemische Behandlung angeätzt, alsdann unter Zuhilfenahme der Fräsmaschine ausgearbeitet.

Besonders bei künstlerischen Monogramm-Wirkungen sowie Stahlstichen für Briefbogen u. a. ist die photographische Übertragung sehr zu empfehlen, um eine genaue Wiedergabe des Entwurfes zu erreichen.

Durch Anradieren der Platten lassen sich auch Wirkungen erzielen, die als Kupferdrucknachahmung gelten.

Im übrigen ist der allgemeine Arbeitsvorgang für die Anfertigung von Reliefprägeplatten folgender:

Die Platte mit der aufgetragenen Zeichnung legt der Graveur auf ein mit Sand gefülltes Lederkissen, damit er zur Bearbeitung der Stempelfläche einen elastischen Widerstand hat, nachdem er die Relief- bzw. Monogrammstempelplatte in eine eiserne Kluppe gespannt hat.

Eine genaue Vorlage für die Art der Gravur besteht meistens nicht, besonders dann, wenn es sich um die Anfertigung ganz neuer Sujets handelt. Eine möglichst plastische Zeichnung ist aber zur Ausführung einer guten Arbeit durchaus erforderlich und vom Besteller von dem ausführenden Atelier nach seinen Angaben anfertigen zu lassen, um unliebsamen Enttäuschungen nach Fertigstellung der Gravur vorzubeugen.

Der die Arbeit ausführende Reliefgraveur muß ein gutes Modulationsverständnis (ähnlich dem Bildhauer) besitzen, um zu ermessen, was er aus der Zeichnung herauszuholen und in die Platte zu gravieren hat.

Zur Reliefgravur benötigt er verschiedene Instrumente, wie Spitz-, Flach- und Hohlstichel, Flach-, Hohl- und Spitzmeißel, Treib- und Ziehpunzen, welche namentlich beim Kleinrelief, wie z. B. Fürsten- und Behördenwappen, oder bei städtischen Stempeln usw., oder bei Zeichnungen mit sich wiederholenden Ornamenten gebraucht werden.

Soll die Gravur in einer Stahlplatte hergestellt werden, so bedient sich der Graveur in erster Linie des Spitzmeißels und des Hammers.

Durch Aufschlagen mit diesem auf den Meißelkopf bewirkt er ein Eindringen der Schneide in die Stahlfläche, wobei er sich zunächst an die Konturen hält. Erst wenn diese fertig sind, hebt er die Fläche mittels Flach- und Hohlmeißel aus oder unter Zuhilfenahme der Hobelmaschine, wie unten beschrieben. Ist dieses erledigt, so wird er sich an die Ziselierungs- bzw. Modulationsarbeit machen und die Tiefen herausarbeiten, die bei der Prägung als erhabene Flächen wirken sollen. Es ist Gefühls- und Empfindungssache, wie die einzelnen Teile der Gravur herausgeholt werden.

Um sich von dem Fortgange, d. h. dem Ausdruck seiner Arbeit, zu überzeugen, macht sich der Graveur meistens einen Abdruck in Plastilina (für kleine Flächen) oder häufiger in Gips, um zu sehen, ob auch alle Stellen in gewünschter Weise plastisch hervortreten oder ob hier und da noch etwas nachzuarbeiten ist. Auch eine Paste, die aus Glyzerin und Rötel besteht und eine tonartige Masse ergibt, erfüllt den gleichen Zweck.

Vor dem Gebrauche des Stempels muß natürlich eine Anprägung von demselben erfolgen. Zur Ausarbeitung einzelner Teile, die nur haarfein hervortreten, muß der Graveur sich ständig der Lupe bedienen, was für die Augentätigkeit nicht gerade günstig ist, im Interesse des guten Ausfalls der Arbeit jedoch nicht zu umgehen ist. Bei ornamentaler Ausschmückung von größeren Flächen, wie das besonders bei Reklameplakaten der Fall ist, wird der farbige Teil glatt bleiben, während die ornamentalen Beigaben in die Prägeplatte hineingearbeitet werden, wodurch dann die reliefartig wirkende Hochprägung erzielt wird. Auf diese Weise lassen sich die originellsten Muster erzielen. Für größere glatte Flächen wird am meisten die kornartige Flächenprägung angewendet. Größere Partien in gleicher Tiefe werden von der eigens dazu erbauten Hobelmaschine herausgeholt, welche ungemein gleichmäßig die zu entfernenden Partien aus dem Stahl aushebt, wie es von der Hand mit dem Meißel und Stichel weniger genau, vor allem aber nur unter bedeutendem Zeitaufwand möglich wäre.

Besonders bei großen Auflagen, wie sie gewisse Massenartikel bedingen, wird das Zusammenbringen von mehreren kleinen Artikeln oder vorhandenen kleinen Platten zu einer großen zweckmäßig sein, um die Kosten der Prägeausführung auf das mindeste Maß zu beschränken und die Herstellungskosten dadurch nach Möglichkeit zu verbilligen.

Für die Bearbeitung der Rotgußplatten haben wir zur Erleichterung der langwierigen Handarbeiten die F r ä s m a s c h i n e zu erwähnen, die nicht nur zur Herausnahme größerer Partien innerhalb der Zeichnung, sondern auch zur Herausarbeitung selbst feinster Partien um die Konturen herum dient. Die Zeichnung wird, wie beschrieben, auf den Stempelblock übertragen und dann vorgestochen. Das Ausheben der auszustechenden Partien besorgt der Graveur auf der Maschine, die für feinste Präzisionsarbeiten geeignet und selbst für die Bearbeitung sehr schwieriger Partien herzurichten ist. Die Arbeit des Graveurs beschränkt sich in solchem Falle, außer der Bedienung der Fräsmaschine, die eine ungemein große Geschicklichkeit, die peinlichste Genauigkeit sowie Gewissenhaftigkeit während der Arbeit voraussetzt, in dem Nacharbeiten besonderer Feinheiten der Zeichnung.

Was die Bestellung aller jener Prägeplatten betrifft, die zur Bearbeitung der vielen verschiedenen Erzeugnisse der Luxuspapierfabrikation bestimmt sind, als Karten aller Art, Wandsprüche, Kalender, Reliefs, Plakate, Prospekte u. a. m., so gilt für alle der eine Grundsatz, dem Graveur müssen für die Ausführung seiner Arbeit genaue Angaben gemacht werden, damit jeder Zweifel, Irrtümer bei der Ausführung, Rückfragen und damit verbundener Zeitverlust vermieden werden. Es ist zweckmäßig, solche Vorschriften, sofern es sich um Druckerzeugnisse handelt, gleich auf die Kontur zu schreiben, weil ja überhaupt erst nach deren Fertigstellung an die Bestellung der Prägeplatte gedacht werden kann. Dieses wird besonders von Vorteil bei der Kartenfabrikation sein, bei welcher jede Fabrikationsverbilligung auf den zu erlösenden Preis von Einfluß ist. Solche Erzeugnisse können nur dann gewinnbringend sein, wenn sie in größeren Quantitäten unter möglichster Verbilligung der Herstellungskosten an Material und Ausführung hergestellt werden können.

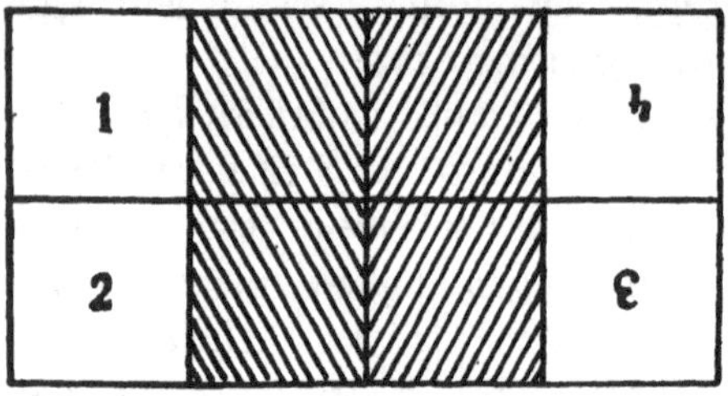

Fig. 1.

Bei dem Umdrucken vorhandener Lithographien von Karten ist darauf zu achten, daß bei der Vereinigung mehrerer Prägungen diese zu einer Prägedruckplatte so zu stehen kommen, daß sie eine räumlich beschränkte Fläche zur Verbilligung der Herstellung einnehmen, d. h. wenn es sich um zwei bis vier Karten handelt, so werden zwei zu prägende Klappen untereinander, bei vier Stück dagegen gegen- und untereinander stehen; die nicht geprägten Rückklappen kommen dabei nach außen zu stehen. (Fig. 1.) Ebenso ist bezüglich der fast unausbleiblichen Texte eine sehr genaue Angabe notwendig ob diese ganz oder nur deren Anfangsbuchstaben geprägt werden sollen. Bei den Kissenprägungen (Heraushebung von Ovalen) werden einige ovale Linien, wie auf beifolgenden Skizzen angegeben, als Anhaltspunkt für den Graveur vollkommen genügen. (Fig. 2 u. 3.)

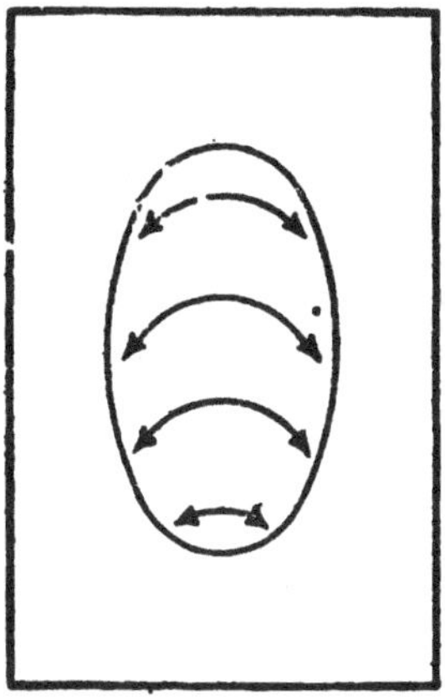

Fig. 2.

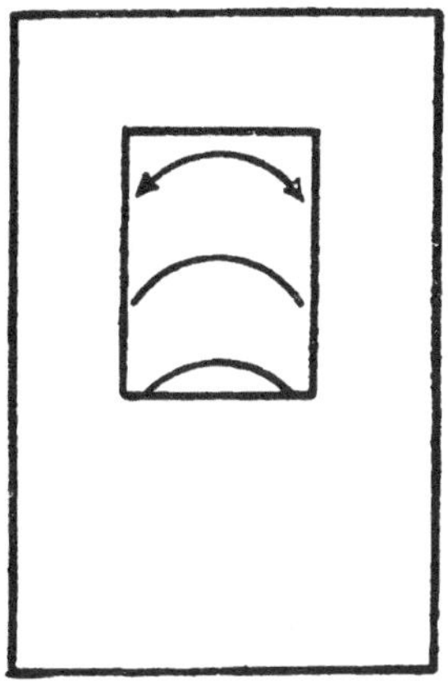

Fig. 3.

Bei besonders feinen Gravuren, wie z. B. bei Staubgefäßen in Blüten, die auf dem Wege der Monogrammprägung hergestellt werden, ist es meist der Fall, daß sich beim Überdruck das Nichtpassen bemerkbar macht; auch werden sehr feine Stellen (Punkte) durch zu scharfen Druck der Presse breit gedrückt. Um diesen Möglichkeiten wirksam vorzubeugen, ist es empfehlenswert, an Stelle der vielen feinen Punkte eine feine Linie zu gravieren. Beim Ausprägen wird man dann hinsichtlich des Passens mit bedeutend weniger Schwierigkeiten zu rechnen haben, besonders wenn es sich um Prägungen von mehreren Farben handelt (meist eine Farbe und Gold).

Bei der Bestellung von Prägeplatten wird diesem Umstand immerhin Beachtung zu schenken sein.

Besonders feine Zeichnungen und Schriften werden natürlich, hinsichtlich der Übereinstimmung zwischen Druck und Gravur, am schlechtesten abschneiden für solche Erzeugnisse, die vorher grainiert werden, d. h. deren Oberflächen wesentlichen Veränderungen ausgesetzt sind.

Da mit der Präge- auch meist gleichzeitig die Schneideplatte bestellt wird, so sei der in der Praxis erprobte Hinweis gestattet, darauf zu sehen, zu scharfe Spitzen in der Zeichnung tunlichst zu vermeiden. Im Original mögen sie ja sehr schön aussehen, für die Praxis bedeuten sie aber ein arges Hindernis, weil solche Stellen unvermeidlich bei dem Transport Schwierigkeiten machen und auch meist schon vor Verpacken der Ware abbrechen. Daher schwäche man schon auf der Kontur durch Umziehen solcher Stellen mit farbiger Tinte alle scharfkantigen Stellen durch Abrunden derselben ab.

Was das Herstellungsmaterial selbst betrifft, so ist es, ebenso wie zur Erreichung eines brauchbaren Ergebnisses bei den zu verarbeitenden Erzeugnissen, ebenfalls notwendig, daß das zu bearbeitende Material von bester Qualität ist. Als Prägeplatten sollten nur aus Messing (Kanonenguß) oder Stahl hergestellte verwendet werden. Es können aber auch Platten den Zweck erfüllen, die in starkes Messing oder Zink geätzt werden, wie wir im nächsten Abschnitt kennen lernen werden.

Die Präge- sowie Schneideplatten müssen stets sehr sorgfältig gearbeitet werden. Für Monogrammzwecke wird als Herstellungsmaterial am vorteilhaftesten Messing oder Rotguß genommen, weil diese Legierungen, erstere aus Kupfer und Zink, letztere aus Kupfer und Messing bestehend, dem Stichel und Meißel des Graveurs geringeren Widerstand entgegensetzen, als Stahl. Glockenmetall, welches aus Kupfer und bis zu 28 % Zinn besteht, eignet sich zur Herstellung von Gravierungen schlecht. Es läßt sich mit dem Stichel schwer bearbeiten, da dieses Metall äußerst zähe ist und beim Feilen „wurstelt“.

Es wird zur Vervielfältigung der Originalgravuren gebraucht, da es in der Form ausgezeichnet ausläuft.

Prägeplatten mit Schneidelinien sind nur in Stahl herzustellen, während solche ohne diese auch in Rotguß graviert sein können. Für ersteren Fall müssen die Platten eine durchschnittliche Stärke von 22 mm haben.

Rotgußplatten können schwächer sein. Die Platten dürfen nicht etwa kleiner sein, als die zu prägenden Erzeugnisse, weil sich der Plattenrand sonst beim Prägedruck auf dem Papier bemerkbar macht.

Das Material für Reliefprägungen größeren Umfanges besteht ausschließlich aus Stahl. Es ist ein bekanntlich sehr hartes Metall und besonders für größere Prägungen notwendig, um ein Durchbiegen der Stempel während des Prägevorganges auf Maschinen mit sehr großer Druckkraft zu vermeiden.

Geschnittene und geätzte Prägeplatten.

Prägeplatten, die hohe Auflagen aushalten müssen, werden ausnahmslos in Messing, Rotguß und Stahl graviert. Für einfachere Prägezwecke, wo die hochgeprägten Partien keine Modellierung zeigen, wie z. B. bei Schriften, Ornamenten und sonstigen einfach hochgeprägten Teilen genügen Platten in starkes Messing oder Zink geätzt. In der Prägung ist zwischen handgravierten und geätzten Platten ein Unterschied insofern bemerkbar, als die hochgeprägten Partien von handgravierter Platte kantiges Aussehen zeigen, während die von der geätzten Platte abgenommenen Prägungen ein abgerundetes Bild erkennen lassen. Allerdings kann eine geätzte Prägeplatte durch Nachschneiden so umgestaltet werden, daß Wahrnehmungen, die auf Ätzung schließen lassen, nicht gemacht werden können.

Für die Selbstherstellung von Prägeplatten kommen nur ganz einfache Sachen ohne Modellierung und als Plattenmaterial Blei, Zelluloid, und sonstiges hartes Material in Betracht. Ganz besondere Schwierigkeit bietet die Gravur von Platten mit Modellierung, wo künstlerisches und erhöhtes technisches Verständnis gefordert wird, um die Prägungen in richtiger Plastik aus der Prägeplatte hervorgehen zu lassen und wo die Prägung doch ein einigermaßen fertiges Aussehen zeigen soll.

Diesen Anforderungen ist nun der Laie so gut wie gar nicht gewachsen, ganz abgesehen davon, daß beispielsweise das Tonplattenmaterial, wie es in Buchdruckereien häufige Verwendung findet, vollständig unzulänglich ist. Es ist zu weich und bietet nicht den erforderlichen Widerstand. Denn während Ton- und sonstige Farbdrucke nur gleichmäßigen Druck auf die Fläche auszuhalten haben, müssen Prägeplatten, und besonders solche, die gleichzeitig dem Farbdruck dienen, nicht nur den Flächendruck aushalten, sondern die Reliefplatten müssen auch sonstigen Widerstand leisten. In die Vertiefungen der Gravur mit ihren mehr oder weniger großen Seitenflächen preßt sich die harte Matrize gewissermaßen als Kern ein.

Beim Prägen liegt zwischen Reliefplatte und Matrize Karton oder Papier, und indem dieser in die Platte hineingepreßt wird, erfolgt zugleich ein nach den Seiten hin wirkender Druck, der an die Haltbarkeit der Platte hohe Anforderungen stellt. Je nach der Härte des zu prägenden Materials, der Schärfe der Prägung und Höhe der Auflage, können mit Erfolg nur in Stahl, Messing,

Bronce und schließlich noch in starkes Zink geschnitten oder geätzte Platten verwendet werden.[1])

Die Selbstherstellung der Prägeplatten aus Blei, Zelluloid, Karton und sonstigen Tonplattenmaterial besonders in Buchdruckereien unterbleibt der mangelhaften Wirkung solcher Prägeplatten wegen am besten. Von einer Prägung, die wirkungsvoll sein soll, muß verlangt werden, daß jede Feinheit und Einzelheit der Gravur erkennbar ist und daß die Prägung zu dem Druck genau paßt.

Weiter wird verlangt, daß wenn das Hochprägen vorgedruckter Schrift oder Zeichnung in Frage kommt, genaues Passen der Prägung mit deren Druck selbst erkennbar ist.

Die Herstellung der Platten, die so scharfe Reliefprägungen ergeben, erfordert Übung, reiche Erfahrung und ein hierdurch gewonnenes sachgemäßes Arbeiten. Diesen Anforderungen sind restlos in manchen Fällen nicht einmal Berufsgraveure gewachsen, so daß Laien für die Herstellung von Prägeplatten, die selbst nur geringen Ansprüchen genügen, gänzlich ausscheiden.

Die Behandlung des Stempel- und Plattenmaterials.

Wie jedes Material eine besondere Behandlung verlangt, um gegen Verderben geschützt zu sein, so trifft dieses auch für das Stempel- und Plattenmaterial zu, welches allerdings gegen äußere Einflüsse weniger empfindlich ist, als es vielleicht flüssige Stoffe oder solche sind, deren Form als leicht zerbrechlich bezeichnet werden kann.

Die Prägestempel können zu den verschiedensten Zwecken hergerichtet werden, zu Heiß-, Monogramm-, Reliefprägedruck usw. Wir wollen uns im Rahmen dieser Abhandlung einmal darüber eingehende Mitteilungen dienen lassen.

Die Einrichtung jeder Prägeanstalt ist mit bedeutenden Kosten verbunden; das ist nicht nur bedungen durch die maschinellen Einrichtungen, sondern auch das Anschaffen des erforderlichen Plattenmaterials erfordert, je nach dem Umfang des Betriebes, ein beträchtliches Kapital. Besonders kostspielig ist die Anschaffung der Stempel mit den eigentlichen Monogrammen für Briefpapier aller Art in alphabetischer Reihenfolge (oder sonstigen Verwendungen).

---

[1]) Letztgenanntes Material kommt nur bei kleinen Auflagen und wenig modellierten niedrigen Reliefs in Frage.

Wenn man bedenkt, daß bei Bestellungen jeder Buchstabe — verschlungen oder aneinandergefügt — sich mit den einzelnen Buchstaben des 25 Zeichen umfassenden Alphabets wiederholen könnte und zur Auswahl doch mindestens vier bis sechs verschiedene Schriftarten oder -größen am Lager sein müssen, so kann man sich einen ungefähren Begriff machen, welche Aufwendungen zu einer solchen Anlage erforderlich sind.

Es wird nun nicht gerade notwendig sein, jeden Auftrag sogleich aus vorhandenem Lagermaterial zu erledigen. Je nach Wunsch und Geschmack des Kunden wird man einen besonderen Prägestempel anfertigen lassen. Da man dem Besteller vor Ausführung der Gravur eine Skizze zur Genehmigung vorlegen wird, so hat diese Einrichtung noch den Vorteil, daß etwa noch nachträglich geäußerte Wünsche des Bestellers rechtzeitig berücksichtigt werden können.

Mit der Zeit wird sich eine ganze Reihe solcher Bestellungen anhäufen, und man kann es dem praktischen Geschäftsmann nicht verargen, wenn er alle Vorteile gelten läßt und die Kosten der Gravur jeweils auf das Konto des Bestellers schreibt.

Um von Anfang an eine Übersicht zu gewinnen, was der eigene Betrieb an Auswahl dieser Art zu bieten vermag, ist es vor allem notwendig, ein Plattenbuch zu führen. In dieses wird jeder neu angeschaffte Stempel nebst Abdruck unter entsprechender, laufender Nummer eingetragen, wobei die Art desselben, Material, Herstellungspreis, Verwendungszweck und Datum der Herstellung, beigeschrieben werden sollte.

Wir werden nun zu der Behandlung der Stempel übergehen und mit den Monogrammprägestempeln beginnen.

Nach Gebrauch der Platten sind dieselben von aller anhaftenden Farbe durch Auswischen vermittels Seidenpapiers zu reinigen, ev. auch durch Zusetzen einer geringen Menge Terpentin. Nach jedesmaliger Benutzung sind solche räumlich meist recht beschränkten Stempel auch sofort abzulegen, und zwar empfiehlt sich zu diesem Zweck die Anlage von Stempelschränken, d. h. von solchen verschließbaren Einrichtungen, welche staubdicht sind und ein flaches Auslegen der Stempel auf Schiebebrettern ermöglichen. Selbstredend muß auch hier wieder für Übersicht gesorgt sein, indem Tafeln mit entsprechendem Ausweis über den Inhalt der jeweiligen Lagen angelegt werden. Auf jeden Fall soll das Übereinanderschichten der Stempel vermieden werden, weil sich jede Unebenheit, wie Verscheuern u. a., beim Arbeiten mit den Stempeln bemerkbar macht, zum mindesten das Material stark in seinem Werte beeinträchtigen würde.

Bei Flachdruckstempeln, wie wir sie zur Herstellung von Heißdruckarbeiten auf der Kniehebelpresse benötigen, sollte es Bedingung sein, möglichst nicht ganze, zusammenhängende Sätze zu wählen, sondern die Stempel auseinanderzuschneiden. Dadurch lassen sich alle möglichen Verbindungen schaffen, welche die Extraanfertigung jeweils neuer Stempel ausschließen. Allein durch die Möglichkeit der günstigen Ausnutzung machen sich die einmaligen Anschaffungskosten sehr bald wieder bezahlt.

Nach jedesmaligem Gebrauch sind auch diese Stempel, die aus Messing oder Rotguß bestehen, zu säubern, ehe sie wieder zu späterer Benutzung auf die Seite gelegt werden. Schrift und Prägestempel kann man nach Benutzung in eine Lösung von kaustischer Soda und warmem Wasser tun und über Nacht darin liegen lassen. Die Lösung ist dann fortzugießen, doch ist bei deren Berührung mit den Händen Vorsicht geboten, weil die Lösung giftig ist. Alsdann gießt man warmes Wasser über die Stempel und reinigt das Material vollends mit einer harten Bürste. Wenn feine Konturenstempel sich während des Prägens vollsetzen, werden sie gereinigt, indem man sie mit Salmiakgeist, ohne sie aus der heißen Presse herauszunehmen, ausbürstet.

In keinem Falle dürfen die Räume, in denen Stempel aufbewahrt werden, feucht sein, weil das Metall sonst oxydiert. Das durch diese chemische Zersetzung entstehende Oxyd greift die Stempel ungemein an, was besonders bei kleinen zarten Gravuren schwer ins Gewicht fällt. Das Reinigen der Stempel mit Terpentin soll zwar dem Übel steuern, indem jegliche Schmutzansätze entfernt werden, doch müssen die Stempel dann auch sehr trocken gemacht werden, weil sich andererseits gerade durch die Feuchtigkeit Oxyd ansetzt und somit das Gegenteil von dem erreicht wird, was man erzielen wollte.

Nachstehend seien noch einige bemerkenswerte Hinweise gegeben, wie Prägeplatten und Schriften vor der Oxydation zu schützen sind.

Die Oxydation der Metallprägeplatten aus Zink, Messing, Kupfer usw. macht sich selbst schon nach kurzer Zeit bei ganz neuen Platten, Schriften und dergleichen in der Art bemerkbar, daß sich der schöne Glanz und die Glätte verliert, so daß z. B. beim Prägen auf Gold kein besonderer Hochglanz mehr erzielt wird. Kommt das neue oder schon gebrauchte Prägematerial in feuchte Lagerräume oder in Kästen von nicht ganz ausgetrocknetem Holz, dann oxydiert das Metall in kürzester Zeit. Nicht ganz säurefreie Farben oder zu prägende Stoffe, Papiere usw. verursachen mit der Zeit ebenfalls das Oxydieren, ja selbst säurehaltige oder unreine Dämpfe, feuchte Luft und Dünste sind gleichfalls nachteilig, weshalb solche Arbeitsräume sich als ungeeignet zur Aufstellung von Prägemaschinen oder zum Lagern des Prägematerials erweisen.

Das Gegeneinanderlegen der Platten mit den gravierten Flächen unter Zwischenlegen eines weichen Schutzblattes ist ebenfalls zu empfehlen.

Als Konservierungsmittel der Platten dient die gelbe Vaseline. Die weiße und gebleichte Vaseline ist deshalb unbrauchbar, weil sie vermittels Schwefelsäure gebleicht wurde und noch geringe Spuren der Säure vorhanden sind, die dann das Metall angreifen, d. h. Oxyd hervorbringen. Gelbe Vaseline wird mit soviel Paraffin vermischt, daß eine leicht streichbare Paste entsteht, mit welcher die Platten ganz mager eingerieben werden. Es genügt ein Hauch, um eine genügende Schutzschicht zu erhalten. Alte und neue Platten sind mit diesem Mittel zu schützen. Man entfernt es durch Abreiben mit einem weichen, reinen Tuche, welches mit etwas Terpentinöl oder Petroleum befeuchtet ist.

Gebrauchte Platten müssen vor dem Bestreichen von anhaftenden Papier-, Leder- oder Goldteilchen befreit werden, weil sich unter solchen Verunreinigungen das Oxydieren einstellt.

Was wir soeben über die Aufbewahrung und Behandlung der Stempel für Flach- und Tief- bzw. Reliefdrucke kennen lernten, trifft auch für die Buchdruckklischees zu, welche am besten vermittels Kreosot vor Schaden zu bewahren sind. Dieses Mittel entfernt jeden Schmutz, und zudem beruht der wesentliche Vorteil darin, daß es die Fläche vor Verrosten und Schimmelbildung schützt.

Klischees werden nicht selten von den Verlagsanstalten zu eigenem Bedarf zu illustrierten Preisverzeichnissen hergestellt und verliehen. Wie solche Klischees zuweilen aussehen, wenn sie wieder zurückgegeben werden, das wird vielleicht dieser oder jener der geschätzten Leser aus eigener Erfahrung wissen. Oxydflecke auf Zinkklischees sind auf leichte Art und Weise dadurch zu entfernen, daß sie mittels eines nicht zu weichen Radiergummis tüchtig abgerieben werden. Die im Gummi befindlichen Sand- bzw. Glasteilchen bewirken, ähnlich wie beim Schmirgelpapier, die Abnahme der Oxydflecke, ohne daß die Zeichnung beschädigt wird, während bei Benutzung von Schmirgelpapier oder Schmirgelleinen die Zeichnung leiden würde; dessen Benutzung erfordert große Vorsicht und Verständnis.

Der Radiergummi dringt bei seiner Elastizität auch zwischen die Striche der Zeichnung, entfernt sämtliches Oxyd, ohne, wie gesagt, eine Beschädigung derselben herbeizuführen. Es ist ferner stets zur Pflicht zu machen, die Stöcke nach Gebrauch mittels Vaseline einzufetten.

Da beispielsweise von Galvanos auch zu prägen ist, so haben wir diesen kleinen Seitensprung in das graphische Gebiet mit Berechtigung wagen können.

Um nun auf die großen Stahlstempel zu sprechen zu kommen, soll auch für diese das bei der Besprechung der Lagerware Gesagte Gültigkeit haben. Solche Prägeplatten werden wohl ausnahmslos in Regalen aufbewahrt, wodurch die Gravur schon gegen jeden äußeren Einfluß geschützt wird. Auch können sie je nach Stärke der Bretterlagen zu mehreren Exemplaren übereinandergeschichtet werden. Wie die Stempel äußerlich ausschauen, ob sie rostig sind oder nicht, spricht nicht mit. Wir haben uns in der Praxis nicht mit Schönheitsfehlern herumzuplagen, sondern mit ernsteren Erwägungen. Im übrigen sind die Folgen äußerer Einflüsse auch bei sachgemäßer Behandlung sehr schnell wieder zu beseitigen, ev. durch Abreiben mit Sandpapier.

Wer seiner Sache nicht ganz sicher ist, daß die Lagerräume auch genügend ausgetrocknet sind, der tauche die Stempel und Platten in heißgemachtes Stearin, um sie vor Oxyd und Rost zu schützen. Gegen das Eindringen von Fett wird die auf dem Stempel eingepaßte Matrize durch Zwischenlage eines Blattes Pergamentpapier geschützt.

Die Matrize.

Die verschiedenen Herstellungsarten der Matrizen für Prägeartikel.

Wie es für den Drucker eine Notwendigkeit ist, ein Material zu verwenden, das den jeweiligen Ansprüchen der Technik genügt, so ist es auch für den Erhalt einer guten Prägung Bedingung, eine entsprechend gefertigte Matrize zu haben. Zur Herstellung der Matrizen gibt es eine ganze Reihe von Hilfsmitteln, von denen wir die gebräuchlichsten kennen lernen wollen. Die Papp- oder Kartonmatrize, die durch Übereinanderkleben einer mehr oder minder großen Anzahl von Papp- oder Kartonstücken entsteht, gehört zu den häufigsten Arten der Herstellung. Besonders für die Hervorhebung kleinerer Flächen, wie sie uns die Monogrammprägerei bietet, ist bei der Herstellung der Matrize die größte Sorgfalt aufzuwenden, damit alle Feinheiten der Gravur auch bei der Prägung zum Ausdruck kommen.

Die eigentliche Arbeit des Prägens beginnt mit der Anfertigung der Matrize, die gewissermaßen ein negatives Bild der Stempelgravur ist, da erst durch das haarscharfe Einpassen der erhaben gearbeiteten Matrize auf der gravierten Stempelfläche das Gelingen der Prägung gewährleistet ist.

Es kann nur dann ein tadelloser Reliefdruck ohne Rücksicht auf die Art des Plattenmaterials erzielt werden, wenn außer der technisch einwandfreien Gravur eine in allen Teilen sorgfältig ausgearbeitete und widerstandsfähige Matrize vorhanden ist, von der das Gelingen der Prägung abhängt, da sie alle Vorzüge, welche die Gravurtechnik bietet, durch plastisches Hervortreten des Reliefs erkennen läßt. Wir müssen die ungeheuren Anforderungen berücksichtigen, welche an die Prägematrize in bezug auf ihre Verwendbarkeit in der Praxis gestellt werden.

Sehen wir uns einmal die Erzeugnisse der Prägeindustrie im rohen und im verarbeiteten Zustand an, so werden wir finden, daß ein Hauptteil der Wirkung des Handelsartikels auf das kaufende Publikum ausschließlich auf das Gelingen der Prägungen zurückzuführen ist. Diese werden demnach um so schlechter ausfallen, je weniger Sorgfalt auf die Ausarbeitung der Matrize neben einwandfreier Stempelgravur verwendet wurde. Man darf hierbei nicht außer acht lassen, daß mit ein und derselben Matrize oft sehr hohe Auflagen gearbeitet werden sollen. Zuweilen kann wohl eine gut ausgearbeitete Matrize und mithin eine vollendete Prägung selbst Sünden beim Druck verschleiern helfen, wenn solche nicht zu augenfällig und nur für das geschulte Auge des Fachmannes bemerkbar sind. Wenn der Anfänger insbesondere bei Monogrammprägungen eine nicht befriedigende Prägung erreicht, so ist das hauptsächlich darauf zurückzuführen, daß die Beschaffenheit der Matrizen zu wünschen übrig läßt. Das kann oft in der Qualität liegen, doch nicht selten wird die Ursache des Übels sein, daß die Farbe zu dünn ist oder daß das Papier nicht dicht genug an der Zeichnung abgestochen wurde, wodurch die Farbe bei dem Prägen ausspritzt und die Zeichnung verkleckst wird.

Ohne eine gut ausgearbeitete Matrize ist eine brauchbare Prägung nicht zu erreichen.

Das zur Herstellung der Matrizen verwendete Material darf nicht hart und spröde sein, es fehlt sonst die notwendige Elastizität, um beim Druck auf der Balancierpresse den Karton zum Nachgeben zu bringen, ohne daß derselbe platzt.

Die Papp- oder Kartonmatrize, die durch Übereinanderkleben einer mehr oder minder großen Anzahl von Papp- oder Kartonstücken entsteht, gehört zu den häufigsten Arten der Herstellung.

Besonders für die Hervorhebung kleinerer Flächen, wie sie uns die Monogrammprägerei bietet, ist bei der Herstellung der Matrize die größte Sorgfalt zu verwenden, damit alle Feinheiten der Gravur auch bei der Prägung zum Ausdruck kommen.

Die Anfertigung der gebräuchlichsten Matrizen, die nur für Reliefprägungen benötigt werden, geschieht in folgender Weise.

Von dem Stempel wird auf einem Stück nachgiebigen Karton ein Andruck gemacht, der zunächst nur natürlich ganz schwach ausfallen wird. Auf dieses Kartonstück gibt man einige kräftige Zuschläge. Größere Matrizen werden meist auf der Kniehebelpresse vorbereitet, für kleinere genügt der Handbalancier. Auf die durch den Andruck entstehende Flachprägung wird dann einseitig geleimtes, gutes Papier bzw. Karton so lange aufgeklebt und immer wieder angeprägt, bis das so gewonnene Relief auf der Matrize haarscharf hervortritt und sich in die Gravur des Stempels einpassen läßt. Der Stempel und die Matrize müssen auf der gleichen Maschine eingeführt werden.

Die hier geschilderte Art der Matrizenherstellung wird besonders für Textprägungen (Mottos jeglicher Art) in Bronze oder Farbe in Frage kommen. Für schwierigere Monogrammarbeiten, Ornamente, heraldische Prägungen, für Papiermonogramme usw., bedient man sich am zweckmäßigsten zur Herstellung der Matrizen eines Glanzdeckels in Dicke von 1 bis 1½ mm (Preßspan), der in der Größe des Stempels geschnitten wird. Unter dem Namen „Preßspan“ wird eine dünnere oder dickere Pappe, die aus zähestem harten Fasermaterial hergestellt sein soll und zweiseitig hochglänzend (meist durch Glättstein geglättet) gearbeitet sein muß, gehandelt. Sofern dieses Material durch erhitzte Glättwerkzeuge geführt werden muß, ist größte Widerstandsfähigkeit des Faserstoffes und Reinheit desselben erste Voraussetzung[1]). Ist der so zugeschnittene Karton mit Wienerpapp auf dem Matrizenklotz aufgeklebt, so läßt man die Presse über Druck gehen und richtet die nicht gut herauskommenden Stellen durch Überkleben mit dünn geleimtem Papier auf, dann klebe man einen zweiten Deckel von Prägekarton auf und gebe abermals kräftigen Druck. Sollten sich auch nun noch Stellen zeigen, die schwach ausgefallen sind, so hilft man durch abermaliges Überkleben derselben mit Papier nach, befestigt durch Kleben eine dritte Prägekartonlage darauf, überzieht diese wieder mit geleimtem Papier, streicht den Stempel mit Farbe ein und läßt, wenn derselbe gut gewischt ist, die Presse nochmals über Druck gehen. Den mit der aufgewalzten Farbe versehenen Stempel lasse man unter Druck ungefähr zehn Minuten stehen, damit die Deckel aufeinander antrocknen, und schneide dann die Konturen bis auf den ersten Deckel aus.

Dabei darf die Matrize selbst durchaus nicht angeschnitten werden, da sie sonst kleckst (spritzt). Das Ausspritzen der Farbe ist aber nicht ausschließlich auf die angeschnittene Matrize zurückzuführen, sondern die Matrize kann auch zu scharf sein.

Man bedient sich zur Herstellung von Monogramm-Matrizen am besten eines guten starken Naturkartons (es gibt besonders für solchen Zweck gearbeitete Sorten), schneidet denselben größer als die Matrize sein soll, niemals zu klein, da sie in diesem Falle einen Grat auf der Prägefläche absetzen würde und heftet das geschnittene Stück mit zwei Reißstiften oben auf dem Preßtisch fest.

Das so erhaltene Relief reibe man dann tüchtig mit Talkum oder mit einer trockenen Talkumbürste ab. Um das sogenannte Spritzen zu vermeiden, steche man das Fleisch dicht am Konturrand beginnend ab.

Ist die Prägung Reliefgravur, so hat man das erhabene Bild auf dem oberen Pappstück, ist sie jedoch Flachgravur, so muß ein farbiger Aufdruck gemacht werden. Wenn die glatten Umrisse vorhanden sind, sticht man die Pappstücke dicht an der äußersten Umrißlinie einsetzend ab. An welcher Stelle der Matrize mit dem Herausnehmen der zu entfernenden Teile begonnen wird, ist vollkommen gleichgiltig. Kleine Zwischenräume innerhalb der Zeichnung werden nicht ausgestochen; sind dagegen größere leere

[1]) Entnommen einem Prospekt der Firma Papierprüfungsanstalt Winkler, Leipzig.

Flächen vorhanden, so sollte man nicht davon abgehen, sie auszuheben, weil andernfalls die Kraft des Druckes geschwächt werden würde. Die auf diese Weise hergerichtete Matrize überklebt man, sofern die Umrisse schön klar hervortreten, mit dünnem, grauem Gummituch (wie es für sanitäre Zwecke gebräuchlich ist) und gibt dann nochmals auf der Presse ein paar kräftige Nachschläge, um den Überzug den Formen der Matrize anzupassen. Auch klebt man das Gummituch gern mit einer dünnen Schicht Kautschuk auf, um die Matrizenauflage dadurch noch elastischer zu machen. Dieses Verfahren hat namentlich den Zweck, den Druck der die Zeichnung umgebenden Partie beim Prägen auf dem Papier abzuschwächen. Selbstredend genügt für das Überkleben auch ein geleimtes Papier.

Ob Relief- oder Monogramm-Matrize, stets gilt als „kategorischer Imperativ" bei dem Ausschneiden der Matrize, den Schnitt immer nach außen zu führen, damit der Karton möglichst widerstandsfähig gegen den Druck ist, den in richtiger Stärke zu bemessen reine Gefühlssache ist.

Die Matrize für Reliefprägungen aus Stanzpappe wird etwas gefeuchtet, die Platte gut gewärmt und auf der Balancierpresse einige kräftige Drucke gegeben.

Bis zum Erkalten wird die Platte nebst Matrize fest in die Einfahrt einer Kniehebelpresse gespannt. Alsdann wird die Zeichnung der Matrize mit einem kleinen Stemmeisen sauber ausgehauen. Die tiefen Stellen müssen mit feinen Streifen geleimten Papiers so lange ausgeklebt werden, bis sie scharf dastehen. Die Matrize wird dann nochmals zwei- bis dreimal mit einem weichen Papier überklebt.

Sofern starker kräftiger Karton oder gar Lederdeckel geprägt werden, so ist es sehr gut, die Platte nochmals zu wärmen und fest in die Kniehebelpresse zu spannen, damit sie gut austrocknen kann.

Unter den Klebstoffen zum Überkleben der Matrizenflächen haben wir außer dem verhältnismäßig teuren Kautschuk noch ein Fabrikat neueren Datums zu erwähnen, welches sich auf anderen Gebieten der Papierverarbeitung bereits allseitiger Beliebtheit und Zufriedenheit erfreut, das ist das Präparat „Collodin". Dasselbe ist vollkommen neutral, garantiert rein, frei von Klumpen, geruchlos und unbedingt haltbar. Die Ware kann also nicht schimmeln, nicht gären, und auch unter Frost nicht leiden. Die Bindekraft des Klebstoffes ist eine außerordentlich große und ist derselbe auch sehr geschmeidig und absolut nicht spröde. Die Ware wird je nach Wunsch noch mit kaltem Wasser gemischt. Die Verdünnung mit Wasser geht am einfachsten von statten, wenn zunächst ganz wenig Wasser zugesetzt, dann tüchtig gerührt und die noch erforderliche Wassermenge erst dann zugesetzt wird, wenn sich das erste geringe Quantum Wasser mit dem Klebstoff bereits innig vermischt hat.

Bei solchen Artikeln, deren Flächenausstattung durch die Hochprägung einen verschieden starken Druck erforderlich macht, verwendet man mit gutem Erfolg eine Kombination verschiedenen Herstellungsmaterials.

Während für solche Partien, welche Zeichnung enthalten, wie überhaupt als Grundmaterial die Stanzpappe in Frage kommt, wird besonders für glatte Partien (Kissenprägungen) eine Auflage von Lederpappe auf die hergerichtete Stanzpappenmatrize angebracht sein (Fig. 4), die die Lederpappe überhaupt empfehlenswert macht für solche Balancierprägungen, die eine besonders hohe Auflage auszuhalten haben, also ein besonderes widerstandsfähiges Material voraussetzen.

Der Druck des auf der Matrize mit Lederpappe ausgelegten Teiles wird im Verhältnis zu dem der Stanzpappe ein erhöhter sein und ein besseres Hervortreten der hervorzuhebenden Fläche zur Folge haben.

Die beigegebene Skizze (Fig. 4) wird das Gesagte noch besser veranschaulichen.

Durch geschicktes Beschneiden der Matrize lassen sich auch wolkige Drucke erzielen, Übergänge heller und dunkler Partien in der Farbenabgabe schaffen, wodurch sich oft wechselvolle Wirkungen erreichen lassen.

Vor allem müssen scharfe Ecken vermieden werden, da sie stets den Ausfall der Ware beeinträchtigen. Um solche Mißstände auszuschließen, ist es unerläßiche Bedingung, sofort bei Herstellung einer neuen Platte auch die Matrize herrichten zu lassen und etwagie Mängel in der Beschaffenheit der Matrize abzustellen, bevor mit derselben gearbeitet werden soll. Es wird entweder der Stempel auf dem unteren Teil der Presse angebracht und die Matrize oben oder umgekehrt. Eine harte Matrize würde namentlich bei dunkelfarbigen Papieren einen dunklen Rand um die Prägung herum hervorbringen. Weiße Papiere zeigen in solchen Fällen einen Spiegel (durchsichtige

Stellen). Es ist dies ein Umstand, der jedenfalls den gesamten Ausfall der Arbeit unangenehm beeinträchtigen kann. Einen Grat setzen auch Prägungen auf der Papieroberfläche ab, wenn die Matrize zu klein gearbeitet ist.

Zum Aufkleben auf den Stempelklotz muß man sich eines unbedingt rasch trocknenden und vor allem gut haftenden Klebstoffes, Leim oder auch Fischleim, bedienen; meist wird Wienerpapp dafür genommen, um ein Verschieben der Matrize oder wohl gar Abplatzen während der Arbeit zu vermeiden. Dadurch würde

Fig. 4. Matrize unter Verwendung von zweierlei Material.

die Prägung selbstredend sofort verderben, wenn die Matrize auch nur um 1 mm aus ihrer Lage kommen würde. Zum Zwecke der Verbindung von Matrize und Stempelklotz bedient man sich auch (mit gutem Erfolg) erhitzten Kautschuks. Für Heißpressungen ist zur Befestigung Wienerpapp zu verwenden, da Leim beim Austrocknen der Feuchtigkeit bricht.

Wir kommen nun zu den Matrizen für schwerere Prägungen (Reliefgravuren), zu deren Herstellung große Prägemaschinen Verwendung finden. Die Matrize ist ausnahmslos als Gegenstempel anzufertigen und wird als Grundlage hierzu die sogenannte Steinpappe (Stanzpappe) verwendet. Die Stanzpappe muß aus bestem Lumpenstoff, überwiegend von Leinen und Hanf, gefertigt sein; sie darf nur minimalen Aschenrückstand aufweisen und soll sehr elastisch sein. Je nach Größe der Platte und auch dem Flächenraum derselben entsprechend muß die Pappe eine Stärke von 4—8 mm haben. An den beiden Ecken der einen Längsseite der Platte ist je ein Loch im Abstande von 1 cm von der äußeren Kante einzubohren; beide Löcher dienen zur Aufnahme der Führungsstifte. Diese Stifte von Eisen in Stärke von 3—4 mm sind in die Pappe an den entsprechenden Stellen fest einzubringen. Wenn alle Partien scharf dastehen, wird die Matrize noch mit zwei bis drei Lagen weichen Papiers überklebt. Der Matrizenzuschnitt aus Stanzpappe wird etwas gefeuchtet, um den Karton zum Nachgeben zu bringen, die Platte gut gewärmt. Alsdann gibt man auf der Balancierpresse einige gleichmäßig kräftige Drucke. Bis zum Erkalten wird die Platte, nebst Matrizenblock, fest in die Einfahrt einer Kniehebelpresse gespannt, damit die Matrize gut austrocknen kann. Alsdann wird die Zeichnung auf der Matrize mit einem Stemmeisen sauber ausgehauen. Die erhabenen Stellen müssen mit feinen Streifen geleimten entsprechend zugeschnittenen Papiers solange überklebt werden, bis sie scharf dastehen. Das Überkleben der angeprägten Pappe nicht von Anfang an mit ganzen Papierblättern, sondern zunächst mit Streifen oder Stücken, gibt der Matrize unter stetem Andrücken auf der Kniehebelpresse eine geradezu unbegrenzte Haltbarkeit.

Diese wird noch erhöht durch das Aufbrennen des Stempels. Derselbe wird erhitzt und mit der Matrize auf der Presse in Verbindung gebracht, bei welchem Prozeß die Widerstandsfähigkeit der Matrize gegen äußere Einflüsse noch erhöht wird. Die fertige Matrize darf jedoch keineswegs etwa nochmals gefeuchtet werden, das darf sich vielmehr nur auf die Vorbereitung für die Herstellung beschränken. Wenn eine Matrize nach den gegebenen Anweisungen richtig hergestellt wird, so muß sie auf der größten Balancierpresse 100 000 Drucke aushalten; auf der Blitzpresse, bei welcher der Druck gleichmäßig ist, hält sie das Dreifache und noch mehr aus. Eine solche Matrize ist sozusagen überhaupt nicht aufzuarbeiten. Bei der Aufarbeit von Massenauflagen muß aber immerhin die Matrize öfter nachgesehen werden, nötigenfalls auch frisch bezogen und heiß unter Druck genommen werden, nachdem etwas schwache oder fehlende Stellen frisch aufgelegt sind. Neben der Verwendung von Stanzpappe für Reliefprägematrizen bedient man sich mit gleichem Erfolg auch der Lederpappe, die gleiche Behandlung erfordert wie die Stanzpappenmatrize. Es lassen sich Matrizen auch durch Aufbringung eines festen Breies herstellen durch eine Verbindung verschiedener Mittel, wie Gips mit Kleister, Leim und Schlemmkreide, oder Leim mit geraspelter Stanzpappe. Alle diese Arten haben jedoch mehr oder minder den Nachteil, daß die Prägungen darunter leiden. Die Erfahrung hat es gelehrt, daß flüssige Stoffe, die in trockenem Zustande feste Formen annehmen, leicht brechen, weshalb als die beste Matrize die betrachtet werden kann, die aus einem Material besteht, das die Formen des Stempels unverändert beibehält. Das zur Herstellung der Matrizen verwendete Material darf nicht hart und spröde sein, es fehlt sonst die notwendige Elastizität, um beim Druck auf der Balancierpresse den Karton zum Nachgeben zu bringen, ohne daß derselbe platzt. Es ist bei den aus erwähnten Mitteln hergestellten Matrizen üblich, auf die aufgetragene Mischung ein Stück zähes Papier zu legen. Die fertige Matrize ist nur durch allmähliches Nachprägen bis zum gewünschten Ausdruck zu bringen. In Fällen, wo man sich der genannten Mittel bedient, sind mehrere Nachdrucke mittels einer gut erwärmten Platte vorzunehmen.

Vor längerer Zeit wurde eine Matrizenmasse unter der Bezeichnung „Rapid“ auf den Markt gebracht, welche alle Vorzüge einer guten Matrize in sich schließen sollte. Das Material, ein filzähnlicher Stoff, wurde in Tafeln gehandelt, und die ganze Arbeit der Zurichtung sollte darin bestehen, daß nur einige kräftige Zuschläge auf dem Balancier gegeben werden sollten. Der Herausgeber hatte wiederholt Gelegenheit, die Herstellung dieser Matrizen zu verfolgen und kam zu dem Schluß, daß das Material infolge seiner Elastizität sich zwar annähernd in die Gravur hineinfügte, der Prägung jedoch jenes Erhabene und Plastische fehlte, welche Eigenschaften man jeweils durch die etwas schwierigere Matrizenherstellung erzielen kann.

Es ist dieses zugleich eine Lehre für alle ähnlichen vielleicht noch auftauchenden Präparate, die viel versprechen und wenig halten.

Ein neues verbessertes P r ä g e p u l v e r, besonders widerstandsfähig für hohe Auflagen und hohe Matrizen zur Verwendung mit ungeheizter Prägeplatte und ohne Spiritus, hat die bestbekannte Firma Klimsch & Co. in Frankfurt a. M. in den Handel gebracht, über das wir uns nachstehende Gebrauchsanweisung dienen lassen wollen.

Als Unterlage für die Matrize verwendet man in allen Fällen dünne Stanzpappe, die mit Fischleim auf dem Tiegel oder der

Einschiebe- bzw. Tischplatte der Vergolde- und Prägepressen befestigt wird. Um ein gutes Haften zu erzielen, spannt man ein schrifthohes Brett in den Rahmen der Presse und läßt es eine Zeitlang unter Druck stehen, bis die Stanzpappe fest angetrocknet ist. Darauf richtet man die Prägeplatte in der Mitte des Rahmens genau auf die richtige Höhe ein.

Das Pulver wird mit kaltem Wasser angerührt, nicht zu dünn, sondern so, daß es einen dicken Brei gibt. Schwache bzw. niedrige Reliefs werden allein von diesem Brei hergestellt, während es sich bei sehr großen und hohen Reliefs empfiehlt, sie zuerst mit Pappe auszulegen und die Presse nochmals über Druck gehen zu lassen, damit die aufgelegten Pappstücke sich zum Relief, wenn auch nur grob, ausbilden. Die Paste wird nun aufgetragen, und es werden mehrere Blätter Seidenpapier darüber gedeckt, deren jedes gut mit Terpentin zu tränken ist. Nachdem dies geschehen ist, läßt man die Presse langsam über Druck gehen, wobei man sie etwa eine Minute auf dem Druckpunkte verharren läßt. Darauf wird über Druck gedreht, der Druck etwas verstärkt, und nachdem man zuvor nochmals einige mit Terpentin getränkte Blätter Seidenpapier aufgelegt hat, läßt man wiederum kurze Zeit diese auf dem Druckpunkte stehen und verstärkt den Druck solange, bis die Matrize die volle Schärfe erreicht hat.

Die Matrize ist, nachdem die hervorgequollene Paste entfernt und die Anlage gemacht ist, sofort gebrauchsfertig. Will man eine ganz feste Matrize haben, die von unverwüstlicher Dauer ist, so wärmt man die Prägeplatte an einer Flamme ein wenig an und läßt die fertig geprägte Matrize etwa fünf Minuten in der Presse unter Druck auf dieser warmen Platte stehen.

Niemals darf die Paste aber mit einer erwärmten Platte in Berührung gebracht werden, denn das Pulver hat infolge seiner Zusammensetzung die Eigenschaft, schnell zu erstarren, und es würde dies bei Anwendung einer warmen Platte so schnell erfolgen, noch ehe sich das Relief genügend gebildet hat.

Schließlich sei auch noch eine der Nr. 4 der „Technischen Rundschau“, Berlin, vom 25. 1. 1911 entnommene Anleitung zur Anfertigung einer Matrizenmasse für Papierprägungen wiedergegeben. Die Frage lautete wie folgt: Mit welcher Matrizenmasse können Prägungen aus Papier (Elfenbeinkarton) gemacht werden? Die Matrizenmasse soll, auch wenn sie angewärmt wird, nicht abbröckeln. Darauf ging folgende Antwort ein: Für diesen Zweck kämen folgende Mischungen in Betracht: Bleiglätte, mit Glyzerin sehr innig verrieben. — Roggenmehl, etwa 60 Teile, Schlämmkreide, etwa 10 Teile, Gips, Bolus, Borax und Zucker, je etwa 5 Teile, Glyzerin etwa 10 Teile, dazu das nötige Wasser. — Seidenpapier oder ungeleimtes Druckpapier wird in kleine Stücke zerrissen, in heißem Wasser eingeweicht und mittels Holzklöppel zerstampft. Zu diesem Papierbrei wird Gips und heißflüssiger Leim bzw. Gelatine hinzugefügt und das Ganze gut vermengt, um Krustenbildung zu vermeiden. Das Verhältnis des Papierbreies zum Gips und Leim wird verschieden genommen, je nach den Verwendungsarten, ungefähr 30 Teile Gipsleim zu 10 bis 15 Teilen Papiermasse (wie oben angegeben) wird mit Leim, Stärkemehl und etwas Leinölfirnis versetzt und bei starker Hitze getrocknet.

Ein Rezept zur Herstellung eines guten Matrizenpulvers, das in der Hitze weich ist, schnell erhärtet und scharfe, plastische Abdrucke gibt, möge das Thema abschließen.

Die Selbstanfertigung eines zur Herstellung gewisser plastischer Reliefprägungen erforderlichen Matrizenmaterial in Form von Matrizenpulver muß stets in der Praxis ausprobiert werden. Wenn der Pulverform unbedingt der Vorzug vor der Pappmatrize gegeben werden soll, so sei das nachstehende Mittel empfohlen: Man verreibt Matrizenpappe zu ganz feinem Pulver, gibt $1/3$ Leim sowie $1/20$ Schlämmkreide dazu, kocht dieses Gemisch gut auf und bringt es dann in feuchtem Zustand auf die feste Grundpappe, die der Matrize den Halt gibt. Durch Abprägen erhält die Masse die Form der Stempelgravur; dann schlägt man nochmals auf der Presse nach und entfernt mit einem Messer den überflüssigen Teil auf der Matrize. Wenn alle Partien schön scharf konturiert auf dem Abdruck stehen (nötigenfalls unter Nachhilfe durch streifenweise gummierte Überklebung einzelner Teile mittels Papiers) brennt man die Matrize auf. Die ursprünglich weiche, nachgiebige Masse erhärtet schnell und liefert scharfe plastische Abdrücke.

Nachdem wir nun kennen gelernt haben, wie eine Matrize herzustellen ist, werden wir zu der eigentlichen Prägepraxis übergehen.

Einen Beweis für die Vielseitigkeit der Prägeanwendung können wir darin erbracht finden, daß ständig daran gearbeitet wird, die Leistungen der modernen Prägepressen so hoch als möglich zu schrauben. Da das Hochprägen von Flächen für die industrielle Ausbeute ausschließlich nur auf maschinellem Wege erfolgen kann, so wollen wir die Leistungsfähigkeit der modernen Hilfsmaschinen noch an einer späteren Stelle dieses Buches kennen lernen.

Das Prägematerial.

Art und Eigenschaft des Prägekartons und -Materials hinsichtlich Eignung zu Prägezwecken.

Bei der Herstellung von Prägedrucken ist es Voraussetzung, daß das zu prägende Material hierzu auch geeignet ist, denn wie jeder Fachmann aus der Praxis weiß, kann nicht jedes Material zur Verarbeitung gelangen. Es sind also Kenntnisse über die Eigenschaften des zu verarbeitenden Kartons oder Papieres für die Herstellung von Prägungen notwendig, weil deren einwandfreie Beschaffenheit und Eignung beim Prägedruck ausschlaggebend sind zur Erreichung eines einwandfreien Ausfalls der Prägungen. Der Erfolg, einwandfreie Prägearbeiten zu erhalten, ist vornehmlich abhängig von der mehr oder weniger guten Brauchbarkeit des beim Prägedruck zu verarbeitenden Materials. Während auf geeignetem Karton scharfstehende Reliefs erzielt werden, zeigt eine weniger geeignete Sorte in den höherstehenden Reliefpartien geplatzte Stellen. Diese Wahrnehmung ist zu machen trotz äußerlicher Gleichheit des Materials, ein Zeichen, daß vermehrte Kenntnis notwendig ist, um von vornherein auf die Art des Kartons, seine Beschaffenheit und Verwendungsmöglichkeit zum Prägen schließen zu können. Hauptsächlich ist dem Karton erhöhte Aufmerksamkeit zuzuwenden. Prägekarton soll aus guten Faserstoffen bestehen, auch nicht hart und brüchig, sondern er muß weich und zähe sein, so daß Hochprägungen keine zerrissenen Oberflächen zeigen.

Wie Papier, so besteht auch Karton aus verfilzten Fasern, die fast ausschließlich aus Pflanzen- und Holzarten durch chemische oder mechanische Verfahren gewonnen werden. Die Fasern sind besonders deutlich wahrzunehmen, wenn man ein Stück reißt, wobei der Riß verlaufendes Aussehen hat. Die Art der Fasern an der Rißstelle läßt dann schon einen Schluß auf die Eignung des Kartons zu Prägezwecken zu, obgleich sich auch aus dem Klang der Härte und Griffigkeit des Kartons auf die Verwendbarkeit zum Prägen schließen läßt. Vergleicht man verschiedene Kartonsorten an den Rißstellen, so zeigt es sich, daß einzelne Sorten ganz kurzes Fasergefüge zeigen, während bei anderen Sorten die Fasern länger sind und, neben- und übereinandergelagert, gute Verfilzung aufweisen. Dieses abweichende Aussehen der Reißstellen läßt einen Schluß zu auf die Brauchbarkeit des Kartons zum Prägen. Die kurzfaserigen Kartonsorten deuten auf kurzgeschliffenen Fasernstoff und wohl auch auf reichliche Füllstoffe und diese Kartonsorten sind weniger dehnfähig, weshalb sie bei der Ausprägung höherer Reliefpartien leicht platzen. Auch zeigt die Prägung an und für sich geringen Widerstand gegen Druck, so daß die Prägung unter leichtem Druck wesentlich zurückgeht oder an und für sich nicht Stand hält. Im Gegensatz zu derartigen Kartonsorten lassen sich die aus längerem, gut verfilztem Fasernstoff mit wesentlich besserem Erfolg verarbeiten.

Dehnen wir unsere Versuche noch weiter aus, so werden wir finden, daß eine Sorte an den Rißstellen stufenartiges Aussehen zeigt, was ein Zeichen dafür ist, daß dieser Karton aus mehreren Lagen besteht, die zusammengeklebt worden sind. Ist das Zusammenkleben gleichmäßig erfolgt und bestehen die einzelnen Lagen aus langfaserigem Rohstoff, so sind auch solche Kartonsorten für widerstandsfähige Prägungen gut brauchbar.

Ist das Material, auf welches wir den Prägedruck ausführen wollen, in seiner allgemeinen Beschaffenheit mehr oder weniger gut geeignet, so sprechen noch zwei andere wichtige Faktoren mit, wenn wir wirkungsvolle Prägungen erhalten wollen. Es ist dies einerseits die Feuchtigkeit, die wir dem zu prägenden Material beibringen können und andererseits die Wärme, mit welcher sich beim Prägen wiederum auf das Material durch die Presse einwirken läßt. Wir müssen uns vor Augen halten, daß wir beim Prägedruck das Material dehnen, die Fasernlage des Kartons verschieben und diese durch Anwendung scharfen Drucks in der gegebenen Lage halten wollen. Wenn wir nun den Karton ohne diese Vorbereitung verarbeiten d. h. in seinen Flächen verändern, so wird uns dies mit gutem Ergebnis eben nur bei dem aus langem Faserngefüge bestehenden Sorten möglich sein, andernfalls ist eben zumeist ein Platzen an den höheren Reliefpartien oder mangelnde allgemeine Haltbarkeit festzustellen. Anders verhält sich jedoch der zu prägende Karton, wenn ihm etwas Feuchtigkeit beigebracht wird. Durch sie löst sich der das Material zusammenhaltende Klebstoff, die Fasernlage des Kartons lockert sich, so daß sich das ganze Kartongefüge beim Druck willig an die Matrize und die Prägeplatte schmiegt und der Verschiebung und Dehnung nachgibt, die gewaltsam herbeigeführt wird. Direkte Feuchtung wird oft nicht angängig sein, und es ist am besten, dann indirekt zu feuchten, indem man das Material in einem feuchten Raum auslegt oder Feuchtigkeit anziehen läßt. (Vergl. auch hierzu die

Ausführungen über Einwirkung von Wärme und Feuchtigkeit auf Prägedruck unter Seite 32 u. f.)

Die Papierkenntnis ist, das sei besonders hervorgehoben, für die Ausübung des Prägens als eine Notwendigkeit zu betrachten für den Erhalt einwandfreier Prägungen. Bei einiger Sachkenntnis lassen sich die Eigenschaften gewisser Papiersorten leicht erkennen. Je nach Höhe der Reliefs oder der verlangten Schärfe der Prägung muß eine entsprechende Kartonsorte gewählt werden. Sobald man nun einige Kenntnisse in der Herstellung der Kartonsorten hat und den Rohstoff, aus dem der Karton gefertigt wurde, zu beurteilen versteht, wird auch die Wahl des Kartons wesentlich erleichtert.

Wenn es schon Bedingung ist, zu wissen, worauf die einzelnen Artikel der eigenen Verlagsrichtung gedruckt werden, ob auf zwei-, drei- oder mehrfachem Karton, so ist es gleichfalls notwendig, in Erfahrung zu bringen, ob das verwendete Material für die weitere Bearbeitung durch die Prägung geeignet erscheint. Wir erkennen dieses am besten bei den Postkarten. Man wird gewöhnlich für glatte Postkarten einen Karton wählen, der in sich schon genügende Festigkeit haben muß, jedenfalls stabiler ist als für solche Karten, welche nach der Druckausführung noch geprägt werden. Bei kaum einer der vielseitigen Möglichkeiten der Papierbearbeitung werden die in der Luxuspapierfabrikation hergestellten Erzeugnisse so beeinflußt, als während des Prägevorganges. Die durch den ungewöhnlich hohen Prägedruck bedungene Zusammenpressung der Stoffteile des Papiers läßt eine scheinbare Minderung in dem Griff desselben erkennen, während das betreffende Erzeugnis selbst an Festigkeit gewinnt. Im entgegengesetzten Falle müssen wir feststellen, daß durch das Entfernen einzelner Teile aus der Papierfläche diese an Festigkeit verliert, weshalb besonders für größere Flächen, z. B. bei Plakaten, entsprechend starker Karton genommen werden muß, um dem Erzeugnis nach erfolgter Bearbeitung in sich eine gewisse Festigkeit zu verleihen. Je nach der Gravur des Stempels wird man daher auch das Material wählen müssen, da nicht jede Stoffzusammensetzung für die Bearbeitung in jeder beliebigen Art geeignet ist. Für Prägungen von besonders tief gravierten Platten müssen stets entsprechende Kartons genommen werden, weil schwache, weniger widerstandsfähige Sorten platzen.

In den meisten Fällen kann man sicher sein, daß man dem Papierlieferanten auf den Pelz zu rücken versuchen wird. Daher ist es zweckmäßig, die Eigenschaften, etwa die minderwertige Qualität des Papiers, vor der Verarbeitung zu kennen. Es sei hierbei noch auf eine Besonderheit hingewiesen, die oft auftritt, nämlich das Abbrechen gewisser Teile bei der Herstellung jener besonderen Gattung von Waren, die wir als Wandkalendertaschen, Kniffkalender u. a. m. kennen, bei denen einzelne Teile von der Prägeplatte geritzt, um später umgebrochen zu werden. Bei Anordnung solcher Artikel auf dem Auflagebogen, bei dem es sich nicht von Anfang an um einen Stoff handelt, der besonders für derartige Zwecke hergestellt wurde, also besonders fest und prägefähig ist, soll man um so mehr vorsichtig sein. Man ordnet am besten solche Artikel auf dem Bogen so an, daß die Längsrichtung der Artikel mit derjenigen der Papierfasern parallel geht, wodurch eine größere Haltbarkeit gewährleiset wird. Jeder Papierfabrikant wird seinem Abnehmer gern an die Hand gehen, die Laufrichtung des Papiers zu ermitteln. Bei Befolgung dieses Fingerzeiges werden sich bei der späteren Fabrikation der druckfertigen Ware kaum nennenswerte Schwierigkeiten bemerkbar machen.

Eine der hauptsächlichsten Schwierigkeiten bei der Veredelung des Papiers durch das Prägen ist das Verziehen desselben. Um zu wissen, in welcher Weise sich ein Papierstoff unter dem Einfluß des Prägedrucks verändert, und wer doppelte Arbeit und deren Kosten ersparen will, der lasse Konturen stets auf dem gleichen Karton umdrucken, auf welchem eine nachherige Prägung der zu druckenden Erzeugnisse erfolgen soll, und präge diese an. Die geprägte Papieroberfläche wird den Grad der Verwendbarkeit des Papierstoffes erkennen lassen. Wenn der Karton bei Anprägungen abblättert, so wird entweder die Prägung abgeschwächt werden, oder man wird sich zur Verwendung eines für den Zweck geeigneten Druckkartons entschließen müssen. In jedem Falle ist hier Abhilfe rechtzeitig geboten, um sich vor größerem Schaden zu bewahren. Nur durch wiederholtes Prüfen nach allen Richtungen hin, in denen unter Umständen selbst äußerlich schwer wahrnehmbare Fehler möglich wären, wird man sich vor Beanstandungen und unliebsamen Erfahrungen rechtzeitig bewahren können. Bei der Beurteilung der glatten Prägungen mit Bezug auf das Passen dehne und biege man das Prägeblatt außerdem nach verschiedenen Richtungen unter Beobachtung der Rückseite des einzelnen Blattes. Etwaige Schneidestellen an den Kanten der Reliefprägungen (durchgeprägte Stellen) sollen sofort abgestumpft werden durch entsprechendes Abschwächen der Matrize.

Wer es vermeiden will, daß sich fertige Prägungen verziehen (werfen), was besonders bei dünnem Papier vorkommt, der soll die Blätter vorher auf der Rückseite mit dünnem Papier oder entsprechendem Karton hinterkleben, weil dadurch ein Gegenzug hergestellt wird, der bewirkt, daß sich die zusammengeklebten Lagen strecken und ihre flach aufliegende Form behalten. Dadurch wird dem Verziehen vorgebeugt, und die Prägung läßt sich besser herausholen. Wir finden dieses in letzter Zeit am häufigsten bei den Deckelüberzügen, zu welchen Fantasiepapiere der verschiedensten Arten verwendet werden, die meist durch aufgelegte Stoffblumen in Verbindung mit der Prägung verziert werden.

In Fällen, wo vorhandene Pappstücke (Abfälle) zum Kaschieren von Prägererzeugnissen verwendet werden, muß darauf Rücksicht genommen werden, daß diese an den Seiten nicht zu weit überstehen, sondern in der Größe möglichst dem Stempelblock entsprechen. Andernfalls müssen sie vor dem Prägevorgang beschnitten werden, um in die Einfahrt der Maschine hineinzupassen und auch von der gleichen Anlage prägen zu können, sofern von solcher gearbeitet wird und nicht von Nadelpunkten.

In jedem Falle muß um die Prägefläche herum genügend „Fleisch" als Anlageraum bleiben, weil das Prägen sonst zur Unmöglichkeit wird, oder durch das mühsame Arbeiten unter diesen erschwerenden Verhältnissen mit bedeutenden Kosten verknüpft sein könnte.

Wie wir aus der Praxis wissen, kann nicht jedes beliebige Material zur Verarbeitung gelangen, denn der Erfolg des Gelingens einwandfreier Prägungen ist von der mehr oder weniger guten Brauchbarkeit des beim Prägedruck zu verarbeitenden Materials abhängig.

Das Ausproben der Platten vor Inangriffnahme der Arbeiten ist eine sehr wichtige und berechtigte Forderung, um sich vor unliebsamen Überraschungen zu schützen. Es läßt sich dadurch nicht nur ein Urteil darüber fällen, ob die Gravur der Platte eine den Ansprüchen entsprechende ist, sondern man kann feststellen, ob die Matrize auch so ausgearbeitet ist, daß sie durch plastisches Hervortreten des Reliefs alle Vorzüge, welche die Gravurtechnik bietet, erkennen läßt.

Etwa sich ergebende Mängel in der Prägung selbst soll man durch sofortige Abänderung der Matrize aus der Welt schaffen. Wenn die Prägung zu schwach ist, wird es genügen, einige Papierlagen darüber zu kleben und nach den bei der Anleitung zur Herstellung von Matrizen gegebenen Anregungen zu verfahren, indem solange Druck gegeben wird, bis die Zeichnung haarscharf hervortritt. Je nach den Erfordernissen wird eine teilweise Verstärkung zu schwacher oder Abschwächen zu kräftiger Teile genügen, um gute Erfolge zu erzielen. Da es häufig vorkommt, daß durch die Eigenart der Gravur oder auch durch die Matrize, welche vielleicht stellenweise zu scharf ist, nicht nur eine Prägung erfolgt, sondern daß beim Druck auf die Platte dieser so stark ist, daß der Karton platzt, so ergibt sich hieraus die Notwendigkeit, jede Arbeit vor der Druckausführung nach diesen Gesichtspunkten hin zu prüfen und den Schaden abzustellen.

Es gilt nicht nur das Verhalten des Papierstoffes zum Prägedruck zu ermitteln, sondern es zeigt sich dabei auch, ob der Graveur die nötige Ausdruckskraft in die Gravur gelegt, ob Nacharbeiten durch Verstärken oder Abschwächen einzelner Partien notwendig erscheint.

Einwirkung von Wärme und Feuchtigkeit auf Prägedrucke.

Bei der Herstellung von Prägungen, seien es Papiere, Kartons und Pappen auf Prägepressen leichter und schwerer Art ist die Frage der Feuchtung der Prägeware in Verbindung mit einer Arbeitsverrichtung mittels erwärmter Presse ein bedeutsamer Faktor für das Gelingen der Prägungen.

Je nach der Bauart und Einrichtung der Presse kann das Arbeitsstück auf kaltem, und wenn die Presse Heizvorrichtung besitzt, auch auf warmem Wege mit dem erforderlichen vertieften oder reliefartigen Aufdruck versehen werden.

Bestimmend für die Arbeitsweise ist in der Hauptsache das zu verarbeitende Material. Wir müssen uns vergegenwärtigen, daß beim Prägedruck meist eine Dehnung des Materials stattfindet, eine Verschiebung der Fasernlage, die wir durch Anwendung eines scharfen Druckes in der gegebenen Lage halten wollen. Wenn wir nun das Material ohne jede Vorbereitung gewaltsam in seiner Fläche verändern, so werden wir meist die Erfahrung machen, daß derart geschaffene Prägungen, die auf kaltem Wege hergestellt wurden, mehr oder weniger zurückgehen, daß die anfangs scharfen Reliefornamente in kurzer Zeit an Schärfe verlieren und zwar ohne sichtbaren äußeren Einfluß ganz von selbst. Würden solche Prägungen gar einigem Druck ausgesetzt, so verflachen sie gar bald.

Anders liegen die Vorbedingungen zum Erhalt einwandfreier Prägungen bei gut gefeuchtetem Material und erwärmter Presse.

In denjenigen Fällen, in denen mit dem Reliefdruck auch gleich Farbdruck verbunden ist, finden wir auch, daß die Farbe williger von dem gefeuchteten Material angenommen wird und daß sie besser und leichter in den Karton einschlägt. Durch die Feuchtigkeit ist der Karton in seinen Fasern gelockert und dadurch eine vorzüglichere Bewegungsmöglichkeit für die aufgedruckte Farbe geboten, die deshalb besser in das Papier einschlägt.

Es sei noch erwähnt, daß alles Material, das einen mehr oder weniger hohen Grad von Feuchtigkeit besitzt, ein höheres Dehnungsvermögen aufweist. Wir machen beim Prägedruck sehr oft die Erfahrung und besonders wenn hohe Reliefs in Frage kommen, daß diese zerfetzen. Ist das Material aber gefeuchtet worden, so hält es selbst starken Dehnungen stand.

Werden Prägedrucke mit erwärmter Presse auf ungefeuchtetes Material ausgeführt, so erhalten wir ähnliche Resultate wie beim Druck auf kaltem Wege und auf ungefeuchtetes Material.

Wie schon erwähnt, besitzt das Material an und für sich eine gewisse Menge Leim oder Klebstoff, durch welchen die einzelnen Fasern zusammen gehalten werden. Ebenso ist auch ein gewisser Grad von Feuchtigkeit vorhanden, der von dem Material schon aus der Luft aufgenommen wird. Sobald nun die erwärmte Prägeplatte auf das Material mit starkem Druck wirkt, wird die durch das Relief der Matrize verschobene und gedehnte Vorschicht und somit die ganze geprägte Partie durch die Hitze der Prägeplatte scharf gebunden, so daß in der Regel sehr feste, harte und widerstandfähige Prägungen entstehen.

Zuweilen findet durch die Einwirkung der Wärme eine schwache Farbeveränderung des Arbeitsstückes statt und der Druck zeigt auch erhöhten Glanz, was oft erwünscht ist.

Nach dem Vorausgesagten wird es ohne weiteres einleuchten, daß die besten Resultate in der Prägetechnik erreicht werden, wenn das gefeuchtete Material mit erwärmter Prägepresse bzw. Platte bearbeitet wird. Es empfiehlt sich, die Feuchtung in gelinder, aber möglichst das Material durchdringender Weise vorzunehmen, was dadurch geschehen kann, daß man die zu bearbeitenden Pappen oder Kartons längere Zeit vorfeuchtet und in einem Stoß beschwert gründlich durchziehen läßt. In der Regel kommt man beim Verarbeiten solchen Materials auch mit einem geringeren Hitzegrad aus, während dieser wesentlich stärker sein muß, wenn Prägungen mit warmer Presse auf ungefeuchtetes Material ausgeführt werden.

Lederpapiere und alle übrigen mit Farbe- und Lackgrund gestrichenen Papiere müssen mit mäßiger Wärme gepreßt und geprägt werden, da die Druckschicht bei zu großer Wärme erweicht und dann das Material an der heißen Platte festklebt.

Bei Kaltprägungen wird das zu prägende Material — Papier, Karton, Pappe — auf Dehnung beansprucht. Die Fasermasse des Arbeitsstückes wird im Verhältnis zur Tiefe der Gravur hochgedehnt und auseinandergezogen, ohne daß Verschiebung und Bindung der Fasern in ihren neuen Lagerungsverhältnissen erfolgt. Diese verhältnismäßig geringe Veränderung genügt in vielen Fällen nicht, um die hochgeprägten Partien dauernd widerstandsfähig zu machen.

Günstiges Arbeitsergebnis erzielen wir, wenn dem Arbeitsmaterial — Pappe oder Karton — vor dem Prägedruck geringe Feuchtigkeit beigebracht werden kann. Es genügt, die so angefeuchteten Prägedrucke einige Zeit liegen zu lassen, damit die Feuchtigkeit das Material gehörig durchziehen kann. Wo es sich um die Herstellung einfacher Pappartikel oder um einfache Kartonprägungen handelt, kann das mittels direkter Feuchtung geschehen. Schwache Lagen dieses Materials werden durch Wasser gezogen und jede dieser Lagen von einer trockenen bedeckt. So wird abwechselnd verfahren, bis der ganze Stoß, der zum Schluß stark beschwert wird, gefeuchtet ist. Ist der Stoß gleichmäßig durchzogen, was durch Umschlagen der einzelnen Lagen noch gefördert werden kann, so kann die Prägung vorgenommen werden. Handelt es sich um mit Druck versehene Arbeitsstücke (chromolithographische Erzeugnisse), die zur Prägung genau passen müssen, so läßt sich direkte Feuchtung nicht anwenden, weil durch die verschiedene Dehnung des Materials Paßdifferenzen eintreten und der Druck unansehnlich werden kann. Ein soweit hergestelltes Erzeugnis läßt hinsichtlich seiner Beschaffenheit eine direkte Feuchtung nicht zu, ohne daß sich schwerwiegende Schwierigkeiten bei der Verarbeitung einstellen würden. Es läßt sich aber zuweilen in der Weise arbeiten, daß man das mäßig gefeuchtete Material mit dem Druck kaschiert und nach kurzer Trockenzeit das Prägen vornimmt, selbstverständlich unter Anwendung von Paßpunkturen oder „Kreuzen“. Wo in der vorgeschilderten Weise nicht gearbeitet werden kann, wird, wenn Zwischenlegen von gefeuchteter Makulatur nicht angängig ist, dem Material indirekte Feuchtung durch Auslegen in feuchten Räumen, Kellern usw. beigebracht, damit es Feuchtigkeit anzieht. In jedem

Falle lockert sich durch den Einfluß der Feuchtigkeit die Fasernlage des Materials dadurch, daß der in der Stoffzusammensetzung befindliche Klebstoff, der das Gefüge zusammenhält, gelöst wird, die feste hartsatinierte Verbindung mit dem Klebestoff, der alles zusammenhält, wird gelöst und dadurch wird gute Dehnung beim Prägen erzielt, weil die gelockerten Fasernlagen sich gut an die Matrize schmiegen und in der Verschiebung der Dehnung standhalten, die ihnen durch den scharfen Prägedruck gegeben wird. Trocknet das geprägte Arbeitsstück dann gut aus, so zeigt der Prägedruck ziemlich guten Widerstand; solche Prägungen gehen wenig oder gar nicht zurück. Auch die Wahrnehmung ist bei dem Verarbeiten von gefeuchtetem Material zu machen, daß man mit erheblich geringerem Druck der Presse auskommt, um zu dem gewünschten Resultat zu gelangen, weil sich das erweichte Arbeitsstück verhältnismäßig leichter durch den Druck in die gewünschte Lage pressen läßt und durch Einwirkung der Feuchtigkeit weniger widerstandsfähig geworden ist. Es wird dadurch nicht nur die Presse entlastet, sondern auch wesentlich an Kraft gespart.

Ähnliche, wenn auch nicht ganz so günstige Erfolge sind bei Heißprägungen zu erzielen. Das Arbeitsmaterial besitzt stets einen, wenn auch noch so geringen Grad von Feuchtigkeit, die ohne weiteres Zutun schon aus dem Wärme-Dunstkreis aufgenommen wird. Sobald die erwärmte Platte auf das Arbeitsmaterial mit ihrem Druck einwirkt, verdunstet bei der kräftigen Einwirkung der Wärme die Feuchtigkeit und im Verein mit dem Klebstoff, der im Material durch die Wärme rasch gebunden wird, erhält das Arbeitsstück die neue Form, die meist gute Haltbarkeit bzw. Stand zeigen wird.

Abgesehen von der Eignung des Kartons zu Prägungen, ist zur Erreichung einer guten Prägung Feuchtung des Kartons und anderseits Wärme beim Druck erforderlich, um eine gutstehende Prägung zu erzielen. Wird der Karton ohne Vorbereitung in seiner Fläche verändert, so macht man die Wahrnehmung, daß die geprägten Teile bald an Schärfe verlieren, ja, daß sie verflachen, wenn sie einigem Druck ausgesetzt sind.

Ist dann das Arbeitsstück gut ausgetrocknet, so ist das hochgeprägte Relief so widerstandsfähig, daß es wenig oder gar nicht mehr zurückgeht, sondern dauernd den Stand hält. Jeder Karton erlangt mit einem gewissen Feuchtigkeitsgehalt zugleich höheres Dehnungsvermögen. Dies macht sich besonders bemerkbar wenn für den Druck hohe Reliefs in Frage kommen.

Wenn mit Wärme auf den Prägekarton, der gefeuchtet wurde, eingewirkt wird, so erhält man auf gefeuchtetes Material besonders widerstandsfähige Prägungen und man läuft auch nicht Gefahr, daß sich das Arbeitsstück verzieht. Dies tritt nämlich manchmal bei solchen Kartonsorten ein, die, wenn sie gefeuchtet geprägt werden, dann völlig ausgetrocknet sind: Es werfen sich diese Drucke leicht. Beim Prägen mit erwärmter Presse werden aber die im Material durch Feuchtung gelösten Klebstoffe derart gebunden, daß ein Werfen nicht so leicht in Erscheinung treten kann.

Günstige Erfolge werden auch meist erzielt, wenn das Material auch ohne besondere Feuchtigkeit mit erwärmter Presse bearbeitet wird. Es ist zu berücksichtigen, daß eine gewisse Menge Klebstoff die Fasern des Kartons zusammenhält und daß andererseits auch ein geringerer Grad von Feuchtigkeit vorhanden ist, der schon aus der Luft aufgenommen wird.

Wirken Prägeplatte und Matrize mit starkem Druck auf das Arbeitsstück, so wird die veränderte Oberfläche des zu prägenden Materials durch die Hitze der stark erwärmten Platte scharf gebunden, so daß in der Regel sehr feste, harte und widerstandsfähige Prägungen entstehen. Zuweilen erhält das hochgeprägte Relief durch Einwirkung der Wärme erhöhten Glanz, was meist willkommen ist und die Wirkung der Prägung steigert.

Die besten Ergebnisse werden beim Prägen erreicht, wenn gefeuchteter Karton auf erwärmter Presse bzw. Prägeplatte verarbeitet wird. Die Feuchtung soll eine gelinde, aber gleichmäßige sein, andernfalls es sich empfiehlt, die zu bearbeitenden Pappen oder Kartons längere Zeit zu verfeuchten. In der Regel kommt man dann mit einem geringeren Hitzegrad aus, als wenn Prägungen mit erwärmter Presse auf gefeuchtetem Material vorgenommen werden.

Die Prägemaschinen.

Prägepressen und ihre Wahl.[1])

Prägepressen werden in großer Anzahl von verschiedenster Bauart und für die verschiedensten Zwecke von den dafür in Betracht kommenden Spezialfabriken angeboten und es gehört

---

[1]) Entnommen No. 35 vom 2. Sept. 1921 aus dem „Generalanzeiger für Pappe und Papierverarbeitung“, Dresden.

immerhin schon Erfahrung dazu, darunter die richtige Wahl zu treffen. Soweit dabei Pressen für Handbetrieb in Frage kommen, ist die Wahl nicht so schwer, anders ist es jedoch bei den großen für Kraftbetrieb eingerichteten Maschinen. Diese für schwere Drucke eingerichteten Maschinen sind große Kraftverbraucher, doch kann durch gute Konstruktion, durch geeignete Übersetzung des Antriebes der Kraftverbrauch erheblich herabgemindert werden. Es ist wichtig, bei der Wahl einer Presse nicht nur über die Druckkraft unterrichtet zu sein, sondern sich auch angeben zu lassen, welcher Kraftbedarf notwendig ist, wenn die Presse aufs höchste beansprucht wird. Daneben ist es von gleicher Bedeutung zu wissen, welche Druckanzahl innerhalb bestimmter Zeit geleistet wird.

Neben der Druckkraft ist die Druckfläche für die Wahl maßgebend. Letztere wird durch die Größe der Arbeiten bestimmt, die man auf ihr auszuführen gedenkt. Die Presse in ihrer Druckfläche muß stets reichlich größer genommen werden, mindestens so groß, daß die zum Prägen zu verwendende größte Platte von der Druckfläche nach jeder Richtung hin um 8—10 Zentimeter überschritten wird. Wenn auch die Platten in ihrer Größe eigentlich für die Größe der Druckfläche maßgebend sind, so kommt es doch sehr oft vor, daß die Gravur sehr ungleichmäßig verteilt ist, indem eine Seite hohe Reliefs aufweist, während die andere Seite nur wenig Gravur und wenige Reliefs zeigt. Plattenmitte und der von der Presse geforderte Druck liegen sich nicht immer gegenüber. Um dies herbeizuführen und die Presse von einseitigem Druck zu entlasten, muß die Platte so nach der Seite verschoben werden, daß das gewünschte Verhältnis herbeigeführt wird. Läßt das Format der Presse diese Verschiebung nicht zu, dann erfolgt einseitiger Druck, Tiegel und Kopfstück arbeiten schiebend gegeneinander, die Prägung wird unscharf, und es entsteht das sogenannte Dublieren. Bei Pressen, die in der geschilderten Weise übermäßig angestrengt werden, treten leicht Brüche ein.

Sollen für Handbetrieb und zu Vergoldezwecken dienende Pressen auch zu Reliefprägungen dienen, so wird es sich empfehlen, derartige Pressen stets in der kräftigeren Konstruktion zu kaufen.

Mancherlei Einrichtungen werden zu den Pressen geliefert, deren Mitbezug vielfach entbehrt werden kann. Andererseits gibt es aber auch wieder Einrichtungen, die Vorteile versprechen und solche sind z. B. die Presse so einrichten zu lassen, daß die Anhängeplatte aufkippbar angeordnet wird. Verbesserungen an der Gravur lassen sich so leicht vornehmen, ohne daß die Platte von der Presse entfernt zu werden braucht. Je nach der Art der Arbeit wird auch zu erwägen sein, ob sich der Mitbezug eines zweiten Tisches und einer zweiten Anhängeplatte empfiehlt. Diese bieten nämlich insofern Vorteile, als man beim Übergange zu einer andern Arbeit nicht gezwungen ist, Platte und Matrize ablösen zu müssen. Diese bleiben vielmehr in sofort gebrauchsfähigem Zustande, wenn man die Arbeit wieder aufnehmen will. Auch der Vorteil ist vorhanden, die Presse nicht stillsetzen zu müssen, wenn man eine neue Prägeform auf der Anhängeplatte, was mehr oder weniger Zeit beanspruchen kann, befestigen will. Ob man weitere Einrichtungen, wie Farbdruckklappe und Deckelrahmen mitbezieht, hängt von der Art der erforderlichen Arbeit ab. In den meisten Fällen werden sie entbehrlich sein. Man kann die Presse jedoch gleich so kaufen, daß sie beim Nachbezuge ohne weiteres anzubringen sind.

Zu Heizzwecken für die Presse kommen in Frage Gas, Dampf, Elektrizität, dann flüssige Brennstoffe als Benzin, Spiritus, Petroleum und schließlich auch noch Holzkohle. Die Gasheizung ist weit verbreitet und dürfte es infolge der Einfachheit ihrer Anwendung wohl auch bleiben. Dampf zu Heizzwecken ist dort zu empfehlen, wo solcher ständig zur Verfügung steht und wo es möglich ist, ihn so den Pressen zuzuführen, ohne daß er den Betriebsraum übermäßig erwärmt. Er kann auch als billigste, rasch und sauber anzuwendende Heizquelle angesprochen werden. Elektrizität ist zum Heizen der Pressen das idealste Heizmittel. Sie ist sauber, geruchlos, vermeidet übermäßige Miterwärmung anderer Teile der Presse, weil sie direkt auf den zu heizenden Teil hingelenkt werden kann. Leider kommen für ihre Anwendung nur wenige Betriebe in Frage, vielleicht nur dort, wo man sich den Strom selbst billig erzeugen kann, andernfalls stellt sich der Betrieb bei Bezug des Stromes zu teuer. Sodann ist auch die Heizeinrichtung an der Presse selbst in der Anschaffung ziemlich teuer. Wo aber die Verhältnisse den Bezug der elektrischen Heizeinrichtung ermöglichen, sollte sie in Anwendung gebracht werden. Meist ist dann die Stromstärke in drei Abstufungen regulierbar. Der eine Grad wird extra dreißig Minuten zum Anheizen der Presse in Anwendung gebracht, der zweite Grad während des Arbeitens mit der Presse, während der dritte Grad dazu dient, die Presse besonders stark für Arbeiten anzuheizen, die starke Wärme zu ihrer Fertigstellung bedingen.

Die flüssigen Brennstoffe bedürfen zu ihrer Anwendung besonderer Heizapparate, die ähnlich wie die Lötlampen mit Stichflamme erst in Brand gesetzt bzw. angeheizt und dann in die Heizkanäle eingeschoben werden. Sind die Apparate gut gebaut, so hat man beim Gebrauch keinen Anstand, während mangelhaft konstuierte Brenner zu manchen Störungen Veranlassung geben. Alle flüssigen Brennstoffe und auch die Gasheizung verschlechtern die Atmosphäre, aber diesem Übelstande kann mit gutem Erfolge begegnet werden, wenn man die Abgase in eine schwache Rohrleitung ableitet und sie durch einen kleinen Exhaustor ins Freie befördert. Holzkohle zum Anheizen der Presse kommt nur für kleine Betriebe (auf dem Lande) in Frage, die selten mit geheizten Pressen arbeiten und wo sich die Anwendung anderen Brennstoffes nicht gut ermöglichen läßt oder sich nicht lohnt. Bei solchen Pressen ist das Kopfstück kastenartig ausgebaut und so eingerichtet, daß es die glühenden Kohlen aufnehmen und so die Presse erwärmen kann. Die Kohlen werden von Zeit zu Zeit mittels Blasebalges angefacht.

Es wird beim Kauf einer Presse schließlich auch noch zu erwägen sein, ob sie mit veränderlichem Hub auszustatten ist. Der übliche Hub beträgt in der Regel 12 mm, und dieser genügt für alle vorkommenden normalen Arbeiten. Will man die Presse aber auch zur Anfertigung von Hohlkörpern aus Pappe benutzen, bei denen also erhebliche Tiefprägungen in Frage kommen, wie z. B. Pappteller, Schüsseln, Verschlußdeckel, Pappenkörperteile und sonstige geformte Pappenstücke, dann ist ein höherer Hub notwendig. Dieser wird dann den Wünschen entsprechend geliefert und zwar meist so, daß drei bis vier verschiedene Hubarten in Anwendung gebracht werden können. Es empfiehlt sich, Pressen mit veränderlichem Hub mit zentraler Verstellung des Kopfstückes zu beziehen, was jederzeit rasche Einstellung des Kopfstückes möglich macht. Bemerkt sei, daß mit Anwendung größeren Hubes auch die Druckkraft der Presse nachläßt. Für das Prägen derartiger tiefer Formen ist es empfehlenswert, auch den herausfahrbaren Tiegel für Heizung einrichten zu lassen und so bei der Herstellung von Hohlkörpern mit Ober- und Unterheizung zu bearbeiten, um dadurch den Arbeitsstücken besseren Stand und Härte zu geben.

Über Drucken und Prägen in der Kartonnagenindustrie und die dazugehörigen Maschinen.[1])

Besonders für Luxuskartonnagen machen sich häufig Prägungen und Vergoldungen notwendig, zu denen besonders Präge- und Vergoldepressen nötig sind. Man kann mit diesen alle vorkommenden Arbeiten auf Kartons, Taschen, Karten, Büchern usw. vornehmen und mit gleichem Vorteil auch Vergoldungen, Farbdrucke und dergl. machen.

Der Beanspruchung auf hohen Druck entsprechend müssen diese Pressen besonders kräftig gebaut sein. Im Verhältnis zur Druckfläche ergibt sich eine hohe Druckkraft, die einzelne Teile besonders stark beansprucht, worauf bei der Konstruktion Bedacht zu nehmen ist. Die Pressen werden sowohl für Hand- als auch für Kraftbetrieb hergestellt, wobei für kleinere Arbeiten die Handpressen ausreichend sind, während für schwere Arbeiten die Kraftpressen den Vorzug verdienen.

Die Druckfläche, das ist jene Fläche, die dem größten zu verarbeitendem Format entspricht, soll nicht zu klein gewählt werden, um nicht zu hohe Beanspruchungen für die Maschine nötig zu machen. Hub und Einfahrt sind die größte Entfernung zwischen Tischfläche und Tiegelunterfläche und sind abhängig von der Stärke der zur Verwendung kommenden Prägeplatten. Es wird sich daher oft erforderlich machen, daß die Einfahrt der Maschinen beliebig und rasch vergrößert oder verkleinert werden kann, was durch Einbau eines verstellbaren Kopfstückes in die Maschinen erfolgt. Die Druckplatten dürfen das Maß der Druckfläche nicht überschreiten.

Die Ausführung der Prägeplatte ist von größtem Einfluß auf die Wirkung der Prägung, es ist daher größter Wert auf sachgemäß ausgeführte Platten zu legen, die in Spezialfabriken mit reichen Erfahrungen herzustellen sind.

Die kleineren Pressen für Handbetrieb erhalten einen hufeisenförmigen, geschlossenen Rahmen ganz aus Eisen, der der hohen Belastung den entsprechenden Widerstand entgegensetzt. Die größeren Handpressen werden als Säulenpressen ausgeführt in der Weise, daß Fuß- und Kopfstück aus massiven, kräftigen Gußteilen bestehen, die durch stählerne Säulen miteinander verbunden sind. Diese Säulen bilden zugleich die Führung für den auf- und niedergehenden Preßtisch. Die größten Abmessungen der Tischfläche betragen 600×580 mm größte Einfahrt und 14 mm Hub.

[1]) Entnommen No. 41 vom 9. Oktober 1920 der „Kartonnagen- und Papierwaren-Zeitung“, Dresden.

Die Pressen für Kraftbetrieb ähneln den zuletzt aufgeführten Maschinen in ihrer Bauart und sind noch kräftiger. Der Antrieb erfolgt von einem Zahnradvorgelege aus durch Schubstange und Kurbel. Sie sind mit Friktionskuppelung und einstellbarem, selbsttätigem Stillstand unter Druck und mit Momentausrückung in jeder Stellung ausgerüstet.

Besonders für die Papptellerfabrikation sind Prägepressen mit dreifach verstellbarem Hub geeignet, die in ihrer Konstruktion den aufgeführten Säulenprägepressen gleichen. Die Maschinen eignen sich aber auch besonders für Reliefprägungen aller Art, zum Vergolden, zu Farbdrucken und zu Ausstanzarbeiten. Für besonders tiefe Prägungen, wie sie z. B. bei Papptellern vorkommen, wird die Maschine mit dreifach verstellbarem Hub ausgerüstet. Da sich bei diesen Prägungen häufige Wechsel in der Platten- und Formenstärke nötig machen, muß die Einfahrt rasch verändert werden können, was in einfachster Weise durch Einsatzrahmen erfolgen kann. Größeren Vorteil bietet jedoch die Presse mit verstellbarem Kopfstück, bei welcher die Prägeformen in verschiedenen Stärken rasch ausgeglichen werden können, ohne daß sich die Verwendung von Einsatzrahmen nötig macht. Da in vielen Fällen z. B. bei Papptellern, ein Heizen der Prägeformen nötig ist, müssen diese heizbar sein, was im allgemeinen durch Gas erfolgt. Es lassen sich jedoch auch bei Bedarf Heizungen mit Spiritus, Dampf und Elektrizität verwenden. Auch der Tiegel kann heizbar eingerichtet werden, was besonders bei Papptellern von Bedeutung ist, da diese so ihre Form besser behalten.

Für Druckzwecke kommen die sogenannten Boston- und die Tiegeldruckpressen mit Tellerfärbung und mit Zylinderfarbwerk zum Gebrauch. Die Bostonpressen eignen sich besonders da, wo man mit kleinen einfachen Pressen auskommen kann, und wo der Raum beschränkt ist. Die Bostonpresse zeichnet sich durch große Einfachheit aus und eignet sich auch für größere Betriebe als Hilfsmaschine neben größeren Tiegeldruckpressen. Sie werden im allgemeinen in drei Ausführungen gebaut und zwar ohne Farbwerk, mit kleinem und großem Farbwerk. Erstere Ausführung kommt nur für kleine Auflagen in Frage und für Arbeiten, bei denen die Güte des Druckes nicht von Bedeutung ist. Die Maschinen mit kleinem Farbwerk besitzen vollständig selbsttätige Farbzuführung und eignen sich für größere Auflagen, sie ergeben einen sauberen, einwandfreien Druck; bei größten Anforderungen an den Druck und höhere Leistungen erhalten sie großes Farbwerk. Das Farbwerk besteht aus einem rotierenden Teller und einer Anzahl Farbwalzen, die für ganz gleichmäßige Verteilung der Farbe sorgen. Die Bostonpressen sind nur für Handbetrieb bestimmt, erhalten aber Selbstauslegung der bedruckten Blätter, was die Schnelligkeit der Arbeit sehr erhöht und dem Arbeiter Gelegenheit gibt, seine Aufmerksamkeit ganz der Druckkraft zu widmen.

Will man für leichte Arbeiten die Vorteile des Fuß- oder Kraftbetriebes genießen, so verwendet man eine Druckpresse, welche in ihrer Konstruktion der Tiegeldruckpresse ähnelt, sie wird ähnlich wie diese mit Tellerfärbung und mit kleinem und großem Farbwerk ausgestattet.

Für höhere Anforderungen sind Tiegeldruckpressen mit Druckabsteller und seitlichen Zugstangen für Fuß- und Kraftbetrieb im Gebrauch. Diese Maschinen erhalten viereckigen Farbtisch, in welchem sich der runde Farbteller dreht und eine zentrale Parallel-Druckstellung. Zur Erhöhung der Leistung werden diese Maschinen mit Selbstanleger ausgerüstet, welche ein rasches Arbeiten gestatten und auf die Sauberkeit der Druckblätter einen günstigen Einfluß haben, da die bedienende Person diese nicht mit den Fingern zu berühren braucht. Die am Tiegel vorgesehenen Präzisionsanlegemarken schieben den Bogen sets auf eine bestimmte Stelle, so daß selbst bei schnellstem Gange ein genaues und sauberes Anlegen erreicht und viel Ausschuß vermieden wird.

Die Tiegeldruckpressen mit Zylinderfarbwerk genügen den höchsten Anforderungen, da durch das Zylinderfarbwerk eine nicht zu übertreffende Verreibung der Farbe erreicht wird. Man ist hiermit in der Lage, die Farbverreibung auf das beste zu regeln, so daß diese Maschinen für die feinsten Druckarbeiten mit Vorteil zu verwenden sind. Die schweren Ausführungen dieser Maschinen sind auch gut für Prägearbeiten zu verwenden. Der höheren Beanspruchung entsprechend wird diese Maschine sehr kräftig ausgeführt, in dem Fundament und Hauptgestell aus einem Gußstück bestehen. Tiegel- und Tiegelrücken, in den die Stahlwelle eingeschweißt wird, bilden ebenfalls ein massives Gußstück. Da sich der Tiegel schon vor dem Druck genau parallel zur Form einstellt, ist ein gleichmäßiger Druck gewährleistet.

Durch den Druckabsteller kann die Druckstärke genau reguliert werden. Die leichteren Ausführungen dieser Maschinen sind für Fuß- und Kraftbetrieb eingerichtet, während für die schweren nur Kraftantrieb in Frage kommt.

Die Heizung der Prägeformen bei der Herstellung von Kartonnagen.[1])

Bei der Anfertigung von Kartonnagen finden die Prägepressen der mannigfachsten Art ihre ausgiebige Verwendung und nicht zuletzt sind es auch die Apothekerschachteln, die auf Prägepressen mehr und mehr erzeugt werden und, da sie recht stabil sind und sehr gefällige Formen aufweisen, die handgearbeiteten Schachteln verdrängen. Von der Heizung der zur Fabrikation dieser Schachteln verwendeten Prägeformen (Bombierformen usw.) soll darum in dieser Abhandlung die Hauptrede sein; denn gerade auf diesem Gebiete wird noch mancherlei gesündigt und übersehen, so daß man sich über die öfter zu hörenden Klagen über Störungen, Materialverlust, Stempelverschmieren usw. eigentlich nicht besonders zu wundern braucht. Die Hauptschuld an all diesen Übelständen wird denn nicht selten dem Material usw. zugeschoben, während es richtiger wäre, sich zuförderst einmal genauer um die Heizung zu kümmern; denn diese darf nicht nach einem Schema eingestellt werden, sondern man muß, was indessen von den Arbeiterinnen usw. meist nicht genügend beachtet wird, dem zu verarbeitenden Material angepaßt werden. Vor allem merke man sich, daß Arbeitsstücke aus verschiedenem Material niemals gleichzeitig hintereinander unter derselben Prägetemperatur bearbeitet werden dürfen, wenn nicht zuvor ein genügendes Ausprobieren stattgefunden hat. Die verschiedenen Materialien reagieren, wie das ja schon in der Natur derselben liegt, ganz verschieden auf die Hitze, die von den Prägeformen ausgestrahlt wird. Im allgemeinen trifft es wohl zu, daß Rohpapiere, Pappen, Kaliko, Buchbinderleinen usw. eine höhere Temperatur beim Prägen verlangen wie Kunstleder, Darmatoid, appretierte, lackierte Papiere usw. Die letzteren dürfen nur mit mäßiger Wärme geprägt werden. Besondere Vorsicht erheischen aber die Gelatine und Lackpapiere, Prägefolien, Staniol, Gubinol u. a., wie überhaupt alle gut geleimten, nicht zu glatten und gehärteten Papiere.

Zur Heizung der Prägeformen kommen Dampf, Elektrizität, Benzin, Spiritus, Petroleum, ab und zu auch wohl Azetylen, vor allem aber Gas in Frage. Azetylen hat sich in der Praxis so gut wie gar nicht bewährt. Auch die anderen Heizstoffe verschwinden mehr und mehr aus den Fabrikräumen, mit Ausnahme

[1]) Aus dem „Generalanzeiger für Pappe und Papierverarbeitung“, Dresden (No. 33 u. f. vom 19. Aug. 1921).

der Elektrizität, die indessen nicht überall zur Verfügung steht, und des Gases, das die bei weitem verbreiteste Heizungsart bildet und wohl auch voraussichtlich bleiben dürfte. Gas hat nur den nicht zu unterschätzenden Nachteil, daß es die Luft in den betreffenden Arbeitsräumen durch seinen unangenehmen Geruch und durch die Entziehung des Sauerstoffes verschlechtert, so daß man aber darauf hinsteuern müßte, die elektrische Heizung mehr und mehr einzuführen. Die Dampfheizung kommt heute weniger in Betracht, ebenso ist die Verwendung von Benzin, Petroleum und Spiritus im allgemeinen außer Mode gekommen, weil diese flüssigen Brennstoffe erst mittels besonderer Apparate vergast werden müssen und sich seit Kriegsbeginn auch ihr Preis so stellt, daß sie nicht mehr rentabel genannt werden. Außerdem rußen Benzin und Petroleum, wenn die Vergaser und die in die Heizkanäle geleiteten Röhren nicht blitzsauber gehalten werden, oftmals überaus stark und lästig. Der Einführung der Elektrizität als Heizungsmittel für Prägepressen stellen sich die kostspieligen Einrichtungen der Pressen und der überhaupt teuere Preis dieser Heizart entgegen, das letztere namentlich dort, wo der elektrische Strom nicht im eigenen Betriebe erzeugt wird, sondern von Elektrizitätswerken der Gemeinden u. a. bezogen werden muß, bei denen die Mitbürger die politischen Sünden der Nichtwirtschaftlichkeit der Betriebe mitbezahlen müssen. Die früher einmal gebräuchliche Bolzenheizung, die infolge der Gasnot während der Kriegsjahre hier und da ihre Wiederkehr feiern durfte, wollen wir als unpraktischste und primitivste der Historia für ihr Museum zurückgeben. Sie bestand darin, daß Löcher zur Aufnahme eiserner Bolzen, die im Kohlenfeuer glühend gemacht wurden und dann in sie hineinkamen, an den Pressen vorhanden waren, die in etwas den gegenwärtigen Heizlöchern ähnlich sahen.

Die ideale Heizung für Prägepressen ist und bleibt die elektrische. Bei ihr fallen die meisten, auch der Gasheizung eigenen Mißstände fort. Die Technik hat sich deshalb dieser Heizung in den letzten Jahren besonders lebhaft zugewandt und u. a. eine Konstruktion ausgearbeitet, bei der der Heizkörper unmittelbar an die Arbeitsplatte verlegt ist, die wiederum durch eine aus Asbest bestehende Zwischenlage von dem Druckkopfe gegen Wärmeleitung isoliert wird. Diese Neuerung gestattet eine nahezu vollständige Ausnutzung der Energie. Dabei kann der Strom für die verschiedensten Zwecke und für jede gewünschte Hitzeentwicklung eingeschaltet werden.

Solange diese ideale Heizung aber nicht allerort zur Verfügung steht, wird man eben, wie bisher, sich vorwiegend mit der Gasheizung bei den Pressen begnügen müssen. In der Vorstehrand-Schachtel-Herstellung hat sie sich zudem ja auch bewährt. Hier muß die Form zum Bombieren einer Hitze von höchstens 110 Grad ausgesetzt werden, doch merke man sich hier gleichfalls, daß nicht alle Materialien, die zu Pappboden usw. verarbeitet werden, die gleiche Wärme vertragen, sondern, daß man ausprobieren muß. Der richtige Hitzegrad bei den meist verarbeiteten Pappen dürfte hier ungefähr wie bei einem heißen Plätteisen sein. Ist nämlich die Bombierform zu heiß, so entstehen auf der Pappe nicht selten Blasen, ist sie dagegen nicht heiß genug, so wird ein bearbeiteter Pappboden wohl die gewünschte gewölbte Form erhalten, aber nicht behalten, sondern sich mehr oder minder schnell verflachen und dann beim Einsetzen in die Zarge einen Widerstand leisten, der unangenehme Falten usw. verursacht, die möglicherweise die ganze Arbeit verderben können; zumindest würde ein so behandelter Schachtelboden, da sich sein Durchmesser nicht in dem beabsichtigten Maße verringert, nur mit großer Mühe in die Zarge eingefügt werden können. Selbstverständlich spielt die Wärme auch beim Einfalzen der Böden in die Zargen mit Hilfe der Fertigprägeformen eine nicht geringe Rolle. Damit die Hitze des den Gasflammen ausgesetzten Oberstempels und der gewärmten Unterform nun nicht in die Presse übergeleitet wird, müssen die Unterform gegen den Pressentisch und der Oberstempel gegen den Pressenstössel durch Zwischenlagen, die am besten aus Asbest, Vulkanfiber, entsprechender Pappe usw. isoliert werden. Damit der Oberstempel nicht zu schwer und unhandlich wird, ferner auch gegen die Wärmeableitung besser geschützt ist, darf er nicht in den Stössel direkt eingespannt werden, sondern nur durch ein sogenanntes Reduzierfutter, in das der Oberstempel mit seinem Grundzapfen eingefügt wird.

Für die Heizung der Fertigprägeformen gelten dieselben Gesichtspunkte wie für die vorerwähnte Erhitzung der Bombierformen, nur mit dem Unterschied, daß der Oberstempel auf ungefähr 110 bis 120 Grad Celsius angewärmt werden muß, soll das Verpressen der Schachtelteile sauber und reibungslos vor sich gehen. Bei sehr flottem Arbeiten gibt der Oberstempel seine Hitze ja an eine große Anzahl von gepreßten Deckeln ab und muß deshalb schließlich etwas stärker erwärmt werden als bei langsamerem Arbeitsgang.

Die eben empfohlene Hitze des Oberstempels ist für die Unterform selbstverständlich nicht nötig, ja nicht einmal angebracht. Es kann unter Umständen sogar mit einer ungeheizten Unterform gepreßt werden. Nur, wenn die zu den Schachteln bestimmten Zargen aus frisch geklebten Hülsen geschnitten sind, ist es zum Zwecke des guten Gelingens der Arbeit sehr vorteilhaft, daß man die Unterform handwarm macht, wozu 40 bis 50 Grad Celsius ausreichen. Handelt es sich aber um Zargen aus schwachem Material und sind die Zargen noch frisch, so kann die Heizung der Unterform ebenfalls in Wegfall kommen; denn sie würde dann vielleicht nur mehr Schaden wie Nutzen stiften.

Sorgfältigere Beachtung hinsichtlich der Wärme erheischt beim Schachtelpressen solches Material, das in Verbindung mit Folien, Blattmetall, Gubinol usw. verarbeitet werden soll, da derartige Bestandteile bei zu starker Hitze leicht von der Pappe sich loslösen, kräuseln oder am Oberstempel haften bleiben und diesen verschmieren. Bei Gelatine- und Lackpapieren, die sich infolge der Hitze gern rollen und oftmals eine genaue Anlage unmöglich machen, ist die Wärme noch schärfer zu kontrollieren und angemessen einzustellen.

Werden Folien mit verarbeitet, beachte man auch die Farben. Helle, sowie Bronce-Folien, mit Ausnahme derjenigen, die eine grundierte Rückseite haben, werden nicht allzu heiß behandelt; schwarze Folien dagegen können eine nicht geringe Hitze ertragen. Dunkle Folien dürfen nur mäßiger Wärme ausgesetzt werden; denn zu große Hitze verbrennt ihre Farbe und macht die Arbeiten durch allerlei bunte Flecken unansehnlich und unbrauchbar.

Wird mit Staniol hinterklebtes Rohmaterial bei der Herstellung von Rundschachteln usw. auf der Friktionspresse verarbeitet, dürfen die Ziehwerkzeuge nur so heiß sein, daß der Hitzegrad unter dem Schmelzpunkte des Staniols liegt. Das erfordert natürlich eine stete Aufmerksamkeit. Man kommt bei der Verwendung von Staniol am besten an das Ziel, wenn man die Werkzeuge nicht heißer als 50 bis 60 Grad Celsius erwärmt. Es ist dann aber notwendig, das Werkzeug entsprechend lange unter Druck stehen zu lassen, den Druck vielleicht auch mehrmals zu wiederholen. Das geht natürlich auf Kosten der Leistung und muß bei der Preisanstellung berücksichtigt werden.

Als Ersatz für das immerhin noch ziemlich teuere Staniol dient gutes Neusilberpapier, das keine so hohen Anforderungen an scharfe Beobachtung stellt, wenn auch hierbei eine gewisse Sorgfalt obwalten muß.

Die Maschinen zur Herstellung der Reliefpressungen.

Wir wissen, daß zur Erzeugung kleiner Flächen, Mottos, Buchstaben u. a. m. nicht nur der Monogrammbalancier, für größere die Kniehebelpresse dazu bestimmt sind, auf Papieren und Kartons aller Art die gewünschten Formen und Wirkungen zu erzielen. Die Tiegeldruckpresse, bei erhöhten Ansprüchen die Farbdruckpresse scheinen ebenfalls berufen, die durch die einzelnen Techniken bedungene Aufwendung an Zeit und Kosten infolge des kombinierten Arbeitsverfahrens durch das Drucken und gleichzeitige Prägen bedeutend zu vereinfachen. In Fällen, wo es sich um kleine Flächen, Schriftmottos, ornamentale Randverzierungen usw. handelt, bedient man sich der Prägepresse für Handbetrieb (Balancier) Fig. 5, für größere und schwerere Stücke reicht der Handbetrieb nicht aus, da muß auf die Dampfkraft (Fig. 6) zurückgegriffen werden. Die Technik des Prägens ist auf beiden Arten von Maschinen die gleiche. Für ganz besonders schwere Prägungen, die unter Umständen dem zu prägenden Gegenstand bestimmte Formen geben sollen, wie etwa bei Wandtellern, welche etwas kugelförmig gewölbt sind, werden hydraulische Pressen verwendet, bei denen der Prägedruck natürlich ein ganz besonders starker ist.

Fig. 5. Handbalancier für Prägezwecke, erbaut von der Maschinenfabrik Karl Krause, Leipzig.

Die sog. Bl.tzpressen — das sind die schnellaufendsten Maschinen der Prägeindustrie — ergeben täglich einseitig 3000—3300 Prägungen, auf beiden Tischen also das Doppelte, sofern alles glatt vonstatten geht und die Maschine ununterbrochen läuft. In diese Tagesleistung sind die kleinen Pausen eingerechnet, deren die Arbeiter bedürfen.

Auf der Blitzpresse (Fig. 7) richtet sich im allgemeinen die Zahl der Prägungen nach der Größe der darauf zu arbeitenden Artikel. Auf einem guten Dampfbalancier kann ein geübter Arbeiter täglich 3800 Prägungen bequem leisten, mittelmäßige Kräfte werden 3000 Prägungen und minder gute wenigstens 2700—2800 Prägedrucke pro Tag fertigstellen.

Prägepresse, Druckkraft und Kraftverbrauch.

Bei der Ausstattung von Kartonnagen und Anfertigung von Papierwaren finden in den Betrieben der Pappen- und Papierverarbeitung Prägepressen der mannigfachsten Art zu Veredelungszwecken ausgiebige Verwendung. Es sind diese Maschinen z. B. Vergolde-, Präge-, Farbdruck- und Tiegeldruckpressen und

Fig. 6. Dampfpräge-Balancier, erbaut von der Maschinenfabrik Karl Krause, Leipzig.

alle werden sie bei der Herstellung von Prägedrucken um ein mehrfaches stärker in Anspruch genommen, als es beim normalen Farbdruck der Fall ist. Oft werden diese Maschinen aber über Gebühr angestrengt, weil die Matrize nicht sachgemäß hergestellt ist. Die Reliefbildung der eigentlichen Prägung wird durch scharfen Druck zu erreichen versucht, so daß die um die Gravur liegenden glatten Flächen unnötigen Druck erhalten. Dieser unnötige Druck ist fast ebenso stark, wie der, welcher zur Reliefbildung erforderlich ist, so daß neben vermehrter Beanspruchung der Presse auch erhebliche Kraft verschwendet wird. Bei der Herstellung von Prägematrizen wird neben Erhöhung der Reliefpartien der diese umgebende Grund durch Ausschneiden entfernt werden, so daß das Relief der Matrize gehörig in die Gravur der Prägeplatte eindringen kann. Das Ausschneiden des Grundes geschieht mit einem scharfen Messer, mit dem man dicht an den Grenzen der

Fig. 7. Blitzprägepresse der Firma Karl Krause, Akt.-Ges., Leipzig ist die beste mit 4 Tischen zum gleichzeitigen Arbeiten von beiden Seiten und zur Bedienung durch nur 2 Personen. Druckkraft 245000 kg.

Reliefornamente den Grund durchschneidet und ihn möglichst gleichmäßig heraushebt. Das gleiche geschieht auch bei den Partien, die sich inmitten der Reliefornamente befinden und die dem Eindringen der Matrize in die Prägeplatte hinderlich sind. Auch der außen um die Matrize liegende Rand, sowie jedes sonstige Hindernis müssen durch Wegschneiden beseitigt werden.

Wenn das Ausschneiden des Grundes Schwierigkeiten bietet, müssen die Ornamente sorgfältig aufgelegt werden. Dazu bedient man sich eines weichen, formfähigen Kartons. Hohe Reliefornamente werden anfänglich in voller Breite und aus stärkerem Material aufgelegt und weitere Auflagen werden in sich verjüngenden, d. h. verschmälerten, Ausschnitten angefertigt und mit gutem Klebstoff befestigt. Zwischendurch muß die Presse wiederholt über Druck laufen, damit sich die Matrize scharf modelliert. Das Ganze wird schließlich mit einem dünnen Teig aus Matrizenpulver überarbeitet, um eine recht glatte in allen Teilen gut ausgearbeitete Matrize zu erhalten. Die Herstellung der Matrize aus Matrizenpulver allein ist dann empfehlenswert, wenn schraffierte, punktierte oder gekörnte Flächen ausgeprägt werden sollen. Die Platte wird, wo dies nicht an und für sich durch den Bau der Maschine möglich ist, nach dem Ausprägen der Matrize angewärmt und diese einige Zeit auf der erwärmten Platte unter Druck gelassen, damit die Matrize vollständig austrocknet und für das Ausprägen hoher Auflagen genügend widerstandsfähig wird.

Aus der Prägepraxis.

Die Reliefprägungen.

Wir haben in den voraufgegangenen Abschnitten im großen und ganzen kennen gelernt, welche Mittel gegeben sind, um einige Vorbedingungen zur Erzielung einer guten Prägung zu erfüllen. Wenn von der Herstellung der Matrizen zweifellos die Beschaffenheit der erhaltenen Prägung abhängt, so gibt es doch noch gewisse andere Umstände bei der Verbesserung im Fabrikationswege, die wir kennen lernen wollen. Sie haben oft in äußerlich schwer wahrnehmbaren Fehlern, welche die Prägung nicht zum Passen bringen, ihren Grund.

Ein wesentlicher Faktor für das Gelingen der Prägung ist das Stechen der Punkturen. Die Ansicht ist ziemlich allgemein verbreitet, daß dieses eine gleichgültige Verrichtung sei. Dieses ist ein durchaus verkehrter Standpunkt, denn von dem richtigen Durchstechen der Punkturen hängt das Gelingen der Prägung ab.

Jedes Mädchen hat eine andere Hand, d. h. sie hat die Eigentümlichkeit, die Art und Weise des Stechens abweichend von den allgemeingültigen Regeln zu wählen. Jede Prägeanstalt sollte diese Arbeiterinnen so anlernen, daß sie das Stechen nur immer nach dem berühmten „Schema F“ ausüben, damit eine Garantie für gutes Passen der Prägung gegeben ist.

Diese Verrichtung wird wohl meist von dem Arbeitspersonal, welches die Prägung herstellt, auch zuweilen von besonders dafür angestellten Leuten ausgeübt. Der letztere Fall bedeutet natürlich für das Prägepersonal eine bedeutende Erleichterung, doch werden sich die Vorzüge nur dann zeigen, wenn geübte Stecherinnen zur Hand und die Druckarbeiten vor allem in dem Zustande sind, daß sie einem nachträglichen Verändern nicht unterworfen scheinen. Passen die Prägungen nachher nicht, d. h. liegt neben der Prägung noch untergedruckte Farbe, so muß erstere herübergezogen werden. Das ist dadurch zu bewerkstelligen, daß beim Stechen der Durchstich ein wenig weiter nach links oder nach rechts gelegt wird, je nachdem es die Abweichung der neben der Prägung liegenden Druckfarbe geboten erscheinen läßt. Bei gleichen Platten für Schneiden und Prägen ist natürlich für beide Verrichtungen dieselbe Punktur zu benutzen. Es ist das notwendig, um Abweichungen zu vermeiden und eine genaue, in allen Teilen passende Präge- und Schnittfläche zu erhalten, ohne befürchten zu müssen, daß besonders bei voraufgehendem Prägen bei dem dann folgenden Schneiden von der Platte Teile der Prägung angeschnitten werden oder einen weißen Rand um die Zeichnung herum zeigen. Es wird natürlich unerläßliche Bedingung sein, schon bei der Herstellung der Druckware darauf zu achten, daß Prägepunkte auch mitgedruckt und nicht etwa beim Fertigmachen der Steine von dem damit betrauten Personal als Schmutzflecke angesehen und weggeputzt werden. Über die Art des Anbringens der Prägepunkte haben wir zu bemerken, daß der Fachmann sie auf den einzelnen Erzeugnissen nicht als Störenfriede betrachten wird, wohl aber der Laie, sobald sie in vollen Flächen liegen und womöglich noch in Farbe ausgespart sind. Ein einfacher Punkt, vielleicht noch in einem leicht angedeuteten Kreis stehend, wird seinen Zweck vollauf erfüllen. Bei Prägungen, bei denen Nadelpunkte nicht mitgedruckt sind, in welchen Fällen solche erst gestochen werden müssen, empfiehlt es sich, zum Zwecke des Einpassens, Blindprägungen auf Transparentpapier zu machen, da man durch Auflegen solcher Prägungen dann dessen Passen leicht erkennen kann. Dadurch wird keine Ware unnütz verdorben. — Die Nadeln auf den Stahlplatten, welche durch die Prägepunkte gesteckt werden, gleiten auf Messingfedern, um während des Prägedruckes genügend elastisch zu sein und nicht etwa abzubrechen.

Nun kommt es vor, daß sich bei besonders umfangreichen Prägearbeiten die Nadeln verbiegen; in solchen Fällen müssen sie ausgewechselt werden. Zu diesem Zwecke sind an der betreffenden Stelle an der Rückseite der Platten kleine Schieber, bei deren Herausnehmen sich bequem unter Sachkenntnis die Spiralfeder samt der Nadel entfernen und diese durch Einsetzen einer neuen auswechseln läßt. Auf diese Nadeln wird der zu prägende Gegenstand aufgesteckt. Der Stahlstempel bleibt flach liegen, während der obere Preßkopf der Maschine durch Herabdrücken gegen die Matrize gepreßt wird, die wiederum in die Gravur des Stempels hineinpaßt und so die gewünschte Prägung entstehen läßt.

Wenn es vergessen worden ist, Zeichen für die Nadeln auf der Platte anzugeben, dann müssen dieselben auf eine andere Weise ersetzt werden. In vielen Fällen wird man je zwei entgegengesetzte Ecken wählen, oder man nimmt bei lithographischen Erzeugnissen irgendeinen Farbenpunkt und bohrt auf der Platte genau an der gleichen Stelle Punkturen, in welche dann die Nadeln gesteckt werden. Um auch die gleiche Stelle zu treffen, muß das betreffende Anlegezeichen durch einen Pausabdruck auf die Platte übertragen werden, da mit Augenmaß allein in puncto Passen nichts zu erreichen sein dürfte.

Wird jedoch in der Fläche irgendein anderer vorhandener Text vor dem Druck eingenadelt, der ebenfalls geprägt werden soll, ohne eine neue Platte herzustellen, so ist es ratsam, sich von dem neu aufgestochenen Dessin einen Umdruck auf Pauspapier zu verschaffen. Durch Auflegen auf die vorhandene Platte, von welcher der Text geprägt werden soll, ist leicht zu erkennen, ob die Prägung paßt oder nicht. Es erübrigt diese Methode langwierige Anprägungsversuche. Wir werden in nachstehendem die Schwierigkeiten zu behandeln haben, mit denen in der Praxis bei der Herstellung von Prägungen zu kämpfen ist.

Nicht allein die Stoffzusammensetzung des Papiers ist ausschlaggebend für die Veränderung während des Prägevorganges neben oberflächlich ausgearbeiteten Stempeln oder des sich ausnahmslos bei der Verarbeitung bemerkbar machenden Übelstandes, schlecht in Farben passende Drucke vor sich zu haben.

Neben der mangelhaft ausgearbeiteten Matrize kann auch der Schlagdruck auf der Presse kein ausreichend starker sein, um die Gravur durch den Prägevorgang zu entsprechender plastischer Wirkung auf der Papieroberfläche zu bringen.

Nicht selten liegt der Grund mangelhafter Prägungen in äußerlich schwer wahrnehmbaren Fehlern, zu deren teilweisen Einschränkung die hier gegebenen, in der Praxis gesammelten Erfahrungen dienen mögen. Man wird ernstlich nur verlangen können, gute Prägungen zu erzielen, wenn bei Artikeln, die auf lithographischem

Wege hergestellt sind, auch die Druckausführung eine durchaus einwandfreie ist, die einzelnen Farben sich decken und nicht nebeneinander liegen. Solche Sünden kann die Prägung nicht ganz verdecken, wenn dadurch auch so manche Fehler — wenigstens für das ungeübte Auge des Nichtfachmannes — ungesehen gemacht werden können. In jedem Falle werden sich Sünden beim Druck auch bei der weiteren Verarbeitung bemerkbar machen. In erster Linie zeigen sich Schwierigkeiten bei der Verarbeitung frischer Drucke. Wenn die Farben noch zu frisch und denselben womöglich etwas zu wenig Trockenmittel zugesetzt wurden, so setzen sich die Farben ausnahmslos in der Gravur der Platte ab. Vorheriges Abreiben der Drucke mit Talkum wird eine gewisse Gewähr dafür bieten, daß die Weiterarbeit nicht durch solche Begleiterscheinungen aufgehalten wird. In der Prägeplatte abgelagerte Druckfarbe entfernt man durch Auswischen der Platte mit Terpentin. Über die Behandlung der fertigen Prägeware, so wie sie von der Maschine kommt, lassen sich bestimmte Anweisungen nicht geben. Im allgemeinen ist es empfehlenswert, große Warenposten unmittelbar hintereinander aufarbeiten zu lassen, weil infolge Veränderung des Papiers Differenzen beim Passen vermieden werden. Bei dem Verhalten der Prägung zu in der Auflage gedruckter Bronze (meist Gold) kann nicht unbedingte Garantie für gutes Passen geleistet werden. Es ist technisch meist unmöglich, eine mit Gold vorgedruckte Zeichnung mit der nachträglichen Prägung haarscharf zu treffen. Um den Übelstand möglichst herabzumindern, ist es stets von Vorteil, wenn die Goldplatte n a c h d e r a u s g e f ü h r t e n P r ä g e p l a t t e hergestellt und etwas kleiner als die Kontur derselben gehalten wird. Deshalb sollten kleine Abweichungen in solchen Fällen vorbehalten werden. Eventl. wird es empfehlenswert sein, die Goldzeichnung lieber ungeprägt zu lassen, was stets vornehmer aussieht, als wenn sie daneben liegt. Besonders bei Schriften und feinen Linien wirkt das unvorteilhaft. Die sachgemäße Benutzung von Lineal und Winkeleisen des Umdruckers werden unter Erfüllung der für das Steindruckfach erforderlichen Voraussetzungen in bezug auf die technische Herstellung und die Verwendbarkeit des Materials für das Arbeitspersonal eine gewisse Garantie bieten, gut passende Prägungen zu erzielen.

Bei der Zusammenstellung der Druckauflagen wird es vor allem darauf ankommen, zusammengehörende Prägungen auch zusammen zu lassen, um nicht unnötig viele Extraprägungen machen zu müssen, weil dadurch der Wert der Vereinfachung hinfällig werden würde. Wo es notwendig erscheint, Prägeblätter auseinander zu schneiden, sollte das wenigstens in der Weise erfolgen, daß immer zwei auf der Platte zusammenstehende Stücke zusammenbleiben und nicht alle einzeln geprägt werden müssen. Wenn jedoch in solchen Fällen ein gutes Passen nicht zu erreichen ist, so wird ein Zerkleinern der Prägeblätter notwendig werden.

Das Zerteilen der Auflage auf der Kreiskartenschere ist oft nicht ohne Einfluß auf den Ausfall der Prägung, sofern von einem Artikel mehrere Stücke gleicher Dessins auf einem Bogen stehen. Es ist notwendig, darauf zu achten, daß beim Druck von Artikeln, die in größerer Anzahl auf dem Bogen stehen, die einzelnen Abschnitte mit Nummern versehen werden. Dieser letztere Fall ist für das Aufprägen der Ware nicht selten ein Nachteil in Bezug auf das Passen der einzelnen Bogenteile.

Um das zu vermeiden, lasse man auf dem unbedruckt bleibendem Teil der Prägeblätter, der ja ohnehin abfällt, entsprechende Zeichen oder Nummern (1, 2, 3. usf.) mitdrucken, welche bei einem Zusammenwerfen der Prägeblätter nach erfolgtem Schneiden das Aussuchen der auf gleichen Bogenteilen gestandenen Stücke ermöglichen, um die zusammengehörenden Prägeblätter entsprechend verarbeiten zu können.

Die einzelnen Bogenteile sind unter sich verschieden, was wohl jeder Fachmann schon in der Praxis erfahren haben wird, der nicht diesem Umstand von Anfang an Rechnung getragen hat durch die angedeutete Vorsichtsmaßregel.

Auf das Zerkleinern der Bogen zurückkommend, wäre zu erwähnen, daß bei Plattenschnitten mehr Fleisch stehen bleiben kann als bei Karten mit glatten Rändern, weil überflüssiges Fleisch ohnehin von der Platte weggeschnitten wird.

Durch den Farbenauftrag sowie Lagern in feuchten Räumen nimmt das Papier eine gewisse prozentual erhöhte Feuchtigkeit in sich auf, bei deren Verdunsten es das Bestreben zeigt, sich auszudehnen.

Wenn die geprägte Ware in zu trockenen Räumen lagert, geht sie zusammen. In beiden Fällen jedoch ist die Möglichkeit des Passens der Zeichnung ausgeschlossen. In solchen Fällen wird die Erfahrung des Prägemeisters ausschlaggebend sein, der es verstehen muß, durch Feuchten und Wärmen der Ware denjenigen Ausgleich zu finden, der eine einwandfreie Prägung ermöglicht. Wenn Wärmen, Feuchten und alle sonstigen Mittel nichts helfen, so wird ein zweimaliges Prägen notwendig sein. Das kann sich natürlich nur auf solche Dessins beschränken, welche in der Art ihrer Ausstattung stets sich wiederholende Formen zeigen. Bei chromolithographischen Drucken kommt es häufig vor, daß ein Teil paßt, ein anderer nicht. Bei Verwendung besonders der weniger dankbaren Dessins werden häufig Teile von vorhandenen Platten, andere wieder von neugefertigten geprägt. Die Ausschlachtungstheorie erstreckt sich nicht nur ausschließlich auf die Wiederverwendung vorhandener Lithos, sondern auch die Nutzbarmachung des beschafften und vorhandenen Materials soll nach Möglichkeit im Auge behalten werden, sofern die Art der neugeschaffenen Erzeugnisse es zuläßt und durch die Art der Verwendung nicht größere Kosten entstehen, als sie Neuanschaffungen erfordern würden. Es hat sich in der Praxis bewährt und ist im Interesse möglichster Einschränkung der Fabrikationskosten angebracht, Schriften, sofern solche auf den Erzeugnissen erscheinen, gleich in der Platte mitzugravieren. Wenn Texte und Schriften aller Art auf der Kontur erscheinen und selbstredend bei dem Druck der Auflage gleich in der betreffenden Farbe der Druckskala auf der Schnellpresse mitlaufen, Text und Bild also zugleich gefertigt werden, muß die Textprägung ebenso wie der übrige Teil gut passen, sofern beide auch auf einer Prägeplatte erscheinen und alle fachtechnischen Voraussetzungen für das Gelingen der Prägung als erfüllt gelten können. Nachträglich eingedruckte Texte aller Art werden nur äußerst selten zum Passen zu bekommen sein; ist es dennoch einmal der Fall, so ist das weniger auf technische Vollendung, als auf einen glücklichen Zufall zurückzuführen.

Um unnützen Versuchen dieser Art aus dem Wege zu gehen, sollten in Fällen, wo Schriften nachträglich eingedruckt werden, diese gleich von Anfang an von einer besonders gefertigten Matrize geprägt werden, da doch in allen Fällen auf tadelloses Passen Wert gelegt werden muß. Die dafür aufzuwendenden, verhältnismäßig doch nur geringen Mehrkosten werden durch das Gelingen der Arbeit wieder wett gemacht. Wir finden in der Prägepraxis auch häufig, daß der Hintergrund gewisser Artikel (meist Postkarten) auf der Prägeplatte gekörnt erscheint. Auf einer solchen Fläche kommt beispielsweise eine Textprägung, wie man sagt „nicht los“, d. h. sie wird durch die Schwere der übrigen Prägung erdrückt. Da ist es angebracht — und das ist leicht ohne Beeinträchtigung der Gesamtwirkung zu ermöglichen —, das Korn in einer geringen Entfernung um den Text herum aus der Prägeplatte herauszunehmen.

Wir können nicht selten die Beobachtung machen, daß Prägungen zurückgehen, d. h. bei längerem Liegen nicht mehr die frühere Reliefhöhe behalten, die sie nach erfolgter Prägung haben. Der Grund des Übels liegt einesteils in der Verwendung ungeeigneten Kartons, andererseits darin, daß die Prägung vor allem zu schwach ist. Es gab früher und zweifellos auch noch jetzt für besonders tief gravierte Platten besondere Kartonsorten wie z. B. Cahenit, das ohne Feuchtung geeignet war zum Prägen mit besonders tief gravierten Platten. Besonders bei den Prägungen für Wandtaschen ist der dafür geeignete Karton vor dem Prägevorgang zu feuchten, um die erforderliche Nachgiebigkeit zu erreichen, da von besonders tief gravierten Stempeln geprägt wird. Das zweckmäßigste Mittel zur Erzielung stehenbleibender Prägeflächen ist das Prägen mit heißen Stempeln — also das Heizen der Einfahrt der Prägepresse. Auf diese Weise ausgeführte Prägungen verlieren nicht ihren Charakter, selbst wenn von sehr tief gravierten Platten gearbeitet wird. Da wir von Schwierigkeiten bei Verwendung schlechten Papiers und von der Möglichkeit zur Vermeidung von Beanstandungen sprachen, wollen wir auch auf einen Umstand hinweisen, der nicht selten störend wirkt, nämlich, daß ein Teil der Prägung gut steht, ein anderer dagegen merklich abfällt. In solchen Fällen müssen die schwachen Stellen durch Aufbesserung der Matrize herausgeholt werden, indem man sie so lange überklebt, bis man glaubt, die gewünschte Ausdrucksfähigkeit erreicht zu haben.

Nicht in allen Fällen soll man seinen Willen durchsetzen, durchaus zu prägen, nur um zu prägen. Nicht selten kommt es vor, besonders bei Karten, daß besonders feine ornamentale Ausschmückungen, die in Farben gelegt sind, beim Prägen nicht passen. Doch da nun einmal dieses Verfahren zur Ausschmückung vorgesehen ist, muß die Prägung unbedingt angewendet werden. Es soll nun nicht etwa die Karte einfach glatt gelassen werden. Man versuche nur, die Hauptsachen zum Passen zu bringen und lasse Nebensächlichkeiten einfach dadurch ungeprägt, daß solche Störenfriede aus der Matrize herausgenommen werden. In den wenigsten Fällen wird jemand daran Anstoß nehmen, wohl aber würde das berechtigte Anstände zur Folge haben, wenn beispielsweise bei feinen Ornamenten, zarten Blattstielen usw. die Prägung neben der Farbe zu liegen käme. Es wäre das so augenfällig, daß selbst der davon nichts verstehende Laie darauf aufmerksam werden würde.

Ich möchte an dieser Stelle einen Fall aus der Praxis als

Schulbeispiel dafür anführen, wie die Herstellung von Erzeugnissen vor sich zu gehen hat, soweit der Prägevorgang als wichtiger Bestandteil der zu erzielenden Wirkung in Betracht kommt.

Nehmen wir an, es sollen ornamental verzierte Ovale geprägt werden, in die ausgestanzte Bilder hineingeklebt werden. Ob Buch- oder Steindruck in Frage kommen, bleibt sich gleich, keinesfalls dürfen die Prägenutzen zu frisch verarbeitet werden. Die Punkturen müssen außen liegen, nicht innen im Oval, etwa um sie unsichtbar zu machen. Da ein solches Erzeugnis nicht wirken würde, wenn darin ein beliebiges Bild einfach ausgestanzt flachliegend hineingeklebt wird, so wird man die äußere Wirksamkeit durch den Veredlungsprozeß des Wölbens der ovalen Innenfläche haben. Durch das Kleben geht die Wirkung der Wölbung verloren, sofern man die Außenprägung und das Hochwölben in einem Arbeitsgang ausüben und die Arbeit dann als getan betrachten wollte.

Erst durch das Nachprägen und Hochwölben unter Benutzung der gleichen Punkturen wird die erhöhte Wirkung zu erzielen sein, wobei beim Nachprägen aus der Matrize der scharfe Rand herausgenommen werden muß, um ein Durchbrechen der Kanten zu verhindern.

Wir kommen nun bei der Ausübung des Prägens noch auf einzelne Besonderheiten zu sprechen. Wird das Papier nur Relief (blind) geprägt, so besteht die Arbeit nur aus dem Auflegen des Papiers über die Punkturnadeln. Hiernach ist die Matrize mit den Stiften in die Führungslöcher einzuführen, und es erfolgt der Prägedruck. Die Platten für glatte Prägungen erfordern keine weitere Behandlung im Vergleich zu denen, die für Durchbrucharbeiten bestimmt sind, weil sich bei solchen die Abfallteile der ausgeschnittenen Partien leicht in die Gravur der Platte ablegen und dadurch die durch die Hochprägung bedungene plastische Wirkung ungünstig beeinflussen. Daher ist die Herstellung von Prägungen mit mehr oder minder vielen Durchbruchteilen der Papierfläche etwas schwierig. Bei diesen erfolgt gleichzeitig mit dem Prägen das Schneiden, das jedoch auch aus mancherlei Gründen gesondert ausgeführt werden kann. Bevor das zu prägende Papierblatt auf die Platte gelegt wird, muß dieselbe jedesmal vermittels einer entsprechend präparierten, kräftigen, dichtborstigen Bürste mehrmals gleichmäßig überstrichen werden, um ein Anhaften der Prägeblätter an der Platte zu verhindern. Aus diesem Grunde werden wir uns mit der Behandlung derartiger Stempel während des

Präge- bzw. Schneidevorganges etwas näher zu befassen haben. Das Ausbürsten der Platten erfolgt bei unlackierten Drucken vermittels einer über Talg gestrichenen, bei lackierter Ware vermittels einer in Öl getränkten Bürste. In letzterem Falle tut man von dem Öl ein Quantum auf ein Stück Filz und läßt das Öl durch die porösen Schichten des Filzes gut durchziehen. Natürlich muß der Filz gut getränkt sein. Auf diese elastische Masse drückt man die Bürste durch einen Druck der Hand, die den Stiel hält, und streicht dann gleichmäßig und leicht mit der so getränkten Bürste über die Gravur der Platte.

Es sei ausdrücklich davor gewarnt, Platten zur Prägung unlackierter Drucke auf Kreidepapier etwa mit einer in Öl getränkten Bürste zu überstreichen, weil durch die Ölaufnahme in die Stoffteile der Prägeblätter infolge der Saugfähigkeit des Papierstoffes die Ware unbrauchbar werden würde.

Wir haben stets bei der Wahl zur Benutzung eines Balanciers zu beachten, ob starker oder schwacher Karton bearbeitet werden soll. Die Druckkraft ist einzig hiervon abhängig. Bei den Balanciers älterer Bauart sollte nicht außer acht gelassen werden, nur solche mit einwandfreier Zylinderführung zu benutzen, da möglicherweise die Schneideplatten stellenweise aussetzen.

Wenn die Maschine „schiebt", so muß die Führung gestellt werden. Die Maschine leidet Schaden, wenn der Druck andauernd zu stark und die Prägefläche voll ausgenutzt wird, zudem noch bei Platten, bei denen sich die Prägefläche bis hart an den Stempelrand verteilt. Um das hier Gesagte zu erläutern, will ich einen Fall aus der Praxis anführen. Es handelte sich um eine volle Ausnutzung der Prägefläche, die aus vielen kleinen neben- und untereinander gestellten Namen bestand, auf die dann später Pralinées gesteckt wurden, die also gewissermaßen als Matrize zur Einpressung des Firmennamens zu dienen berufen waren. Wird nun in solchem Falle eine Platte, auf die das Vorgesagte ebenfalls Anwendung findet, etwa schief eingerichet, d. h. wenn die Druckplatte nicht genau in der Mitte eingerichtet ist, so schiebt die Maschine. Die Prägung erscheint verschleiert (unscharf), wie etwa bei einem photographischen Bild, bei dem sich der aufzunehmende Gegenstand im Moment der Belichtung verschoben hat.

Die Folgen des soeben gerügten Mißstandes sind unter Umständen schwerwiegend. Abgesehen von der unbrauchbaren Prägung, Verlangsamung der Fertigstellung infolge der erforderlichen Abhilfearbeiten an der Maschine u. a. m. kann dieser Umstand sogar den Bruch der Säulen der Maschine besonders bei großen und schweren Prägungen herbeiführen.

Die Rollenpressen älteren Datums sind nicht so dankbar wie die Hebelpressen, die besser für schwere Prägungen geeignet sind, weil an der ersteren nicht selten recht zeitraubende Reparaturen wegen Ersatz der Rollen notwendig sind.

Da mit dem Prägen eng verbunden das Schneiden ist, so wollen wir uns über dieses Verfahren einiges Bemerkenswerte dienen lassen. Als eine Vorstufe des Schneidens kann man das Ritzen von der Platte bezeichnen. Ein Nachschneiden nach erfolgter Prägung wird notwendig sein, wenn es sich bei Kartenprägungen durch Falzproben zeigt, daß die beiden Klappen nicht haargenau einander decken. Solche Proben müssen bei Beginn jeder Arbeit vorgenommen werden, wenn das Ritzen von der Platte besorgt wird, was besonders bei solchen Artikeln der Fall ist, die einen mehrmaligen Durchgang durch die Fabrikationsabteilungen nicht vertragen, schon um festzustellen, ob beim Falzen die Klappen an den geritzten Stellen nicht brechen, in welchem Falle die Schneide entsprechend abgeschwächt werden muß.

Bei Büchern und Karten mit auftragendem Inhalt ist Nuten in allen Fällen dem Ritzen vorzuziehen, weil dadurch bedeutend sauberere Arbeiten erzielt werden. Schlechte Papiersorten werden bei stark auftragendem Inhalt an den Kniffstellen stets unsauber aussehen. Dieses wird sich auch bei selbst guten Druckpapieren mit Kreidestrich nicht vermeiden lassen, wenn die Ritzlinien auf der Platte nicht genügend ausgearbeitet sind, was durch Umbiegen der Knifflinien für das Zusammensetzen der Taschen usw. leicht zu prüfen ist. (Meist bricht nicht die zum Biegen vorgesehene Linie, sondern gewöhnlich die daneben gelegenen Durchbruchstellen der Dessins, wodurch die Taschen unbrauchbar werden.) In solchen Fällen ist Nacharbeiten am Platz. Durch Stichproben kann man sich vor Aufarbeitung der Ware von solchen Mißständen überzeugen, um geeignetenfalls die Platten vor dem Prägevorgang entsprechend richten zu lassen. Wir gehen nun zu dem eigentlichen Plattenschnitt über, der sich wesentlich vom Hand- oder Maschinenschnitt schon äußerlich sichtbar unterscheidet.

Der Plattenschnitt setzt bei seiner Anwendung auf starken Papieren oder Kartons einen Grat ab. Das fällt beispielsweise bei Schnitten auf der Rollschere fort, weil die Messer nicht, wie es beim Plattenschnitt der Fall ist, durch einen Prägedruck in die zu schneidende Fläche hineingetrieben werden, sondern über die

Oberfläche gleiten und die zusammengepreßten Stoffteile des Papiers voneinander trennen. Wird von einer Schneideplatte ein Abdruck verlangt, so tut man gut, denselben auf folgende einfache Weise herzustellen. Ein Kartonblatt wird auf die Platte gelegt und mit einem Holzhammer in horizontaler Richtung — nicht etwa seitlich — so lange leicht auf dasselbe geklopft, bis sich die Umrisse der Prägefläche durch Eindrücken der Schneiden in die Papierfläche bemerkbar machen. Die Schneiden sollen so gearbeitet sein, daß sie nicht dachförmig auf der Platte stehen, denn dieses würde das Aussehen der Prägeblätter ungemein beeinträchtigen, sondern sie müssen etwas nach auswärts gerichtet sein, weil dann das bearbeitete Material leicht herauszunehmen ist, wenn es nicht unmittelbar selbst herausspringt. Jede Gravur muß Übergänge erkennen lassen. Geht sie unmittelbar auf die Eigenart der Prägung ein, so wird besonders bei sehr tiefen Gravuren das Durchbrechen des Kartons an den Rändern das Ergebnis sein. Um die Gewähr für genaues Arbeiten zu haben, wird es erforderlich sein, für gleiche Warengattungen auch stets das gleiche Herstellungsmaterial zu verwenden. Die Schneiden werden daraufhin gearbeitet, was sie zu leisten haben. Wenn es zuweilen nicht zu umgehen ist, stärkeres Material für den Druck zu verwenden, das die Schneiden nur ungenügend zu trennen vermögen, so ist es notwendig, sie durch Nacharbeiten tiefer zu legen. Der auf starkem Material (Kartons oder mit Pappe hinterklebten Papieren) an den Prägeblättern sichtbar abgesetzte, gerissen erscheinende Grat rührt vom mangelhaften Schneiden der Platten her. Dieses ist dadurch zu vermeiden, daß an den die Schnitte umgrenzenden Stellen aus der Platte so viel Material herausgeschält wird, als es notwendig erscheint, um den Papierstoff glatt zu durchschneiden. Bei Karten, die zu mehreren Exemplaren geprägt werden, werden Stege gelassen, die ein Zusammenhängen der Prägeblatteile unter sich ermöglichen, um nicht jedes Stück extra aus der Platte zu entfernen. Solche Verbindungsteile werden dann vermittels eines Abstechinstrumentes abgetrennt. Da dieses nicht von automatisch arbeitenden Maschinen erfolgt, die den Schnitt an stets genau gleicher Stelle aufsetzen, sondern von Hand, so ergeben sich daraus Ungenauigkeiten, wenn auch von geringer Bedeutung, die aber ein geschultes Auge dennoch erkennen wird. Der Vorteil der Handarbeit beruht im wesentlichen darin, daß stets mehrere Lagen — 25 bis 50, je nach Stärke des Materials — zusammen abgestochen werden können. Das ist besonders bei Artikeln der Fall, wie Hutbuchstaben, Papierziffern,

Aufklebereliefs, aus mehreren Teilen bestehende Artikel, wie Kinderspiele u. a. m.

Bei Durchbrucharbeiten, wie die eben genannten Reliefs, die durch Kartonstege zusammengehalten werden, wird unnützes Fleisch zwar von der Platte geschnitten, doch fallen die Abfallteile nicht alle von selbst heraus, sondern bleiben in der Platte haften, weshalb es notwendig ist, nach erfolgter Bearbeitung vor Ablieferung der fertigen Ware diese daraufhin nochmals durchzusehen, daß auch die nutzlosen Teile aus dem Prägestück entfernt werden. Man nennt diese Art des Ausstoßens ausgeschnittener Teile das „Petern".

Beim Schneiden von Prägeblättern mit besonders zahlreichen Durchbruchsstellen wie Reliefs oder Schriftkärtchen mit vielen feinen Durchbruchsstellen ist darauf zu achten, daß die Ausfälle dieser Stellen nicht an der Matrize haften bleiben. Man spricht in diesem Falle von einem „Futtern" der Matrize.

Diese wird dadurch stellenweise zu hoch, wodurch eine ungleiche Prägung erzielt und die Matrize selbst verdorben wird.

Besonders bei den ersten paar hundert Prägungen ist auf diesen Übelstand besonders zu achten. Durch Aufschlagen mit einem kleinen Hammer auf die Matrizenrückseite ist diesem Übelstand leicht abzuhelfen.

Artikel, welche von der Platte geritzt werden und deren Stoffzusammensetzung befürchten läßt, daß sie beim Umbrechen zugleich durchbrechen könnten, hinterklebt man am besten nach dem Zerkleinern der Bogen vor dem Aufarbeiten mit einem Shirtingstreifen (möglichst kein Kartonpapier, weil das zu sehr aufträgt), wodurch sie durch den geschaffenen elastischen Gegenstützpunkt für die weitere Behandlung tauglich gemacht werden. Beim Prägen bzw. Schneiden von Stahlplatten kann noch ein Umstand auftreten, der schon so manches Kopfzerbrechen gemacht hat, nämlich das Ausreißen oder Platzen von Durchbruchstellen, da diese an die sachgemäße Ausübung der Prägetechnik große Anforderungen stellen. Hat man durchgeprägte oder durchgeplatzte Prägungen an Durchbruchstellen, so sind die Prägeblätter immer noch nicht ganz wertlos. Man fertigt aus dünnem Papier Vorschnitte von der zugehörigen Platte, auf welche man die geprägten Artikel aufkaschiert und nochmals nach Abänderung der Matrize auf der Balancierpresse einen leichten Nachdruck gibt, wodurch sich die kaschierte Lage in die vorgeprägte Form einfügt und den früheren Schaden verdeckt. Bedingung ist es natürlich, die g a n z e Fläche zu hinterkleben, weil sonst jedermann die Ausbesserung merken würde.

Wir werden nun mit der Besprechung des Plattenschnittverfahrens weiter fortfahren.

Sofern sich Schwierigkeiten beim Schneiden und Prägen von einer Platte einstellen, ist es das einfachste Mittel zur Abstellung des schlechten Passens, erst alles zu prägen und dann zu schneiden, da zwischen beiden Handhabungen ein Zwischenraum liegt, der für die weitere Behandlung ungemein günstig sein kann. In besonderen Fällen kann Schneiden und Prägen von derselben Platte zugleich verrichtet werden, doch hält man nicht selten die Schneideplatten von den Prägeplatten getrennt. Während auf einem Balancier geschnitten oder geprägt wird, kann auf einem anderen das umgekehrte Verfahren vor sich gehen. Dadurch wird rascheres Arbeiten ermöglicht. Bei Platten, bei denen Schneiden und Prägen zusammenfällt, muß selbstredend zweimal angelegt werden, wodurch entsprechend weniger geschafft wird. Einmal muß auf die Schnittfläche ein Stück Stanzpappe gelegt werden, um eine gleichmäßige Aufdruckfläche für den Preßkopf zu haben, zweitens wird dann die Matrize aufgelegt, welche die eigentliche Prägung in Verbindung mit dem Druck des Preßkopfes hervorbringt. Es sei die in der Praxis gemachte Erfahrung eingeflochten, beim Stanzen von Prägeartikeln die Stanzpappe nicht immer an gleicher Stelle aufzulegen, sondern sie zeitweilig beim Arbeiten gut zu verlegen, damit sich der Druck gleichmäßig verteilt. Die wesentlichen Vorteile des voneinander getrennten Schneidens und Prägens bestehen darin, daß auf einer schnell laufenden Presse bei eingearbeitetem Personal mindestens 3000 Prägungen pro Tag gemacht werden können, wobei stets ein ausreichender Druck erforderlich ist, um eine schöne, volle Prägung zu erzielen. Das Schneiden kann auf einem Balancier, der in der Führung weniger genau arbeitet, vorgenommen werden, weil der Druck dazu nicht mehr so bedeutend zu sein braucht. 1500 bis 1700 Exemplare werden immerhin pro Tag herausfallen. Das macht zusammen je nach Größe 1500 fertige zuzüglich 1500 vorgeprägter Exemplare für den Arbeitstag auf 2 Maschinen, während bei gleichzeitigem Schneiden und Prägen auf der gleichen Maschine kein so günstiges Resultat erzielt wird. So sind bei anscheinend stärkerer Belastung des Betriebes die Fabrikationskosten dennoch geringere. Nur bei Artikeln, die einen peinlich genauen Ausfall bedingen, wird das Schneiden und Prägen von derselben Platte angebracht sein, wenn trotz der geringeren täglichen Erzeugung der Fabrikant dennoch auf seine Kosten kommt. In allen anderen Fällen ist aus Sparsamkeit und im Interesse beschleunigter Fertigstellung dem voneinander getrennten Arbeitsverfahren der Vorzug zu geben.

Bei Reliefprägeplatten mit Schneidelinien ist in gleicher Weise zu verfahren wie bei getrennten Schneide- und Prägeplatten, nur ist nach dem Auflegen des zu bearbeitenden Papiers eine Stanzpappe auf die Platte zu legen und dann Druck zu geben, um zunächst das Papier zu durchschneiden. Nach Abheben der Stanzpappe ist der äußere Papierabfall sorgsam zu entfernen und dann die Matrizenpappe aufzulegen. Wir wollen bei dieser Gelegenheit nicht zu erwähnen unterlassen, daß der Stanzdeckel von Zeit zu Zeit mit Talg, reinem Schmieröl oder Petroleum abgerieben und, um Schmieren zu vermeiden, gleich darauf mit Talkum eingestaubt werden muß. Dadurch wird eine Glätte erzielt, die für schnelles Arbeiten unbedingt erforderlich ist. Größere ausgeschnittene Teile lassen sich durch Aufklopfen mit der flachen Handfläche leicht aus der Platte abheben, kleinere Teile haften jedoch oft fest und müssen mit der Ahle ausgehoben werden. Um ein Festhaften von Durchbruch-Prägeblättern an der Platte zu vermeiden, ist es empfehlenswert, Stellen, an denen diese Schwierigkeiten besonders zu befürchten sind, mit Kupferblech auszulegen, wodurch ein glattes Loslösen der Prägestücke aus der Platte ermöglicht wird. Bei ungleicher Ausarbeitung der Schneideplatten wird es auch empfehlenswert sein, an besonders schwierigen Stellen (Durchbruchstellen auf den Stahlstempeln) auf den betreffenden Stellen auf der Rückseite der Platte Papierstücke aufzukleben, weil durch die geschaffene Erhöhung die Schneidekraft verschärft wird, wodurch beim Preßdruck ein glatterer Durchschlag erzielt wird.

Bei sehr fein gearbeiteten Gravuren solcher Artikel, die von der Platte zugleich geschnitten werden und aus sehr dünnen Stoffen bestehen, wie beispielsweise Kuchenpapieren, müssen diese vorher präpariert werden, weil sonst mit besonderen Schwierigkeiten bei der Verarbeitung zu rechnen ist. Die Herstellung bedingt es, daß stets mehrere Lagen zugleich gearbeitet werden, um auf die Kosten zu kommen. Es handelt sich bei diesen Artikeln mehr oder minder um holzfreie Papiere von äußerst dünner Qualität (sog. Florpostpapiere), welche sich unter dem großen Prägedruck auf dem Balancier während des Stanzens so fest aneinanderschmiegen, daß die Lagen nur mit großer Mühe auseinander zu bekommen sind, wobei natürlich sehr viel Ausschuß entsteht. In solchen Fällen tut man gut, die auf Formate geschnittenen Papierlagen vorher durch Talkumpulver zu ziehen. Durch die gleichmäßige Fettaufnahme der Papieroberfläche wird dem Zusammenhaften einzelner Lagen sehr wirksam vorgebeugt. Natürlich muß das Durchziehen durch das Pulver mit großer Sorgfalt vor sich gehen, um auch alle Teile der Papierfläche mit demselben in Berührung zu bringen.

Der Prägedruck als Verzierungstechnik bei der Fabrikation von Kartonnagen.[1])

Der Prägedruck in seinen verschiedenen Anwendungs- und Ausübungsverfahren ist bei der Verzierung der Erzeugnisse der Kartonnagen-Industrie von wesentlicher Bedeutung, mag es sich nun um einfache, bessere oder Kartonnagenerzeugnisse bester Art handeln. Er ist dazu geeignet, das Fabrikat ansehnlicher zu gestalten und als Folge hiervon besteht die Möglichkeit, die Ware wertvoller und besser bezahlt zu machen. Nachstehend soll in gedrängter Form der Prägedruck in seinen verschiedenen Ausübungs- und Anwendungsverfahren beschrieben werden.

Das einfachste Verfahren ist der Weiß- oder Blinddruck, der dann zur Ausführung kommt, wenn wir weißen oder farbigen Karton, Pappe usw. mit vertieftem oder reliefartigem Druck versehen. Zur Anwendung kommt dieser Druck bei der Beschriftung oder Verzierung einfacher Kartonnagen, z. B. für die Konfektion, bei Versandschachteln für Bäcker und Konditoren und bei vielen Kartonnagenerzeugnissen der Lebens- und Genußmittel- sowie Gebrauchsartikelbranche. Der Tiefdruck oder die Pressung, welche auf diesen Erzeugnissen ausgeführt werden, ist das allereinfachste Verfahren, daß bei Verwendung manchen Materials auch mancherlei Wirkungen bietet. So hinterläßt der Tiefdruck, besonders wenn mit erwärmter Presse ausgeführt, auf den bedruckten Stellen effektvollen Glanz, der bei rauhem oder genarbtem Material insofern gut zur Geltung kommt, als die bedruckten Stellen dabei völlig geglättet werden und dann besonders gut hervortreten.

Etwas mehr Vorbereitungen und Vorarbeiten erfordert der Prägedruck, durch welchen wir das Arbeitsstück mit reliefartigen Verzierungen versehen wollen, weil da eine scharfe und widerstandsfähige Matrize als Gegenpartie für die Reliefprägeplatte hergestellt werden muß. Diese kann auf mannigfache Weise hergestellt

[1]) Entnommen der „Kartonnagen- und Papierwaren-Zeitung“, Dresden.

werden, doch ist diejenige aus Pappe angefertigt, besonders haltbar. Handelt es sich um höhere Reliefs, so schneidet man nach einem Abdruck das Relief der Prägung entsprechend aus der Pappe heraus, und zwar so, daß die höchsten Stellen der Prägung ein oder nach Bedarf mehrere Male besonders unterlegt werden, und zwar von unten nach oben sich verjüngend. Das Ganze läßt man wiederholt über Druck gehen, damit das Relief in der Matrize scharfe Ausprägung erfährt. Schnell wird der Aufbau der Matrize dann gefördert bzw. die Feinheiten herausgearbeitet, wenn man die Matrize nach dem Aufbau mit Matrizenpulver überarbeitet, von welchem besonders das zu empfehlen ist, welches mit kalter und auch warmer Platte verarbeitet werden kann. Als Unterlage für die Matrize ist stets ein Stück dünne Stanzpappe zu verwenden, von der Verwendung stärkerer Pappe ist abzusehen, da diese beim Druck zu sehr federt. In denjenigen Fällen, wo nur wenig hohe Reliefornamente für die Prägung in Frage kommen, verarbeitet man das Matrizenpulver direkt, ohne also das Relief besonders in einem Pappausschnitt aufzulegen. Bei der Herstellung einer Prägematrize muß stets das Bestreben walten, die Druckkraft der Presse zu schonen, und sich dabei auch die Arbeit zu erleichtern. Am besten geschieht dies durch sorgfältigen Aufbau der Matrize. Es wird dies dadurch erreicht, daß beim Prägedruck der Hauptdruck auf den Reliefs lastet, wodurch man mit relativ geringem Druck scharfe und bei geeignetem Material auch wirkungsvolle Prägungen erhält.

Kehren wir jetzt zum Prägedruck selbst zurück, so ist bei der einfachen Reliefprägung darauf zu achten, daß das zu prägende Material durch den Prägedruck in den um die Reliefornamente liegenden Flächen nicht verändert wird. Diese Veränderung geschieht meist dadurch, daß die glatte Fläche der Prägeplatte beim Druck stark auf das Arbeitsstück aufpreßt und z. B. rauhen oder locker gearbeiteten Karton stark glättet. Dies kann durch sorgfältigen Matrizenaufbau vermieden werden.

Ist Veränderung der Papierfläche nicht vermeidbar, so muß dahin gestrebt werden, die Veränderung gleichmäßig zu gestalten.

Mit dem Reliefprägedruck kann auch gleichzeitig Farbdruck verbunden werden. Dieser kombinierte Präge- und Farbdruck wird nicht nur bei der Herstellung von Kartonnagen häufig angewendet und zwar hauptsächlich für leichtere Packungen. Faltschachteln aller Art, sowie Umschläge zu Werken, Reklamebroschüren, Katalogen sowie Packungen für Zigaretten, Schokolade, Genuß- und Nahrungsmittel können bei diesem Druckverfahren gleichzeitig bedruckt und geprägt und bei entsprechender Herrichtung der Druck- und Prägeplatte bzw. unter Kombination mit Stanz- und Stauchmaterial auch gleich in der erforderlichen Form aus dem Arbeitsstück ausgeschnitten oder gestanzt werden. Eine rationelle Arbeitsweise ist selbstverständlich nur möglich, wenn die in Frage kommende Presse auch gleich mechanisch arbeitende Färbevorrichtung besitzt.

Der gleichzeitige Präge- und Farbdruck ist demnach ein Kombinations-Arbeitsverfahren. Es besteht seine Eigenheit darin, daß in einem Arbeitsgange Reliefornamente geprägt und der um diese liegende Grund mit Farbe bedruckt wird. Es steht also das hochgeprägte Relief in der Naturfarbe des Papiers auf farbigem Grunde, und zwar zeigt letzterer die Färbung der zum Druck verwendeten Farbe, vorausgesetzt, daß nicht farbiges Arbeitsmaterial die Farbwirkung aufhebt.

In einem Arbeitsgang werden mittels einer Prägeplatte die Reliefornamente hochgeprägt und der um und innerhalb der Ornamente, Schriftzeilen usw. liegende Grund mit Farbe bedruckt.

Der beim Prägen gleichzeitig auszuführende Farbdruck macht es notwendig, die Auftragwalzen recht genau einzustellen, damit sie nur die glatte Fläche der Platte mit Farbe versehen. Wenn die Auftragwalzen zu stark auf die Platte drücken, geben sie die Farbe nur unvollkommen ab, die Ränder der vertieften Gravur nehmen Farbe an und sie schmieren beim Druck. Strenge, körperreiche Farben ermöglichen eine gleichmäßige Deckung der zu druckenden Flächen, zu schwache, mit Firnis stark versetzte Farben quetschen beim Druck aus und lassen auch die Struktur des Papiers stark durchscheinen.

Flach- und Prägedrucke in Farbe, Folie, Blattmetall und Bronze stehen für die Beschriftung und Verzierung der Kartonnagen weiter zur Verfügung. Es ist wichtig, bei der Anwendung dieser Druckverfahren Rücksicht auf das Arbeitsmaterial zu nehmen, welches in Kartonnagenfabriken zur Verarbeitung kommt. Besonders bei der Herstellung besserer Kartonnagen haben wir mit Papieren und Überzugsstoffen zu rechnen, die stark gebundene Flächen aufweisen und wo wir Maßnahmen zu treffen haben, die dem Druck selbst Haltbarkeit verleihen. So sind oft bei Monogrammprägedrucken in Gold Mißerfolge zu verzeichnen, die darin bestehen, daß der Druck nach dem Trocknen leicht abspringt, sich also mit dem Druckträger nicht fest verbunden hat. Auch beim Hochprägen von Farben- und Bronzedrucken machen sich manche Mißstände bemerkbar, die in unsachgemäßer Arbeitsweise ihren Grund haben, entsprechend der

Saugfähigkeit des Kartons. Vor allem ist darauf zu achten, daß die Unterdruckfarben für Bronze und die Druckfarben genügend Trockenstoff enthalten, damit Bronze und Farbe recht fest antrocknen. Die gravierte Prägeplatte wirkt bei der Prägung stark reibend auf den Druck, wenn diese keinen festen Halt auf dem Druckträger zeigt. Das gleiche ist auch bei Bronzedruck der Fall, der zum Austrocknen längere Zeit erfordert als gewöhnliche Farbendrucke, bei nicht fester Haltbarkeit mißfarbiges Aussehen zeigt, wenn die hochgeprägten Partien der Bronze beraubt sind.

Auch vollkommen ausgetrocknet müssen die Drucke sein, ehe mit dem Hochprägen begonnen wird. Denn wenn die Prägung zu zeitig vorgenommen wird, so gibt der Druck infolge der scharfen Pressen leicht noch Feuchtigkeit ab. Bei gewöhnlichen Farbdrucken bleibt der Druck an der Platte hängen und die gedruckten Partien reißen auf, bei Bronzedrucken schlägt die Unterdruckfarbe durch und mindert deren Glanz und es entstehen mißfarbige Drucke.

Geprägte Verzierungen an Kartonnagen bestehen vielfach in hochgeprägten Bronze- und Farbdrucken. Sollen diese gut gedecktes Aussehen zeigen, so ist darauf zu achten, daß Bronze oder Farbe fest an dem Material haften. Die Prägeplatte wirkt meist stark reibend auf den Druck und es können die hochgeprägten Partien leicht der Farbe beraubt werden. Entsprechend der Saugfähigkeit des Arbeitsstückes muß die Druck- oder Vordruckfarbe für die Bronze reichlichen Zusatz an Trockenstoff erhalten.

Ehe mit dem Hochprägen des Druckes begonnen wird, muß dieser vollkommen ausgetrocknet sein. Besonders ist das bei Bronzedrucken der Fall, die längere Zeit zum Austrocknen erfordern als Farbendrucke. Wird bei Bronzedrucken das Hochprägen zu zeitig vorgenommen, so gibt der Druck infolge der scharfen Prägung zu leicht Feuchtigkeit ab, die bei Gold- oder Aluminiumdrucken durchschlägt und deren Glanz mindert. Farbdrucke neigen leicht zum Aufrupfen oder der Druck bleibt gar an der Prägeplatte hängen.

Wir wollen uns jetzt noch der Tiegeldruckpresse zur Herstellung von Prägungen in Kartonnagen-Fabriken zuwenden.

Die gleiche Bedeutung wie für die Buchdruckereien und fast noch im größeren Maße haben die Tiegeldruckpressen für den Kartonnagenfabrikanten zur Herstellung billiger und schöner Prägedrucke auf großen Flächen, wie Postkartons, Konfektionsschachteln usw. Hier kann die langsam arbeitende und nur geringe Druckfläche besitzende Kniehebelpresse nicht mehr der rationell arbeitenden Tiegeldruckpresse standhalten. Eine entsprechend gebaute kräftige

Tiegeldruckpresse kann trotz eines teilweise billigeren Anschaffungspreises die mindestens dreifache Leistung einer Kniehebelpresse bei Schriftprägung evt. bei gleichzeitigem Druck erreichen. Ebenso kann die Maschine auch zum Ausstanzen, Ritzen und Schlitzen kleiner Kartons verwendet werden, was bei der Kniehebelpresse nicht der Fall ist, ganz abgesehen davon, die Tiegeldruckpresse ihrer eigentlichen Bestimmung gemäß zur Herstellung von Buchdruckarbeiten aller Art verwenden zu können.

Fig. 8. Tipp-Topp-Tiegeldruckpresse
der Firma „Bautzener Industriewerk Act.-Ges., Bautzen".

Die Tiegeldruckpressen mit Zylinderfarbwerk eignen sich nicht gut, um große Kartons, deren Formate die Druckfläche wesentlich überschreiten, anzulegen, weil das Farbwerk oberhalb des Fundamentes vorsteht und somit den Karton hindert, sich an die Schrift anzulegen oder aber ihn beschädigt. Es müssen für solche Zwecke stark gebaute Tellerfarbwerkpressen verwendet werden, bei denen das Farbwerk nicht hinderlich ist und in die man Pappen von unbeschränkter Höhe bis zu mehr als 70 cm Breite einlegen kann. Derartige besonders für solche Zwecke gebaute Maschinen liefern einige sehr bedeutende Maschinenfabriken unter anderen auch das Bautzner Industriewerk Act.-Ges. in Bautzen in ihren „Tip-Top"-Tiegeldruckpressen (siehe Abbildung).

Diese Maschinen eignen sich auch in hervorragender Weise zur Herstellung von Gratulationskarten mit Druck und Prägung. Auch hier ist die Leistungsfähigkeit die mehrfache einer Kniehebelpresse.

Papptellerpressungen.

Einen Artikel, der bei entsprechendem Interesse noch sehr entwicklungsfähig scheint, bilden die Teller und Schüsseln aus Pappe. Billig, sauber und von gefälligem Äußeren, eignen sie sich wie kaum ein zweites Gefäß zur appetitlichen Darreichung von Kuchen, Torten, Würstchen und Obst, sowie zu manchen anderen Dingen mehr. Ihr Absatz — wegen des geringen Gewichts und der wenig Raum erfordernden Packungsweise namentlich auch für den Export geeignet — ließe sich durch angemessene Propaganda und Massenherstellung sicher ganz bedeutend steigern, da mit der wachsenden Volkstümlichkeit eines Verbrauchsgegenstandes sich bekanntlich auch seine Verwendungsmöglichkeit erhöht. Als Luxuskartonnage ausgebildet, ließe er sich bestimmt noch eine Reihe anderer Zwecke dienstbar machen, an die heute noch niemand denkt.

Die Herstellung erfolgt auf Kniehebelpressen der bekannten Bauart, wie sie allgemein in der Buchbinderei im Gebrauch sind. Der Preis dieser sowohl für Hand-, als Kraftbetrieb gebauten Pressen schwankt je nach Ausführung und Fabrikat. Es empfiehlt sich, eine Presse mit mehrfach verstellbarem Hub zu nehmen, nicht nur wegen der verschiedenen Höhe der Schüsseln und Teller, sondern um auch gravierte Platten vornehmen zu können. Derartige Pressen werden gewöhnlich mit dreifachem Hub von ungefähr 15, 25 und 35 mm geliefert, für Puppenkörper und andere Hohlformen aber auch für 60 und 80 mm. Zu beachten ist dabei aber ganz besonders, daß mit dem höheren Hub auch die Druckkraft entsprechend abnimmt. Es ist daher ratsam, die Presse nicht zu klein zu wählen oder sie der normalen Bauart gegenüber verstärken zu lassen.

Die Prägeformen für die Schüsseln und Teller sind in den gangbaren Größen und Formen rund und oval, als Modelle fast immer vorrätig, werden von den Gravieranstalten aber auch in allen besonderen Ausführungen hergestellt. Sie bestehen aus der vertieft gravierten unteren Form (auch äußeren Form oder Matrize genannt) und der erhabenen oberen Gegenform (innere Form oder Patrize). Die letztere wird gewöhnlich in Messing gearbeitet, die erstere aus einem etwas weicheren Spezialmetall. Die Patrize muß um die Stärke der zu prägenden Pappen kleiner geformt sein als die Matrize, damit beide Formen beim Prägen nicht ineinander klemmen. Die Presse soll einen um ca. 10 mm höheren größten Zwischenraum besitzen, als die Gesamthöhe der ineinander gelegten Patrize und Matrize ausmacht. Ist diese z. B. 80 mm, so hat der größte Zwischenraum der Presse, auch „Einfahrt“ genannt, 90 mm zu betragen. Man unterscheidet bei jeder Presse eine größte und eine kleinste Einfahrt. Die kleinste bildet die Entfernung von Oberfläche, Tisch bis Unterkante Anhängeplatten oder Prägeklotz bei ganz angezogenem Stellkeil und wagerechter Lage des Handhebels. Die größte bildet sich bei wagerecht liegendem Handhebel und vollkommen zurückgestelltem Stellkeil. Die durch die Verstellung des Stellkeils ermöglichte größte Einfahrt beträgt gewöhnlich nur etwa 16—18 mm, da die Höhe der Prägeformen für Teller und Schüsseln aber, wie oben angegeben, ungefähr 60—80 mm betragen, so empfiehlt sich die Mitlieferung von mehreren Ersatzrahmen, die zwischen Kopfstück und Heizkasten der Presse eingesetzt werden, sobald Reliefprägungen mit den gewöhnlich nur ungefähr 8 mm starken Prägeplatten vorgenommen werden sollen. In neuerer Zeit werden diese Pressen auch mit dem empfehlenswerten verstellbaren Kopfstück eingerichtet, wodurch die verhältnismäßig unbequem zu handhabenden Einsatzrahmen entbehrlich werden.

Der Hub der Presse, d. h. der Unterschied in der Höhenlage des Tisches, die sich durch Niederlegen des Hebels von seiner senkrechten in seine wagerechte Lage ergibt, muß um etwa 5 mm größer sein, als die größte Tiefe der zu prägenden Schüssel, damit man die letztere nach dem Prägen bequem aus der Form herausheben kann.

Kleinere Formen werden durch Ankleben mittels Wienerpapp oder Leim, größere durch Anschrauben befestigt. Damit beide Teile der Form beim Prägen genau ineinander treffen, werden sie ineinander gesteckt auf den Tisch gelegt, dieser eingeschoben und darauf der Handhebel der Presse niedergelegt. Hierauf wird zuerst die Patrize und dann die Matrize befestigt. Auf das Befestigen der Prägeformen muß die allergrößte Sorgfalt verwendet werden. Sie sollen genau in der Mitte des Tisches angebracht werden, da sonst leicht eine einseitige Druckwirkung und damit ein Bruch der Presse eintreten kann oder die Formen durch Quetschungen beschädigt und unbrauchbar gemacht werden.

Um den Tellern einen guten Stand zu geben, d. h. um ein teilweises Zurückgehen der nach dem Prägen hochstehenden Seitenteile der Teller zu verhüten und das Prägen zu erleichtern, muß die Presse durch Gas, Petroleum, Spiritus oder Dampf usw. geheizt werden. Bei kleineren Formen genügt das Erwärmen der Patrize vom Heizkasten aus, wobei der Handhebel niederzulegen ist, um auch die Matrize an der Heizung teilnehmen zu lassen; bei größeren Formen empfiehlt sich eine besondere Heizung der Matrize vom Tiegel der Presse aus. Die Formen sollen zischwarm sein, d. h. je nach der Stärke und Fähigkeit der Pappe bis auf ungefähr 50—60 Grad Celsius erwärmt werden; zu große Hitze trocknet die Pappe zu sehr aus und läßt sie leicht brüchig werden.

Die Pappenformate werden mittels besonderen Stanzeisens auf einer Handstanzmaschine durch den Hebel oder einer Exzenterstanzmaschine für Fuß- oder Kraftbetrieb ausgestanzt und dann in mäßig angefeuchtetem Zustande geprägt, indem die ausgestanzten Formate einzeln auf die Matrize gelegt und der Handhebel der Presse von seiner senkrechten in die wagerechte Lage niedergelegt wird. Die Teller bekommen einen guten Stand, wenn sie für kurze Zeit unter Druck stehengelassen werden. Formen und Material müssen öfter mit Speckstein (Talkum) eingerieben werden, um das Prägen und Herausnehmen der Teller zu erleichtern. Bei diesen Tellern muß eine gute, zähe Pappe verwendet werden, auch darf der Hebel nicht zu schnell heruntergelegt werden, um ein Platzen oder Zerreißen der Pappen zu verhüten. Im allgemeinen kommt als Material Holzpappe zur Verwendung.

Die Prägeformen können durch auswechselbare Einsätze auch mit beliebigem Text versehen werden. Wo es nur irgendwie angebracht ist, sollte kein Hersteller versäumen, sich dieses Reklamemittels zu bedienen.

Soll vom Tellerprägen zu flachen Kartonnagenprägungen übergegangen werden, so ist zuerst der Unterschied zwischen der Höhe der Tellerformen und der flachen gravierten Form durch Einsetzen von Einsatzrahmen oder durch Verstellen des Kopfstückes auszugleichen und darauf der normale erste Hub einzustellen. Hierzu wird der Tiegel der Presse durch Niederlegen des Handhebels in seine höchste Stellung gebracht. In dieser Stellung müssen sich die für die einzelnen Hube in der Zugstange angebrachten Bolzenlöcher mit denen der Klaue decken. Ist z. B. der zweite Hub von ungefähr 20 mm benutzt worden, so verbindet man Zugstange und Klaue, indem man den zweiten zur Presse gehörigen Bolzen in die unteren Bolzenlöcher der sogenannten Teile steckt und darauf den mittleren Bolzen entfernt.

Natürlich muß dieser Bolzen erst gehörig durchgesteckt und befestigt sein, bevor der zuerst in der Presse befindliche entfernt wird, und es ist selbstverständlich, daß die Pressen nicht in Betrieb gesetzt werden, solange sich beide Bolzen darinnen befinden. Besonders sei auch darauf aufmerksam gemacht, daß die aufrecht stehende Druckstange der Presse, in der sich die Zugstange und die Klaue bewegen, in ihrer oberen und unteren Pfanne stets gut in Öl gehalten wird, sonst frißt sie und zeigt eine fatale Neigung zu Brüchen, worauf dann die „angenehmen Auseinandersetzungen"

Fig. 9. Stanzmaschine
der Sächsischen Kartonnagen-Maschinen-A.-G., Dresden.

mit den Maschinenfabrikanten beginnen, der natürlich genau weiß, wo die Ursache zu suchen ist, denn die riefenartigen schwarzen Stellen lassen keinen Zweifel an dem nicht genügenden Ölen zu. Zum Schluß mag noch ausdrücklich darauf hingewiesen werden, daß die Größe der Prägeformen das als Druckfläche der Presse angegebene Format auf keinen Fall überschreiten darf, selbst nicht nach einer Seite.

Zur Herstellung von Papptellern ist jede bessere Ziehpresse verwendbar. Für Pappteller mit niederen Randhöhen läßt sich auch minderwertige Ziehpappe verwenden. Mit einer Stanzmaschine (siehe Fig. 9) werden die Zuschnitte aus den Papptafeln mittels Stanzeisens gestanzt. Es können dabei gleich mehrere Lagen von Pappe mit einem Stanzeisen ausgestanzt werden. Auf einer Prägepresse werden die Pappen mittels Prägeform geprägt,

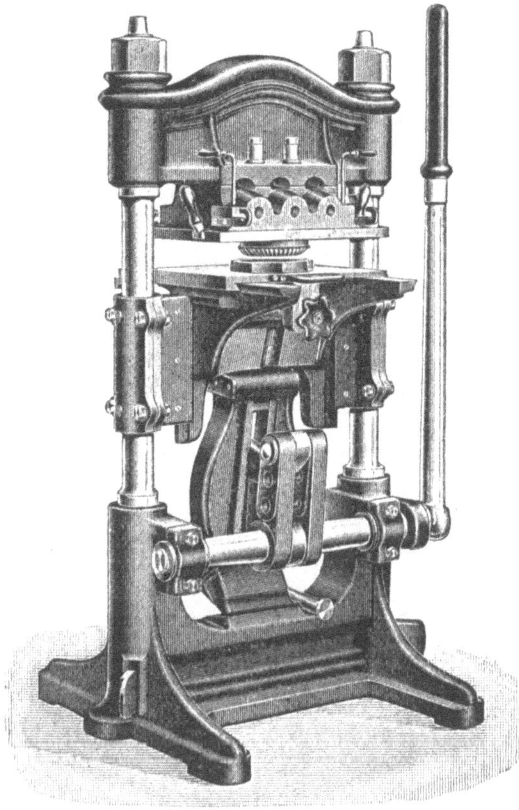

Fig. 10 a. Prägepresse
der Sächsischen Kartonnagen-Maschinen-A.-G., Dresden.

nachdem die Pappe vorher etwas angefeuchtet und mit Talkum bestrichen worden ist.

Das Präparieren der Pappe kann auch derart geschehen, daß man die Papptafeln mit Seifenwasser etwas anfeuchtet und diese dann wieder einige Stunden trocknen läßt. Dadurch wird erreicht, daß nicht nur die äußere Schicht der Pappe feucht ist, sondern die Feuchtigkeit durch die ganze Pappe zieht.

Die Prägeformen sind derart aufgebaut, daß der obere Rand beim Prägen nochmals geschnitten wird, so daß das Ausfallmuster einen schönen, geraden, sauberen Rand bekommt. Handelt es sich um größere Massenanfertigung, so verwendet man vorteilhaft die

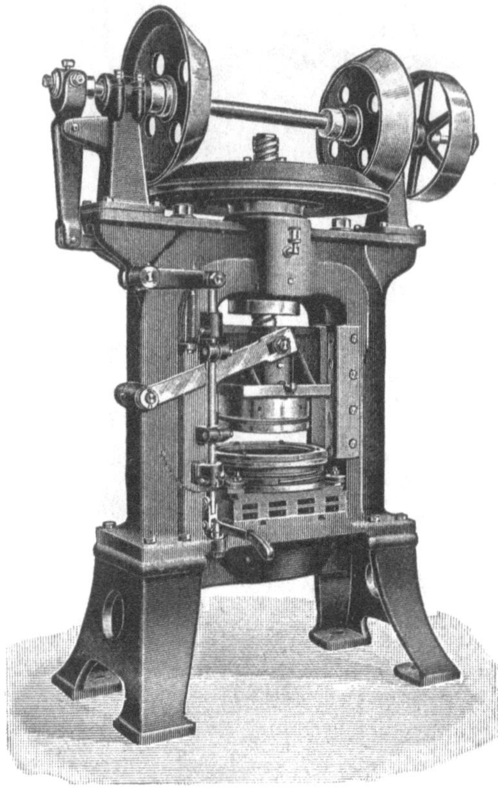

Fig. 10b. Friktionspresse
der Sächsischen Kartonnagen-Maschinen-A.-G., Dresden.

Werkzeuge aus Gußeisen. Auch geschieht das Ziehen der Pappteller nicht auf der Prägepresse, sondern auf einer Friktionspresse, sofern nicht eine besondere Ziehpresse Verwendung findet.

Die Werkzeuge werden auch für Massenanfertigung mit automatischem Auswerfer hergestellt, so daß das zeitraubende Herausheben der Pappteller aus den Formen vermieden wird.

Die auf Seite 73 gezeigte Prägepresse (Fig. 10a) ist besonders zur Papptellerfabrikation bestimmt, natürlich aber auch für Reliefprägungen aller Art, zum Vergolden, Farbdrucken und Ausstanzen zu verwenden.

Die Maschine ist modern und eine besonders kräftige Bauart.

Die Abbildung stellt die Maschine mit dreifach verstellbarem Hub dar, in welcher Ausführung die Presse besonders für tiefe Prägungen und namentlich für die Herstellung von Papptellern und Reliefprägungen in Frage kommt. Die in diesem Falle häufig wechselnden Platten- und Formenstärken erfordern aber außerdem, daß die Einfahrt schnell verändert werden kann. Dies geschieht in neuerer Weise durch Einsatzrahmen. Es empfiehlt sich, von diesen drei Stück zu 30 mm Höhe mitzubeziehen. Vorteilhafter aber ist es, die Presse mit „verstellbarem Kopfstück“ zu beziehen, wodurch die verschiedenen Stärken der Prägeformen ohne Benutzung von Einsatzrahmen schnell und sicher ausgeglichen werden können. Das Prägen der Pappteller muß mit gutgeheizter Prägeform erfolgen; zu diesem Behufe ist am oberen Druckstück Gasheizung vorgesehen. Je nach den Erfordernissen kann die Maschine auch für die Heizung mit Spiritus, Benzin, Elektrizität oder Dampf eingerichtet werden.

Es empfiehlt sich außerdem, auch den unteren Tiegel zu heizen, namentlich bei hohen Formen. Zu diesem Zwecke muß Tiegelheizung (die sogenannte Unterheizung) bestellt werden. Die geprägten Teller erhalten dann einen besseren Stand und die Seitenwände werden nach der Prägung sich nicht verunstalten. Obwohl der Maximalhub von 35 mm für die meisten Fälle ausreichend ist, empfiehlt es sich, die Einrichtung für 50 mm Hub von vornherein mitzubeziehen, um für alle vorkommenden Fälle gerüstet zu sein.

Prägeformen für Pappteller.

Die einwandfreie Ausführung der Pappteller ist von der Verwendung geeigneter Prägeformen im wesentlichen abhängig. Nachstehend sind einige Abbildungen bewährter Erzeugnisse in solchen Formen veranschaulicht.

Die soeben behandelten Pappteller-Prägeformen mit Oberteil aus Bronze und Unterform aus Hartblei sind zwar sehr preiswert, in der Haltbarkeit aber naturgemäß begrenzt, so daß sie für Massenherstellung weniger geeignet sind. Derartige Bronze-Hartbleiformen werden meistens auf Prägepressen mit Handhebel verwendet.

Da aber bei Prägepressen nach jedem Prägehube der Tiegel aus- und eingefahren werden muß und hierdurch beträchtlicher Zeitverlust entsteht, ist man zur Herstellung geprägter Teller auf Friktionspressen übergegangen, mit denen im allgemeinen eine Mehrleistung mit ungefähr 50 Prozent erzielt wird.

Fruchtschale

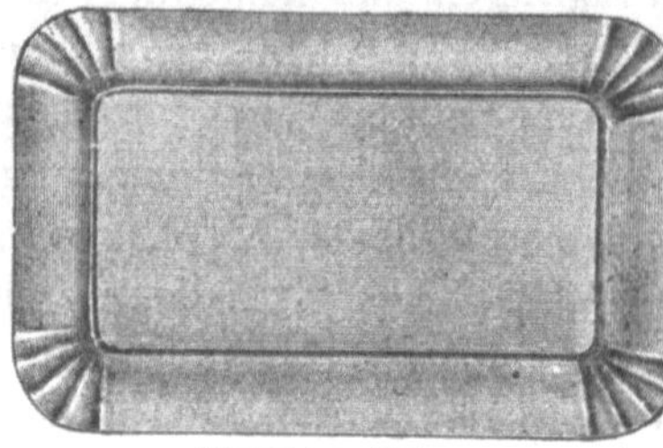

Viereckiger Teller

Runder Teller

Fig. 11 a, b, c. Prägeformen für Papptellerfabrikation auf Prägepressen.[1])

Auf diesen Maschinen können jedoch nur Prägeformen mit Ober- und Unterteil aus Stahl benutzt werden. Diese Prägeformen sind zwar in der Anschaffung wesentlich teurer als Bronze-Hartbleiformen, werden aber im Betrieb viel billiger, da sie eine fast unbegrenzte Lebensdauer haben, eine um zirka 50 Prozent gesteigerte Leistung ergeben und man mit denselben eine auch der Beschaffenheit nach wesentlich vollkommene und dauernd gleichbleibende Ware erzielt.

Für die Erwärmung der Formen sind oben und unten Wärmeglocken erforderlich.

---

[1]) Die Abbildungen sind entnommen dem Katalog der Sächsischen Kartonnagen-Maschinen-A.-G., Dresden A. 16.

Die Prägetechniken.

1. Herstellung von Prägungen auf Maschinen auf kaltem Wege in Blind- und Farbdruck von Hand.

a) Die Monogrammprägetechnik.

Die Monogrammprägerei ist eine recht lohnende, wenn die Einrichtungen dazu entsprechende sind. Sie läßt sich außerdem auch an gewisse Zweige der Papierverarbeitung bequem anschließen. Um Erfolge damit zu erzielen, ist außer der Auswahl und Gediegenheit des Arbeitsmaterials auch die Zweckmäßigkeit des Arbeitens und die Gewandtheit des Prägers als ausschlaggebend zu betrachten.

Die Blindprägung.

Die einfachste Betätigung der Monogrammprägetechnik ist die sogenannte Weißprägung. Man versteht darunter Prägungen, in denen der dargestellte Gegenstand (Monogramm, Schriftzeilen usw.) auf der Papierfläche ohne Benutzung von Farbe hochgeprägt ist. Private, Behörden, öffentliche Büchereien, Aktiengesellschaften usw. prägen sich für ihren Bedarf die Briefbogen, Kuverts usw., da diese Verrichtung weder technische Schwierigkeiten verursacht, noch große Kraftentfaltung beansprucht, sie zeichnen sich Bücher oder Wertpapiere selbst, indem sie die sogenannten „Schlagpressen für Kontorbedarf“ benutzen.[1])

Die Schlagpressen bestehen, wie Abbildung 12 zeigt, aus dem Oberteil mit dem gravierten Rotgußstempel und dem Unterteil, das sogenannte Fundament, mit aufgelöteter Matrize.

Ober- und Unterteil sind mittels Scharnier verbunden. Vor demselben ist im Unterteil eine kräftige Spiralfeder eingelassen, die das Oberteil nach dem Prägeschlage selbsttätig wieder in die ursprüngliche Lage zum Unterteil hebt.

Die Matrize ist aus Blei angefertigt, auf welches ein schwaches Kupferblech gepreßt wird; bevor ihre Befestigung in der Schlagpresse erfolgt, wird die Matrize auf dem Balancier in folgender Weise hergestellt.

---

[1]) Den Abschnitt über „Schlagpressen für Kontorbedarf“ steuerte Herr Richard Mahler, Braunschweig, bei.

Ein Stück Weichblei, zirka 4 mm stark, in entsprechender Größe des Stempels glatt geklopft, wird mit einem Stück Kupferfolie bedeckt, unter den, wie beispielsweise zur Deckelprägung von Papierausstattungen bei denen die Schriftzüge fast die ganze Oberfläche des Deckels einnehmen, in der Prägevorrichtung befestigten Stempel gebracht und mit kräftigem Schlag desselben die Matrize ausgeprägt. Das an der Seite durch den Druck hervorgedrückte überflüssige Blei wird sauber mittels Feile und Schaber entfernt und diese, bevor der Stempel in der Schlagpresse befestigt wird, in denselben eingepaßt und auf dem Unterteil derselben verlötet.

Die Kupferfolie ist ein dünn gewalztes Metall, nicht zu verwechseln mit dem Schablonenblech, das wesentlich kräftiger in seiner Beschaffenheit ist, weil daran größere Anforderungen hin-

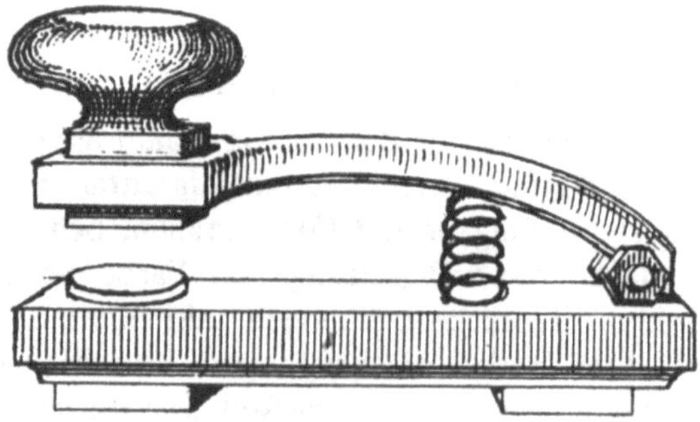

Fig. 12. Schlagpresse für Kontorbedarf.

sichtlich der Festigkeit gestellt werden; es darf nicht zerknittern oder sich werfen, während die zum Nachprägen benutzte Kupferfolie sich haarscharf einschmiegen muß, um alle Feinheiten der Gravur herauszuholen.

Man stellt Matrizen auch auf galvanischem Wege her, d. h. man hängt die Stempel in ein Bad, macht einen galvanischen Niederschlag und gießt dann aus. Ihre Anfertigung erfordert aber längere Zeit als die beschriebene.

Die Reihenfolge kann auch umgekehrt sein, d. h. der Stempel kann unten, die Matrize oben befestigt werden. Es bleibt die beste Methode der praktischen Erfahrung überlassen.

Schlagpressen werden für besondere Zwecke auch geliefert mit fest eingefügten gegossenen Stempeln sowie solchen Matrizen, die durch Anbringen von Haltern ausgewechselt werden können. Es können demzufolge auf einer vorhandenen Schlagpresse beliebig viele Arten von Stempeln verwendet werden durch jeweils erfolgendes Auswechseln von Stempeln und Matrizen.

Der Prägevorgang ist nun der allereinfachste. Briefbogen, Kuvert usw. werden zwischen Stempel und Matrize gelegt, mit der Hand kräftig auf den am Oberteil befestigten Knopf geschlagen, und eine tadellose Prägung wird das Ergebnis sein.

Die Haltbarkeit dieser kleinen Schlagpressen, sowie der Matrize, ist bei entsprechender Behandlung unbegrenzt.

Die Trockenstempel, die auf den Schlagdruckpressen hergestellt werden, dienen als Schutzmittel gegen Fälschungen (bei Magi-

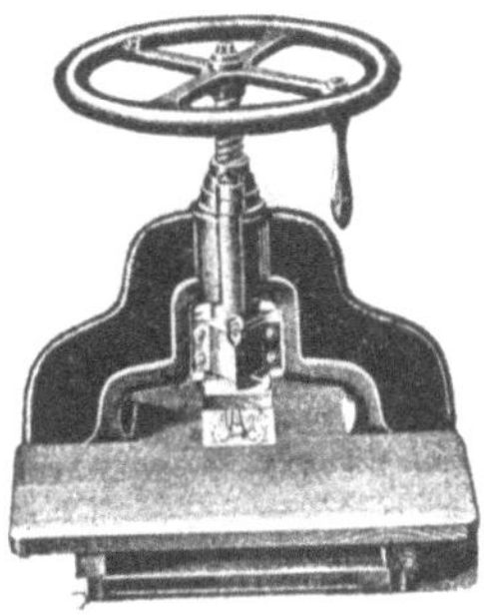

Fig. 13. Doppel-Rad-Prägepresse
der Firma Adolph Gante, Berlin SO.

straten, großen industriellen Werken u. a.). Sie werden jeweils für besondere Zwecke angefertigt, denen sie zu dienen bestimmt sind.

Die farbige Monogrammprägetechnik ist ein Druckverfahren, welches dem Buch- und Steindruck (Hoch- und Flachdruck) gänzlich entgegensteht, in seiner Ausführung auf den Prinzipien des Kupferdruckes beruht und zur Ausschmückung kleiner und größerer Flächen Anwendung findet. Es ist ein Tiefdruckverfahren, bei welchem der Druck von einem aus härtestem Material (Stahl, Rotguß) bestehenden Prägestempel erfolgt, in welchen die zu druckende Zeichnung eingraviert wird. In diese Prägeplatte wird mittels Pinsel, Tampon oder Bürste geeignete Druckfarbe eingestrichen, hierauf die Platte in ihrer glatten Fläche von der anhaftenden Farbe durch Abstreichen gesäubert und die in den Vertiefungen der Gravur sitzen gebliebene Farbe durch Druck auf das Papier übertragen.

Die Stempelfläche darf nicht rauh sein, damit beim Abwischen der beim Einfärben überflüssigen Farbe diese unbeschränkt sauber wird, weil sonst das auszustattende Papier beschmutzt werden würde.

Die Fläche muß glatt (poliert) sein, damit überflüssige nicht in die Gravur Aufnahme findende Farbe abgewischt werden kann. Nur der Druck unter Verwendung des Stempels hebt die Farbe aus den eingravierten Vertiefungen voll und sauber heraus und überträgt sie so auf die zu prägende Papieroberfläche, wo die vorwiegend mit Lack gemischte Farbe pastös auftrocknet.

Derartig gefertigte Drucke zeigen ein wirkungsvolles Aussehen und sind von höchster Schärfe.

Zum Monogrammprägedruck benutzt man in der Regel die Balancierpressen für Handbetrieb, welche ein schnelles und bequemes Arbeiten gestatten (Fig. 13, 14, 15). Außer zur Farben-

Fig. 14. Rad-Stempelpresse der Firma Adolph Gante, Berlin SO.

prägung kann diese Maschine auch zur Herstellung von Weißprägungen (Trocken- oder Blindprägungen) Verwendung finden. Der kurze, mehr oder weniger kräftige Spindeldruck, der mit diesen Maschinen ausgeübt werden kann, überträgt die Farbe tadellos auf das zu prägende Papier.

Der Handbalancier besteht in der Hauptsache aus einem beweglichen Grundgestell mit möglichst weiter Ausladung zwecks Verwendung jeder beliebigen Papiergröße. Der Führungsteil, woran der Kasten, der den Schlitten mit dem Stempel aufnimmt, befestigt ist, wird von zwei Backen gehalten. Dieselben sind mit Schrauben so fest aneinandergefügt, daß sie gerade noch genügend Spielraum zum Auf- und Niedergleiten des Führungszylinders lassen. Diese Bewegung wird hervorgerufen durch eine in den oberen Teil des Pressenkörpers (Preßkopf) eingeführte Spindel, die an ihrem unteren Ende auf den Zylinder trifft, der, wie oben angegeben, den Schieberkasten enthält, der zum Einspannen der Monogrammplatte dient. Am Schieber- oder Setzkasten wird die gravierte Platte befestigt und auf der Matrizenplatte die Matrize in entsprechender Weise hergestellt. Die Anordnung des Stempels wird auch vielfach so gehandhabt, daß man ihn auf der sogenannten Matrizenplatte befestigt, und die eigentliche Schieberplatte die Matrize enthält. Es muß in diesem Fall jedoch auf die Papieranlage besonders geachtet werden, damit die Prägung auch auf die richtige Oberfläche kommt. Die Spindel trägt an ihrem oberen Ende entweder ein Schwungrad, oder sie ist mit einem Quereisen versehen, an dessen beiden Enden sich je eine Schwungkugel befindet. Wird nun das Schwungrad oder der Balancier in Bewegung gesetzt, so

Fig. 15. Monogrammschnellpresse der Firma Adolph Gante, Berlin SO.

treibt die Spindel den Kasten mit Schieber und Stempel senkrecht auf die erwähnte Matrizenplatte. Im Augenblick der Berührung des Stempels mit der Matrize würde zwar die eigentliche Prägung verrichtet sein, dann aber würde die Presse in dieser Stellung verharren. Es müßte also bei Fortsetzung der Arbeit das Rad erst wieder zurückgedreht werden, was gewiß sehr umständlich und zeitraubend wäre. Man hat diese Aufwärtsbewegung des Preßkörpers durch zwei starke, seitlich gelagerte Federn — Spiralen — erzielt, welche außerdem den Zweck haben, den auszuübenden Prägedruck weicher und elastischer zu gestalten. Dem Gebrauche von Spiralfedern ist vor allen übrigen Arten unbedingt der Vorzug zu geben, weil sie widerstandsfähiger sind und die Führung sicherer besorgen als die stahlgehämmerten langen Federn. Außer diesem eben besprochenen Balancier für Handbetrieb ist noch ein ähnlich gebauter für Fußbetrieb im Gebrauch, bei dem man zwar beide Hände zum Arbeiten frei hat, aber nicht imstande ist, einen annähernd schweren Druck zu erzielen, wie bei erstgenannter Bauart.

Außerdem hat man durch besondere Vorrichtungen versucht, Monogrammprägedruck sowohl auf der Kniehebel-, als auch auf der Buchdruckpresse herzustellen, bei ersterer unter geringfügiger Abänderung der Einführungseinrichtung. Es wird die Benutzung der Buchdruckpresse für derartige Zwecke jedoch nur dann in Frage kommen, wenn es sich um besonders große Prägungen handelt und sehr hohe Ansprüche in bezug auf den Umfang der Prägefläche, sowie auf das zu prägende Material gestellt werden.

Im Anschluß an das besprochene Verfahren zur Herstellung farbiger Monogrammprägungen auf Handbalanciers sei noch der Monogrammschnellpresse der Firma Adolf Gante, Berlin C. 19, besondere Erwähnung getan, die seit Jahren in allen maßgebenden Prägeanstalten Eingang gefunden hat.

Durch die genau gearbeitete Zylinderführung sowie das tadellose Passen der Ober- und Unterplatten, auf denen der Prägestempel und die Matrize sich befinden, ist ein Schieben des Stempels beim Prägen ausgeschlossen. Diese Maschinen eignen sich sowohl für Monogramm-, als auch zur Herstellung von Blindprägungen. Ein weiterer Vorzug dieser Presse ist der, daß sie auf einem eisernen Tischträger ruht, auf dem mittels vier Metallzapfen der Holzanlegetisch festsitzt. Der Anlegetisch läßt sich bequem aus- und einsetzen; ein Verändern der Anlage ist hierbei ausgeschlossen, was bei Prägedrucken, die zur Erzielung eines erhabenen Bildes mehrere Male wiederholt werden müssen, von großer Wichtigkeit ist.

Nachstehend soll eine

Anleitung zur Herstellung von Weiß- oder Blindprägungen sowie von Farbenprägungen

auf den vorgenannten Maschinen gegeben werden.

a) Das Weiß- oder Blindprägen sowie die Herstellung der Matrize.

Nachdem die Maschine ausgepackt, vom Staub gereinigt und gut geölt ist, befestige man dieselbe auf einem stabil gebauten Tisch oder Bock, welcher möglichst mit schrägen Füßen versehen ist, um dem Prägedruck besser standhalten zu können. Alsdann klebe man mit Syndetikon ein Stück Karton in Größe des zu prägenden

Stempels auf die obere Platte mit Zapfen, welche für die Matrize bestimmt ist, wärme hierauf über Gas- oder Spiritus-Feuer die untere glatte Platte mit 4 resp. 2 Stellstiften, welche für den Prägestempel bestimmt ist, so an, daß man darauf mittelst Guttapercha den Stempel aufkleben kann. Ist dieses nun vollführt, so setzt man die Matrizenplatte sowie die untere Platte mit dem Prägestempel ein und bringt die Presse ein paarmal unter Druck, läßt hierauf die angewärmte Platte mit dem Prägestempel erkalten, bis der darauf befestigte Stempel sowie der Karton festsitzen. Bei einer sogenannten Schiebereinrichtung ist der Prägestempel oben auf der Einschiebeplatte befestigt, wogegen die Matrize dann auf die untere glatte Platte mit 4 resp. 2 Stellstiften geklebt wird.

Nachdem nun nochmals ein starker Druck auf den Matrizenkarton abgegeben, ist die scharfe Kontur des Prägestempels nun auf dem Karton zu sehen. Die flachsten Stellen der Gravur erscheinen zuerst scharf; auf die noch stumpfen Stellen wird solange Karton aufgeklebt und jedesmal Druck darauf gegeben, bis nach und nach alles scharf ausgeprägt ist. Der überstehende Karton ist dann mit einem scharfen Messer — hierzu benutzt man am besten ein herzförmiges Radiermesser — glatt an der Matrize wegzuschneiden; man achte jedoch darauf und schneide den Karton nicht zu dicht an der Kontur fort. Hierauf überklebt man die Matrize mit dünnem gummierten Papier. Dies hat den Zweck, auch die feinsten Stellen der Gravur herauszubringen; man bringt die Maschine nochmals unter Druck; nachdem nun die Matrize genügend hart und trocken geworden ist, kann das Prägen des Papiers usw. vor sich gehen.

b) Die Farbenprägung.

Die hierzu nötigen Farben können trocken, evtl. auch angerieben, bezogen werden; angerieben werden die Farben mit Damarlack, der auch bei jedem Drogisten erhältlich ist. Eine Portion Farbe, etwas mehr als man gerade gebraucht, schüttet man auf einen Lithographenstein oder Glasplatte und verreibt unter Zugießen von Damarlack mit einem Verreiber aus Glas oder Porzellan solange, bis die Farbe zart und geschmeidig geworden ist. Ist dieselbe noch zu dick, so werden einige Tropfen Terpentin hinzugegeben, aber nicht mehr als nötig, um den schönen Glanz, den die Farbe durch den Damarlack erhalten hat, nicht zu beeinträchtigen.

Zum Auftragen der Farbe auf den Stempel wird bei größeren Gravierungen eine Bürste mit festen Borsten in der Größe einer

Zahnbürste benutzt, bei ganz kleinen Gravierungen genügt ein kurzer Borstenpinsel.

Weiße Farbe, wie Kremser Weiß, wird nicht mit Damarlack angerieben, sondern mit Gummi arabicum. Dieser trockene Gummi wird in größeren Mengen aufgelöst, etwa 1/2 Liter Wasser in einem steinernen Gefäß und zur jeweiligen Verwendung bereitgehalten. Ist das Weiß nach dem Verreiben noch zu dick, so verdünnt man mit Wasser. Die weiße Farbe besitzt nur in Verbindung mit Gummi arabicum die nötige Deckkraft und Haltbarkeit auf dem gewöhnlich dunklen zur Prägung bestimmten Papier.

Bei Prägungen mit weißer Farbe muß der Stempel öfter mit Wasser ausgewaschen werden, weil sich die Farben und Gummirückstände nach und nach in der Gravur festsetzen und die Schärfe der Prägungen beeinträchtigen.

Auf der rechten Seite des Anlegetsiches befindet sich die Papierklemme; hiermit befestige man eine Lage Kopier-Seidenpapier zum Abwischen des Prägestempels.

Bei der Radstempelpresse ist diese Papierklemme nicht angebracht, da es hier an Raum mangelt, hier benutzt man das Kopier-Seidenpapier zum Abwischen der Stempel in Buchform.

Die einzelnen Bogen des Abwischpapiers werden mit Terpentin angefeuchtet, und dann kann mit dem Farbigprägen begonnen werden. Man hebt die Unterplatte mit den 4 Stellstiften und dem darauf befindlichen Stempel aus der Prägepresse, reibt mit der Bürste oder dem Pinsel die Farbe möglichst gleichmäßig in die Gravur und wischt sodann die Fläche des Stempels auf dem mit Terpentin getränkten Abwischpapier ab. Bei einer mit Schiebereinrichtung versehenen Presse nimmt man die Einschiebeplatte mit dem darauf befestigten Stempel heraus und wischt diesen auf dem mit Terpentin getränkten Abwischpapier ab. Dabei muß Obacht gegeben werden, daß das mit Terpentin getränkte Papier nicht zu naß ist; ferner darf der Stempel beim Abwischen nicht zu fest aufgedrückt werden. In beiden Fällen wischt sich die Farbe, besonders bei flachen Gravuren, aus der Gravierung heraus. Sobald das Abwischpapier voll Farbe ist, reißt man den obersten Bogen herunter. Der Stempel muß so sauber abgewischt sein, daß auch nicht das kleinste Teilchen Farbe auf seiner glatten Fläche bleibt. Ist der Stempel abgewischt, so setzt man die Unterplatte mit dem Stempel in die Presse ein resp. die Einschiebeplatte mit dem Stempel in den Schieber-Oberkopf; nach genauem Anlegen des zu prägenden Papiers wird der nötige Druck gegeben, und die Prägung ist fertig. Hierbei beachte man jedoch: ist der Druck zu fest, so spritzt die Farbe aus, ist der Druck zu leicht, so bleibt sie auf einzelnen Stellen aus.

Die fertig geprägten Bogen usw. legt man zum Trocknen auf eine Pappe, welche handgerecht zur Linken gelegt wird.

Kommt es vor, daß trotz sachgemäßem Zuwerfen und richtiger Farbe weiße Stellen ausbleiben, so liegt der Fehler an der Matrize, und sie muß ausgebessert werden.

Bei Prägungen mit weißer Farbe wird dieselbe auf trockenem Papier abgewischt, also ohne jede Anfeuchtung.

Die Technik des Monogrammprägens besteht in der Hauptsache in den nachstehend beschriebenen Vorgängen, wobei vorausgeschickt sei, daß ausschlaggebend für den Erhalt einer guten Prägung genau wie bei der Reliefprägung auf den großen Balanciers die Beschaffenheit der Matrize ist.

Die vorbereitenden Arbeitsvorgänge bei der Monogrammprägetechnik sind:

Befestigen des Stempels, Herstellen der Matrize, Einfärben des Stempels mit der zu prägenden Farbe, Abwischen der überflüssigen, nicht in die Gravur eingedrungenen Farbe, Einführung des Schiebers mit dem Stempel und der mit entsprechender Kraft auszuführende Druck.

Die im Stempel (Prägeplatte) enthaltene Gravierung (die tiefliegende Zeichnung) wird durch den Druck (Prägung) im umgekehrten Verhältnis also erhaben auf Papier, Karton usw. gebracht. ganz gleich, ob mit oder ohne Verbindung von Farbe.

Man unterscheidet hierbei hauptsächlich sog. Relief- oder Tiefgravuren und solche, die strichartig hergestellt, dem Stahlstich ähnlich sind.

Die Stempel sollen möglichst aus Stahl geschnitten werden, weil sich solche aus Messing oder Rotguß infolge ihrer geringeren Härte weniger gut als Material eignen und außerdem auch helle und empfindliche oder reine Farben getrübt erscheinen lassen. Rotgußstempel werden meist dann geschnitten, wenn es sich um kleine Monogrammstempel handelt, die in der Zeichnung besonders sehr fein ausgearbeitet sein müssen, insbesondere für Farbprägungen, sowie vornehmlich für Blindprägungen oder für die Anfertigung ganz kleiner Mengen, da sie billiger sind als Stahlstempel. Für weniger anspruchsvolle und besonders größere Flächen werden stets Stahlstempel genommen, weil dieselben ihrer Härte wegen größeren Ansprüchen genügen.

Das Auftragen der Farbe auf die Platte bzw. deren Einfärben muß mit einer in ihrer Streichfläche glatten und tadellos abgerundeten Hornspachtel, einem nicht zu weichen, elastischen Borstenpinsel oder einem Schablonenpinsel bzw. einer Zahnbürste erfolgen. Letztere Arten werden am häufigsten benutzt. Die Wahl dieses Gerätes hängt von der Beschaffenheit der Farbe ab. Während mittels einer Spachtel die Farbe in die Vertiefungen gedrängt wird, was für den Ausfall guter Drucke unbedingt nötig ist, muß bei Anwendung eines Pinsels oder einer Bürste die Farbe in die Gravur hineingestrichen werden, damit sie diese gehörig ausfüllt. Bei Rotgußstempeln bleibt die Schärfe der Gravur nicht bestehen, die Flächen werden rund und ergeben scharfe Kanten, die die Schärfe des Druckes zeigt.

Vor allem aber bedingt das Abwischen der Farbe von der glatten Oberfläche des Stempels bis zur völligen Sauberkeit desselben wegen der damit verknüpften schnellen Abnützung ein hartes Metall.

Das Abwischen der Farbe von der Oberfläche des Stempels ist eine sehr wichtige Vorbedingung für das Gelingen der ganzen Arbeit.

Die Entfernung jedweder nicht in die Vertiefungen der Gravur eingedrungenen Farbe ist unbedingt notwendig, um überhaupt eine saubere Arbeit herstellen zu können. Die auf der glatten Fläche der Platte haftende Farbe wird auf Wischpapier abgestrichen, so daß die ebene Fläche der Platte vollständig rein (farblos) erscheint. Vorteilhaft für die Arbeitsweise beim Abstreichen ist es, das Abstreichpapier (Wischpapier) zu einem glatt aufliegenden Block in 8⁰ besser noch 4⁰ Format zusammenzulegen und diesen auf einem Brett zu befestigen, so daß eine weiche Unterlage beim Abwischen für die Platte geschaffen ist. Mehr oder weniger stärkere Lagen sind je nach der Gravur auszuproben, und es wird sich aus der Prägung ergeben, ob man etwas rauheres oder glattes Papier verwenden muß. Feine Gravuren erfordern stets glattes Papier und harte Unterlagen (weniger hoch), schwere Gravuren etwas rauheres Papier und höhere Lagen.

Das Abstreichpapier, möglichst von etwas rauher oder halbsatinierter Beschaffenheit (Affichen oder Seidenpapier), tränkt man oberflächlich mit Terpentin, d. h. wenn man mit Damarlack[1]) angeriebene Farbe verdruckt, wodurch sich die Farbe leichter von der

[1]) Damarlack gibt der Farbe einen schönen Glanz und bewirkt ein hartes Auftrocknen derselben.

Platte ablöst; doch darf man das Papier nur ganz leicht tränken, da sich andernfalls die Farbe in der Gravur verdünnt und aus der Gravur herausgewischt wird.

Unter Beschweren des ganzen Blocks läßt man den Terpentin durch die einzelnen Blätter durchziehen, damit alle gleichmäßig gefeuchtet werden.

Das Anfeuchten des Papiers wird am besten in der Weise vorgenommen, daß man einzelne Lagen des Blocks mit Terpentin leicht besprengt, sie übereinander legt und hernach den ganzen auf diese Weise eingetränkten Block beschwert, damit nach einiger Zeit das Terpentin gleichmäßig durch alle Papierblätter hindurchzieht, das Papier also gänzlich angefeuchtet ist. Das Papier muß klamm durchzogen sein, also nicht so intensiv dünn, daß es feucht ist.

Dieses so zubereitete Papier nimmt nun von dem mit der eingefärbten Seite unter mäßigem Druck von Hand flach darauf hin und her bewegten Stempel die Farbe von der Oberfläche desselben ab und läßt die zartesten Vertiefungen der Gravur des Stempels unberührt.

Das Abstreichen der Farbe von den Stempeln oder Platten erfordert einige Übung. Man zieht die Platte zuerst in gerader Richtung über das Papier, wodurch das Gröbste der Farbe abgenommen wird, setzt die Platte von neuem auf und zieht sie unter Ausführung kurzer Zickzackbewegungen (Schlangenbewegungen) nochmals über das Papier, um sie auf diese Weise gewissermaßen zu polieren und von etwa noch anhaftenden Farbresten gänzlich zu säubern. Zu beachten ist, daß durch unsachgemäßes Abstreichen die Farbe aus der Gravur herausgewischt wird, mehr als die Prägung erfordert. Das Umgehen mit der Platte hat mit großer Sorgfalt zu geschehen, damit sie nicht Kratzstellen oder sonstige Beschädigungen aufweist, denn in diesem Falle würde die Farbe in die geschaffenen Vertiefungen eindringen, und es wäre unmöglich, saubere Drucke zu erhalten.

Wenn ein Papierblatt genügend mit Farbe bedeckt ist, wird es entfernt, um das folgende für den gleichen Zweck zu benutzen. Zum Auswischen der Stempel bedient man sich meist des Inhaltes alter Kopierbücher, deren Inhalt somit einem doppelten Zweck dient und selbst nach der gesetzlich vorgeschriebenen Ruhefrist von zehn Jahren wieder zu neuen, nutzbaren Bestimmungen in der Industrie erweckt wird. Diese Seidenpapierblätter sind ein äußerst ergiebiges Material, da sie für nicht zu große

Stempel eine mehrmalige Benutzung der einen Seite zulassen und selbst noch durch Umschlagen ein Benutzen der Rückseite als nicht ausgeschlossen erscheinen lassen.

Was nun zunächst die Farben anbetrifft, die zur Monogrammprägung Verwendung finden, so sind sie — ebenso wie für den Druck auf den Zylinderpressen des Buchdrucks — ausschlaggebend für die Erzielung guter Resultate. Die Farben müssen brillant auf der Papierfläche stehen. Getrübte, matte Farbenwirkung beeinträchtigt das Aussehen der Prägung ungemein; deshalb muß bei deren Zubereitung große Sorgfalt aufgewendet werden. Um ein schnelles Auftrocknen derselben zu ermöglichen, kann der Farbe auch ein wenig Trockenpulver (Sikkativ) zugesetzt werden. Lackfarben haben den anderen Farben gegenüber den Vorzug, daß sie mit schönem Glanz auftrocknen, deshalb braucht man derartige Arbeiten auch nicht mehr vermittels der Kupferblechfolie nachzuschlagen. Außerdem kommen Wasser-, Gummi- und Honigfarben in Anwendung. Diese sind ebenfalls wirkungsvoll, wenn sie ganz stumpf verarbeitet werden. Zur Herstellung mehrfarbiger Prägungen, bei denen zwei oder mehrere Farben für einen Druck zugleich nebeneinander aufgetragen werden, muß immerhin schon einige Geschicklichkeit des Arbeiters vorausgesetzt werden.

In diesem Falle werden entweder mehrere Farben für einen Druck gleichzeitig aufgetragen, oder aber man erreicht die Mehrfarbenwirkung durch Verwendung einzelner Farbplatten, wobei natürlich durch Nadeln oder Anlegen des die Prägung aufnehmenden Kartons auf ein sehr genaues Passen der verschiedenen Platten besonders geachtet werden muß.

Frische Prägungen überstäubt man sehr häufig mit Gold-, Silber- oder beliebiger Bronze, legt über den von Farbe gesäuberten Stempel eine dünne Kupferfolie, die an den Seiten den Formen des Stempels entsprechend umgebogen wird und gibt auf die vorher vollkommen getrocknete Prägung einen zweiten scharfen Druck.

Wenn es sonst bei Herstellung der Matrizen unbedingt erforderlich ist, das Fleisch dicht um die Zeichnung herum abzustechen, so ist das für das Nachschlagen noch um so mehr ratsam, um einen scharfen Druck und eine vorzüglich scharf wirkende Reliefprägung zu erzielen. Dadurch erhält die Bronze eine Politur, die zu anderen bunten oder stumpfen Farben auf das angenehmste gegenwirkt. Es ist sehr empfehlenswert, beim Nachschlagen die Matrize vorher nachzuarbeiten, um zu erreichen, daß die

Oberfläche der Prägung unbedingt die Gravur im Stempel ausfüllt, damit ein überall gleichmäßiger Druck erzielt wird. Bei solchen Prägungen, die nachgeschlagen werden, muß auf besonders genaues Anlegen gesehen werden, weil sonst beim zweiten Überdruck das Nichtpassen die Ware unbrauchbar machen würde. Wenn der Anfänger eine nicht befriedigende Prägung erzielt, was wohl ausnahmslos bei farbiger oder Bronzeprägung der Fall sein wird, so ist das hauptsächlich darauf zurückzuführen, daß die Beschaffenheit der Matrizen zu wünschen übrig läßt. Dieses kann oft in der Qualität des Herstellungsmaterials liegen, doch nicht selten wird die Ursache des Übels die sein, daß die Farbe zu dünn ist oder daß das Fleisch zu dicht um die Zeichnung herum abgestochen wurde, wodurch die Farbe bei dem Prägen ausspritzt und die Zeichnung verkleckst wird; auch kann die Matrize zu scharf oder gar angeschnitten sein, wodurch sich die gleichen störenden Eigenschaften bemerkbar machen werden. Es soll dringend davor gewarnt werden, bei Farbdrucken sehr feiner Teile — Feinheiten in Blüten usw. — von Anfang an zu starken Druck zu geben, weil die sehr fein gearbeiteten Matrizen leicht breitgedrückt werden und so einen Spiegel um die Prägung herum erzeugen.

Über das Einpassen bei mehrfarbigen Prägungen ist noch einiges nachzutragen. Gut wird es immer sein, wenn man bei breit und grob gravierten Stellen weniger Fleisch, bei Feinheiten mehr Fleisch auf der Matrize stehen läßt. Der Druck muß der jeweiligen Art der Matrize angepaßt werden, damit bei zu starkem Druck das stehengebliebene Fleisch nicht breit gedrückt wird, was einen sogenannten Spiegelglanz um die Prägungen herum erzeugen würde, der das wirkungsvolle Aussehen der Prägungen sehr beeinträchtigt.

Um gutes Passen zu erreichen, ist ähnlich wie beim Reliefprägedruck die Benutzung von blindgeprägten Pausen zu empfehlen. Bei Staubgefäßen in Blüten, die meist in Gold gelegt sind, während der Mittelpunkt farbig ist, empfiehlt es sich, anstatt der vielen Punkte einen feinen Bronze-Ring zu gravieren. Auf diese Weise ist erleichtertes Einpassen möglich und zudem gut passende Prägungen zu erzielen (siehe Skizze).

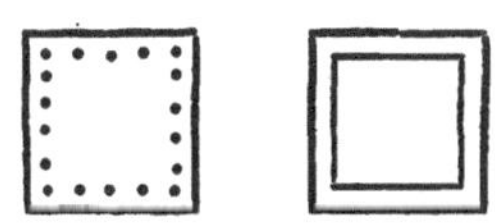

falsche richtige Gravierung.

Es möge hier noch auf die Behandlung der fertigen Prägearbeiten hingewiesen werden. Es ist zweckmäßig, die einzelnen Drucke nebeneinander einzeln auf großen, flachen Brettern oder

Pappen auszulegen, damit sie um so besser und schneller trocknen können, was in der Regel recht rasch der Fall ist. Zuweilen müssen Prägedrucke aber auch je nach der Beschaffenheit der Gravierung des Stempels, sowie der Farbverwendung mindestens zwei bis drei Tage zum Trocknen liegen bleiben, damit die Farbe auf der Oberfläche des Papiers gut auftrocknen kann. Trotzdem wird man aber der Vorsicht halber den Druck beim Zusammenlegen noch mit Makulatur durchschießen, da manche Farben die Eigenschaft haben, nach dem Druck trotz guten Trocknens noch abzuziehen bzw. sich abzulegen.

Um möglichst wenig Raum zu verlieren, werden solche Ablegebretter in Gestellen aufbewahrt, die fächerartig eingeteilt sind. Die Bauart derselben ist die denkbar einfachste. Das ganze Gestell besteht nur aus übereinander angeordneten Leisten mit entsprechenden Zwischenräumen zur Aufnahme der Ablegebretter. Der besseren Raumausnutzung solcher Einrichtungen wegen empfiehlt es sich, die einzelnen Fächer solcher Trockenregale (Hürden genannt) ziemlich eng zu bauen. Niemals aber darf man dabei so weit gehen, daß sich die Prägungen irgendwie berühren, weil sie dadurch beschädigt werden. Das Vorhandensein von festen Gestellen ist nicht durchaus notwendig. Da Prägungen zum natürlichen Trocknen ausgelegt werden müssen, bevor Relief nachgeschlagen werden kann, genügt es auch, wenn an Stelle der festen Form der Ablegebretter diese durch mittelstarke Pappe ersetzt werden. In solchen Fällen braucht nur das Gerippe des Gestells aus Holz zu sein, als Unterlage für die Pappen genügt entsprechend starke, kreuz und quer gespannte Schnur (starker Bindfaden). Auch hier muß jedoch darauf gesehen werden, die zur Lagerung bestimmten Zwischenräume nicht zu eng zu halten.

Eine eigentümliche Methode der Stempeleinfärbung zur Monogrammprägung möge an dieser Stelle Erwähnung finden. Es handelt sich um das sogenannte Farbblatt-Prägeverfahren, das wie nachstehend in der Papier-Zeitung, Berlin, beschrieben wurde.

Das von Johannes Stäcker in Hamburg erfundene Farbblatt-Prägeverfahren unterscheidet sich von dem bisherigen Verfahren nur durch die Art des Einfärbens der Stempel und durch die hierzu verwendete Prägefarbe. Zum Einfärben des Stempels bedient man sich nicht wie früher eines Pinsels oder einer Bürste, sondern eingefärbter Prägeblätter. Zur Herstellung der Prägeblätter nimmt man von der zum Gebrauch fertigen besonderen

Prägefarbe so viel, wie ungefähr für die Druckzahl nötig ist (für 100 Druck eines kleinen Stempels etwa ein Gramm) und verreibt diese Farbe mit einer kleinen Auftragwalze, wie sie in Buchdruckereien gebraucht wird, gleichmäßig auf einer Fläche von etwa 12×12 cm auf eine etwas größere Glasplatte. Dann nimmt man mit derselben Walze von der Glasplatte Farbe ab und rollt sie auf ein Präge- oder Farbblatt zwei- bis dreimal, bis das Prägeblatt gleichmäßig mit einer dünnen Schicht Farbe bedeckt ist. Für die Erzielung einer sauberen Arbeit ist erforderlich, daß die Farbe nicht zu nahe an die Ränder des Prägeblattes gebracht wird, weil sonst bei schneller Arbeit in die Farbe hineingegriffen wird. Der Stempel muß in der Maschine oben, mit der Gravierung nach unten zeigend, befestigt werden und gegen eine scharf prägende Matrize stehen. Man legt nun das Farbblatt, mit der Farbplatte nach oben, zwischen Stempel und Matrize, gibt einen Druck, worauf sich die Gravierung durch Eindrücken des Farbblattes vermittels der Matrize einfärbt, wischt hierauf den Stempel wie früher auf mit Terpentin gefeuchtetem Druckpapier rein und prägt dann. Beim Farbenehmen ist darauf zu achten, daß die Abzüge möglichst dicht nebeneinander zu stehen kommen, damit das Farbblatt gut ausgenutzt wird. Mehrmaliges Farbenehmen von einer Stelle des Farbblattes ergibt mangelhafte Prägung. Je besser die Matrize ausgeschnitten ist, desto leichter ist das Reinwischen des Stempels, weil das Farbblatt nur an denjenigen Stellen Farbe abgibt, wo die Matrize einen Gegendruck verursacht. Es lassen sich in der gleichen Zeit auf einem Balancier, welcher von einer Person bedient wird, je nach Art des Stempels, mit Farbblatt mindestens die doppelte Anzahl Drucke herstellen wie bei dem Einfärben vermittels eines Pinsel oder einer Bürste.

Das Reinigen des Stempels von der überflüssigen Farbe ist bei dem neuen Verfahren spielend leicht, weil nur verschwindend wenig Farbe zu entfernen ist. Der Farbeverbrauch ist sehr gering und trotz bedeutender Beschleunigung der Arbeit werden die Prägungen gleichmäßiger als bisher.

Ein Verfahren, welches häufig in Verbindung mit Monogrammarbeit zur Ausführung kommt, ist der Flächen- oder Tondruck,*) der auch auf demselben Balancier ausgeführt werden kann.

Hier gilt es meistenteils Flächen oder Töne zu erzielen, die eine gewisse Unterstützung für die übrige Zeichnung bieten oder

*) Autor: Richard Mahler, Braunschweig.

als ornamentales Beiwerk gerne zum Schmuck des Gesamtbildes angebracht werden.

Diese Töne werden mit einer Handwalze auf den Stempel aufgetragen (gewalzt), da es darauf ankommt, nur die Oberfläche desselben mit Farbe zu versehen.

Die Farbe darf also in etwa auf der Platte befindliche ausgesparte Stellen nicht eindringen, sondern diese müssen beim Abdruck auf dem Papier als weiße Lichter wirken, gerade umgekehrt also, wie es beim Monogrammdruck der Fall ist.

Für diese Technik finden sowohl Maschinen mit Hand-, als auch mit Dampfbetrieb Verwendung, in der Hauptsache auch auf Buchdruck- und Kniehebelpressen. Die für den Walzendruck benötigte Farbe ist aber mit Firnis statt mit Lack anzureiben, weil Lackfarbe sich nicht zu einer deckenden Fläche verwalzen läßt. Die Farbe wird auf einem kleinen Lithographiestein aufgebracht und mit einer Spachtel solange gründlich verrieben, bis man glaubt, daß die erhaltene Haltbarkeit die gewünschte ist. Dann erst wird die Farbe auf den Druckstempel übertragen.

Nicht allein in der Technik und der Wahl der Farbe liegen die Vorzüge der Monogrammprägetechnik, sondern in dem Zusammenwirken aller dabei in Frage kommenden Umstände.

Durch die Nutzbarmachung des Kolorits, vor allem jedoch der vollendeten Buchdrucktechnik lassen sich hervorragend schöne Wirkungen erzielen. Durch das letztgenannte Verfahren kommt das zeitraubende und kostspielige Einwalzen der Farben mit der Handwalze in Fortfall, um dem bedeutend zweckmäßigeren Aufdruck auf der Maschine zu weichen.

Der Monogrammpräge- oder Lackfarbendruck.

Der Monogrammpräge- oder Lackfarbendruck wird in Buchbindereien, Luxuspapier- und Papierausstattungsfabriken ausgeübt. Es ist dies ein Druckverfahren, das von der üblichen Darstellung der Drucke abweicht, denn es handelt sich dabei um ein Tiefdruckverfahren, bei dem die in der Druckplatte vertieft eingravierte Zeichnung, Schrift oder Ornamente, durch Tampon oder Bürste mit Farbe gefüllt wird. Die auf der glatten Fläche der Platte haftende Farbe muß durch Abstreichen sauber entfernt werden, ehe die in der Vertiefung sitzengebliebene Farbe durch Druck auf das Papier übertragen werden kann. In Buchbindereien und großen Papierhandlungen kommt dieses Druckverfahren z. B. beim Bedrucken von Briefbogen und Briefumschlägen mit Monogrammen, in Kartonnagenfabriken beim Bedrucken eleganter Packungen und in Luxuspapierfabriken beim Druck feiner Karten usw. öfters vor. Es ist eine sachgemäße, auf das zu bedruckende Material Rücksicht nehmende Arbeitsweise notwendig, wenn der Druck gelingen und haltbar sein soll.

In den meisten Fällen dienen zur Herstellung derartiger Drucke die bekannten Balancierpressen, ohne und mit selbsttätigem Farbwerk ausgestattet, die von Hand getrieben ein schnelles und bequemes Arbeiten möglich machen. Es kann mit diesen Pressen ein kurzer mehr oder weniger kräftiger Druck ausgeübt werden und neben den Monogrammprägedrucken können diese kleinen Maschinen auch noch zu Bund- und Weißprägungen dienen. Auch Tiegeldruckpressen, die einen kräftigen Druck gewährleisten, eignen sich infolge ihrer schlagartigen Druckwirkung für den Monogrammprägedruck sehr gut. Voraussetzung ist allerdings noch, daß die Tiegelbewegung beim Druck genau parallel erfolgt, was ja bei den besseren Fabrikaten der Fall ist. Diese Maschinen haben in der Regel ein senkrecht feststehendes Fundament und der Drucktiegel gleitet kurz vor Druck parallel zur Form.

Die meist in Stahl gravierte, für den Monogrammprägedruck dienende Platte wird, wenn keine Einspannvorrichtung vorhanden ist, mittels Fischleim auf den Schieber des Balanciers oder die Einsatzplatte aufgeklebt. Um besseres Zusammenpassen beider Platten zu erreichen, verwendet man ein Stück weiches Papier als Zwischenlage. Auf die Matrizenplatte des Balanciers oder den Tiegel der Presse wir hierauf ein Stück harte Pappe (Preßspan oder Steinpappe), und darüber ein Blatt weicher Karton ebenfalls mit Fischleim aufgeklebt, worauf die Presse mehrmals über Druck laufen muß, um eine der Gravur entsprechende Matrize zu erhalten. Je nach Art der Platte wird es nötig sein, die Druckspannung zu steigern, damit das Relief in Erscheinung tritt. Für leichtere Gravuren wird eine derartige Matrize genügen, um die Farbe aus der Gravur herauszuholen. Enthält die Gravur jedoch dickfleischige, tiefere Partien, so muß die Reliefbildung und im Zusammenhange damit das Heraustreten der Farbe durch eine Matrize unterstützt werden. Dies geschieht dadurch, daß man die um die Prägung liegenden Flächen dicht neben der Gravur herausschneidet, damit die auf der Matrize erhabenen Stellen besser in die Gravur der Platte eindringen können.

Besondere Sorgfalt erfordert die Matrize, wenn es sich um den Druck mehrfarbiger Arbeiten handelt, wie dies bei manchen Monogrammen, vielfach aber bei Luxuskarten der Fall ist. Hier muß die Zurichtung der zweiten und weiteren Farben so bewerkstelligt werden, daß der vorhergehende Druck nicht beschädigt wird. Die Matrize muß in ihrer glatten Fläche durch Ausschneiden so hergestellt werden, daß sie beim Druck auf derjenigen Stelle der Platte ihren Stützpunkt findet, wo der Bogen keinen Druck zeigt. Die Beobachtung vorstehender Punkte ist notwendig, da andernfalls beim Druck die zuerst gedruckten Farben beschädigt werden können.

Da die Farbe in dicker Schicht auf das Papier oder den Druckträger übertragen wird und in dieser dicken Schicht auftrocknen bzw. verharzen muß, so darf zum Anreiben der Farbe Firnis oder Leinöl nicht Verwendung finden. Derartige Farbe würde auch sehr langsam trocknen. Zum Anreiben der Farben und deren schnelles Trocknen hat sich Damarlack vorzüglich bewährt. Es werden Monogrammprägefarben aber auch gebrauchsfähig geliefert, doch kann sich jeder auch die Farben selbst leicht anreiben. Zu diesem Zweck wird eine entsprechende Menge Farbpulver oder Teigfarbe auf einen Lithographiestein getan und diese unter Zugabe einer kleinen Menge Damarlack so lange gerieben, bis die Farbe geschmeidig geworden ist. Um den Farbton nicht zu trüben, verwendet man möglichst klaren Damarlack. Farbkörper und Lack müssen sich aufs innigste verbinden, andererseits sieht die Farbe auf dem Abdrucke scheckig und unvollkommen aus. Wie dick die Farben angerieben werden müssen, richtet sich nach Druckmaterial und Gravur und man wird durch Probieren bald die geeignete Druckstärke ermitteln können. Eine Ausnahme im Anreiben der Farbe mit Rücksicht auf die flüssigen Bestandteile zum Farbpulver macht Weiß. Es enthält keinen Zusatz von Damarlack, sondern von in Wasser aufgelöstem echten Gummi arabicum. Bei diesem Zusatz zeigt weiße Farbe, in entsprechender Haltbarkeit angerieben, eine vollkommene Deckung selbst auf dunklem Material. Auch Bronze darf mit Firnis nicht angerieben werden, sondern man verwendet hierzu starkes Kleisterwasser. Diesem wird eine entsprechende Menge Hochglanzbronze beigefügt, um der Farbe die notwendige Deckkraft und den erforderlichen Glanz zu geben. Kleistermasse trübt den Glanz der Bronze nur sehr wenig, während bei Zusatz von Firnis oder Lack der Glanz der Bronze verloren gehen würde, so daß der Druck ein getrübtes (ersoffenes!) Aussehen zeigt.

Das Auftragen der Farbe in die vertiefte Gravur der Druckplatte erfolgt mit kurzem, mäßig weichem Pinsel oder mit einer Zahnbürste derart, daß man damit tupfend die Farbe in die Vertiefung der Platte drängt.

Die glatte Fläche der Platte wird von der auf ihr haftenden Farbe durch Abstreichen auf Druckpapier (Affichen oder altem Copierbuch-Inhalt u. a.) vollständig blank gemacht. Dabei darf aber die Farbe aus den Vertiefungen der Platte nicht herausgewischt werden, weshalb das Abstreichen der Farbe einige Übung erfordert. Die Platte wird zuerst in gerader Richtung über das Papier gezogen, wodurch das Gröbste der Farbe abgenommen wird; jetzt setzt man die Platte von neuem auf sauberes Papier und zieht sie in Schlangenbewegung über das Papier hin, um sie auf diese Weise zu polieren und gründlich von den Farbenresten zu reinigen. Vorteilhaft ist es, das Abstreichpapier zu einem Block zusammenzulegen und es auf einem Brett durch Schrauben oder Nägel zu befestigen.

Die Drucke selbst müssen sehr scharf dastehen, was schon die Technik bedingt und ein gut gedecktes Aussehen zeigen. Die in den Vertiefungen der Gravur sitzende Farbe muß durch den Druck voll und sauber, sowie recht gleichmäßig deckend herausgehoben und auf das Arbeitsstück übertragen werden. Eine Steigerung seiner Wirksamkeit erfährt der Druck dadurch, daß er etwas hochgeprägt wird und daß der Druck mit starkem Glanz auftrocknet.

Ist der Druck nicht scharf und sauber, so kann dies verschiedene Ursachen haben. Eine zu hohe Matrize etwa derart, wie sie bei der Reliefprägung benötigt wird, kann veranlassen, daß die Farbe ausgequetscht und beim Druck aus der Gravur ausspritzt. Unvollkommene Abnahme der Farbe ist eine Folge zu schwachen Druckes und mangelhafter Zurichtung, d. h. nicht genügend hohen Reliefs, in welchem Falle die Farbe nicht genügend aus den Vertiefungen herausgeholt wird. Auch darf die Farbe nicht zu dünn sein, sondern sie muß eine gewisse Haltbarkeit haben, weil schwache Farbe nur eine geringe Deckkraft besitzt.

Beim Druck von Gold und weißer Farbe wird es während des Druckes zuweilen nötig sein, den Stempel auszuwaschen, da sich nach und nach Gummirückstände und Farbreste in der Platte festsetzen. Der Stempel wird in diesem Falle mit Wasser und Spiritus ausgewaschen, beim Druck von Lackfarben jedoch mit Benzin. Es ist zweckmäßig, die einzelnen Drucke auf Brettern auszulegen, damit sie rasch und fest auftrocknen. Da aber manche Farben die Eigenschaft besitzen, trotz guten Trocknens der Drucke beim Zusammenlegen noch abzuziehen, so wird man gut tun, die Drucke zu durchschießen.

Der Monogrammprägedruck in Gold.

In den Luxuspapierfabriken und den Spezialprägeanstalten wird der Monogrammprägedruck in den verschiedensten Farben und auf Material mannigfachster Art mit gutem Erfolg ausgeübt. Eine wichtige Rolle spielt dabei das Gold, das in recht umfangreicher Weise Anwendung findet und mit Erfahrung verarbeitet werden muß, wenn gute, glanzreiche und haltbare Drucke erzielt werden sollen. Während die zum Monogrammprägedruck dienenden Farben, gleichgiltig, ob schwarz oder bunt, mit Damarlack angerieben werden, besteht beim Druck mit Gold insofern eine Ausnahme, als zum Anreiben des Bronzepulvers stark verdünntes Kleisterwasser genommen wird. Mit diesem wird Hochglanzbronze angerieben, und zwar muß eine geeignete Menge Bronze dem Kleisterwasser beigefügt werden, um der Bronzefarbe gute Deckkraft und den erforderlichen Glanz zu geben. Kleisterwasser trübt den Glanz der Bronze nur sehr wenig, während beim Zusatz von Firnis oder dem üblichen Farblack der Glanz der Bronze verloren geht. Wird die für den Monogrammprägedruck dienende Farbe in der vorbeschriebenen Weise angerieben, so wird man beim Druck auf normale Papiere und Kartonsorten auch gut haltbaren, reichglänzenden Bronzedruck erzielen, insbesondere kommen dabei lackierte Papiere in Frage.

Kommt nun beim Monogrammprägedruck Papier oder sonstiges zu bedruckendes Material mit stark — recht dicht — gebundenen Flächen in Frage, auf welchem die Farbe nicht so einschlagen und festhaften kann, so daß der Druck nach dem Trocknen keinen Halt zeigt, so ist leicht Neigung vorhanden, daß die festgetrocknete Farbe abspringt.

Es bewährt sich dann bei Goldprägungen in der Regel ein Vordruck mit gelber (bei Silberdruck mit blaugrauer), stark mit Damarlack versetzten Farbe und es wird im Anschluß an den Farbdruck dann dieser Druck bronziert. Das Aufstäuben der Farbe muß jedoch mit Vorsicht erfolgen, damit starke Partien des Druckes, auf welchem die Farbe dick aufliegt, nicht ausgewischt werden.

Das Auftragen der Bronze muß durch leichtes Aufstäuben mit einem Wattebausch geschehen, um durch Überwischen die pastös aufliegende Zeichnung nicht zu verwischen.

Lederpapiere, wie überhaupt alle lackierten Papiere haben ebenfalls die oft störend empfundene Eigenschaft, daß der Monogrammprägedruck in Gold in vielen Fällen ungenügenden Halt zeigt. Es kommt dann darauf an, festzustellen, mit welchem Lack derartige Papiere lackiert worden sind. Danach richtet sich die Zusammenstellung der Bronze-Unterdruckfarbe beim Prägen.

Sind die Papiere mit Spirituslack (Etikettenlack) lackiert worden, so muß folgerichtig die Unterdruckfarbe aus einer spirituslöslichen Mischung bestehen, um auf die Lackierung entsprechend einzuwirken und die richtige Verbindung zwischen Farbe und dem Papier als Farbträger herbeizuführen. Sollte indessen ein harziger Terpentinlack zum Lackieren des Materials gebraucht worden sein, so muß die Andruckfarbe aus Damarlack vermischt mit gelber Farbe, wie bereits angegeben wurde, unter der oben beschriebenen Arbeitsweise Verwendung finden. Anderen Druckfarben setzt man ev. etwas Kopallack und venezianischen Terpentin hinzu. Dergestalt ist auch gute Haltbarkeit der Farben auf diesen Papieren zu erzielen. Kommen mit Spirituslack lackierte Papiere in Frage, so kann man dem Kleister oder auch Gummiwasser, das mit der Bronze vermischt wird, einen entsprechenden Zusatz von gutem Spiritus geben. Man kann auch, wenn Kleisterwasser oder Gummi arabicum in entsprechender Haltbarkeit angemacht wurde, damit vordrucken und die Vordrucke hernach bronzieren. Verwendet man Gummi arabicum, so ist der echte arabische Gummi recht dickflüssig aufzulösen, durch einen Lappen zu pressen und nachher soweit mit Spiritus zu verdünnen, daß damit der Vordruck in zufriedenstellender Weise gemacht werden kann. Da der Spiritus aus der Farbe rasch verdunstet, muß der Farbe von Zeit zu Zeit immer wieder eine kleine Menge davon beigefügt werden.

Die mit Hochglanzbronze gefertigten Monogrammprägedrucke zeigen in der Regel zufriedenstellenden Glanz, der indessen, wenn ganz besonders hoher Glanz von bronzenen Monogrammprägedrucken gefordert wird, durch Nachprägen noch gesteigert werden kann. Das Nachprägen, um die Glanzbildung zu erhöhen, kann aber erst dann geschehen, wenn die Drucke vollkommen ausgetrocknet sind. Wird das Nachprägen zu zeitig vorgenommen, so preßt das Bindemittel der Farbe sich durch und die Drucke zeigen mattes, unbefriedigtes Aussehen. Um die Glanzbildung beim Nachschlagen zu unterstützen, breitet man über den Prägestempel eine Staniolfolie, welche die Eigenschaft hat, den Glanz durch das Nachschlagen zu fördern, und zwar so, daß die Folie über den Stempel hinwegragt, so daß die Folie seitlich am Stempel befestigt werden kann.

Sind die Prägedrucke gut ausgetrocknet, so werden sie unter genauer Anlage nochmals nachgeschlagen, indem man den Druck über den mit der Staniolfolie überdeckten Stempel gehen läßt, wodurch die Bronze dann hohen Glanz erhält.

Die Drucke erhalten durch diesen Arbeitsvorgang einen erhöhten Glanz, vorausgesetzt, daß sie gut ausgetrocknet sind.

Dieses gute Austrocknen darf nicht nur im üblichen Sinne verstanden werden, es ist ein scharfes Austrocknen der dicken Farblagen auf dem Druck notwendig.

Enthält die Farbe noch etwas Feuchtigkeit, so schlägt sie beim Druck durch das Gold hindurch, und die Drucke zeigen ein mattes und völlig unbefriedigendes Aussehen.

Es wäre nun noch kurz der imitierte Monogrammprägedruck zu erwähnen, dessen Anwendung sich empfiehlt, wo große Auflagen zu billigem Preis hergestellt werden müssen.

Es empfiehlt sich in solchen Fällen, den Stempel genau in Monogramm-Manier arbeiten zu lassen, dazu genau passend zur Zeichnung der Druckfarbe einen Farbdruckstempel. Mit diesem wird mit Unterdruckfarbe für Gold gedruckt, der Druck mit reichglänzender Bronze bronziert und nach dem Trocknen hochgeprägt. Beide Drucke müssen genau registerhaltig ausgeführt sein und bei gutem Passen wird ein Druck erzielt, der dem echten, kostspieligeren Monogrammprägedruck täuschend ähnlich ist.

Monogrammpressen und ihre Benutzung.

Mit der zunehmenden Wertschätzung des größeren Publikums für künstlerisch ausgeführte Luxuspapierwaren und Luxuskartonnagen kommt bei der allmählich wieder verfeinerten Geschmacksrichtung des Publikums ein Verfahren zu neuen Ehren, nämlich der Monogrammfarbdruck.

Im Gegensatz zu der in der Herstellung von Plakaten, Buchdecken usw. üblichen Weise, wobei der Grund eingefärbt wird und das Relief weiß oder in der Farbe des benutzten Kartons etc. erscheint, hebt sich bei Monogrammfarbdruck das farbige Relief auf weißem Grunde wirkungsvoll ab und gibt den geprägten Gegenständen ein eigenartiges Aussehen, das selbst den verwöhntesten Ansprüchen genügt, sofern der Druck einwandfrei ausgeführt wird.

Ursprünglich nur bei der Ausführung feinerer Privatarbeiten ausgeübt, wie z. B. bei Besuchskarten, Briefbogen und Briefumschlägen, hat der Monogrammfarbdruck heute bereits eine Reihe weiterer Kreise für Massenbedarf erobert und findet in immer ausgedehnterem Maße Verwendung für Geschäftsbriefbogen und Umschläge, Zigaretten- und Schokoladen-Packungen, feine Kartonnagen für Gebrauchsgegenstände usw.

Günstig für seine Ausbreitung sind dem Monogrammfarbdruck seine verhältnismäßig leichte Technik und die verhältnismäßig geringen Mittel für die erforderliche maschinelle Einrichtung. Abgesehen von der Tiegeldruckpresse, deren Anwendung sich für den Monogrammfarbdruck umständlich und zeitraubend gestaltet, kommen dafür nur die Spezial-Monogrammpressen, die sogenannten Schwanenhals- oder Balancier-Pressen in Benutzung. Diese bestehen in der Hauptsache aus der Fundamentplatte, dem gebogenen Hohlgußkörper, einem hierauf horizontal angeordneten Schwungrad oder Balancier und der Druckspindel mit der Einschiebeplatte, dem sogenannten Schlitten. An diesem wird der in Stahl oder Messing gravierte Prägestempel angeklebt, nachdem seine Rückseite des besseren Haftens wegen vorher durch Abbeizen mittels einer verdünnten Salzsäurelösung von allem anhaftenden Öl und Fett befreit und mit einer schwachen Pappe beklebt worden ist. Als Klebemittel kommt Wiener Papp oder Fischleim zur Anwendung. Als Gegenstück für den Prägestempel (die Patrize) dient die sogenannte Matrize, die auf der Matrizenplatte im Fundament der Presse befestigt wird. Von der sachgemäßen Anfertigung der Matrize hängt zum großen Teile der gute Ausfall einer Arbeit ab, weshalb auf ihre Herstellung die größte Sorgfalt verwendet werden muß. Kommen leichte Gravuren mit feinen und flachen Linien zur Benutzung, dann genügt als Matrize ein auf der Matrizenplatte in der Größe der Prägeplatte mittels Wiener Papp oder Fischleim beklebtes Stück harter Pappe mit einem darüber geklebten Stück Kartonpapier. Auf diese Unterlage wird ein scharfer Druck gegeben, indem man das Schwungrad oder den Balancier der Presse kräftig herumschleudert. Dadurch drücken sich die Gravuren des Stempels in den weichen Karton ein und hinterlassen ein getreues, reliefartiges Abbild.

Handelt es sich um tiefe und breite Gravuren, so genügt

diese Art der Matrize nicht, um ein genügendes Relief zu erzielen, sondern man muß auf folgende Weise verfahren. Ein 2—3 mm starkes Stück Preßspan — das beste Hilfsmittel hierzu — in der Größe des Prägestempels wird auf die vorbezeichnete Art auf die Matrizenplatte geklebt und die Konturen der Gravur durch einen kräftigen Druck darauf abgeprägt. Für flache Prägungen nimmt man fein pulverisierte Schlämmkreide, die mit einem Zusatz von Gummi arabicum zu einem dicken, zähen Brei zu verrühren ist und dieser ist in einer gleichmäßigen Schicht auf die geprägte Matrizenpappe aufzutragen. Darüber wird ein Blättchen Seidenpapier gelegt und nachdem der Prägestempel zur Vermeidung des Anklebens mit Öl oder Terpentin bestrichen worden ist, wird die Presse solange unter Druck gehalten, bis die aufgetragene Schlämmkreide trocken und hart geworden ist. Am besten ist es, heiß aufzupressen. Infolge der Druckwirkung hat sich die weiche Schlämmkreidemasse in alle Teile der Gravur hineingedrückt und dadurch ein genaues Positiv der Gravur geschaffen. Nach vollkommender Erhärtung der so gewonnenen Matrize werden alle glatten Stellen rings um die Gravurenkonturen herum sauber 1—2 mm tief herausgeschnitten, so daß die Druckwirkung lediglich die erhaben hervortretenden Gegenlinien der Gravur trifft. Prägen einzelne Partien nicht scharf genug aus, so müssen sie durch Aufkleben von Papier eine entsprechende höhere Lage erhalten. Für sehr tiefe, reliefartige Wirkungen ist diese Methode allerdings nicht anwendbar, an anderer Stelle sind für diesen Fall geeignete Mittel angegeben. Ist es bei einer eiligen Arbeit erwünscht, den Trockenprozeß der Matrize zu unterstützen, so menge man der Schlämmkreidenmischung etwas Leim bei. Ferner empfiehlt es sich, die Matrize mit einem ganz dünnen Gummiplättchen zu überspannen; dadurch wirkt der Druck elastischer und es wird dem störenden glänzenden Ton vorgebeugt, den die glatten Stellen des Prägestempels infolge des Druckes auf dem geprägten Papier hinterlassen.

Die zum Prägen erforderliche Farbe wird in gebrauchsfertigem Zustande von den Farbenfabriken geliefert und darf im Gegensatz zur Buchdruckfarbe keinen Zusatz von Firnis enthalten, da die Drucke sonst zu langsam trocknen würden. Wo gebrauchsfertige Farben nicht zur Hand sind, kann man sie sich dadurch selbst bereiten, daß man ein kleines Quantum trockener Farbe auf einem Lithographiestein unter Zufügung von Damarlack und eventl. einigen Tropfen guten Benzins solange mit einem Verreiber aus Glas oder Porzellan verrührt, bis sich ein Brei von sahnenartiger Konsistenz ergeben hat. Zu beachten ist, daß weiße Farbe (Kremserweiß) keinen Zusatz von gutem weißen Damarlack erhalten darf, da sie stumpf wirken muß, sondern mit in Wasser gelöstem Gummi arabicum angerieben werden muß. Für den Grad der Konsistenz der Farben läßt sich ein einheitlicher Maßstab nicht geben, da die einzelnen Farben in ihrem Verhalten sich sehr verschiedenartig zeigen. Die eine verarbeitet sich besser in dickflüssigem, die andere besser in dünnem Zustande, diese muß stark, jene schwächer aufgetragen werden. In dieser Hinsicht kann demnach nur die Erfahrung allein maßgebend sein, namentlich, da auch die Art der Gravur dabei eine Rolle spielt, indem die eine mehr, die andere weniger Farbe beansprucht.

Sind diese Vorarbeiten beendet, dann kann mit dem eigentlichen Prägen begonnen werden. Dafür ist es notwendig, die sich in Prismaführungen bewegende Einschiebeplatte (den Schlitten) mit dem daran haftenden Prägestempel herauszuziehen, um die Einfärbung des letzteren vorzunehmen. Dies geschieht, indem man die Farbe mit einer weichen Zahn- oder ähnlichen Bürste in die vertieften Stellen der Gravur einstreicht. Da dabei aber auch die glatten nicht gravierten Stellen des Prägestempels Farbe annehmen, der Grund des zu prägenden Papiers usw. aber ungefärbt bleiben soll, so muß die Farbe von diesen Teilen der Gravur wieder abgewischt werden. Zu diesem Zwecke ordnet man sich daher einen Stoß Makulaturpapier auf dem Arbeitstisch an, dessen Blätter sich bequem abreißen lassen müssen und deren obere Lagen schwach mit Terpentin zu tränken sind, um die Farben leichter entfernen zu können. Der eingefärbte Stempel wird nun mit der Gravurseite auf den Papierblock gelegt und unter sanftem Druck von der überflüssigen Farbe befreit, bei kleineren Gravuren wird bereits ein einmaliges Abwischen den gewünschten Zweck erreichen lassen, bei umfangreicheren jedoch muß das Abwischen zweimal geschehen. Ist der Stempel dann trotzdem noch nicht sauber, so ist entweder das Einfärben nicht geschickt genug vorgenommen oder aber die Farbe zu dick aufgetragen worden.

Der Schlitten wird dann wieder eingeschoben, das zu prägende Material durch Anlegen an die vorher richtig einzustellenden Tischanlegewinkel in die passende Lage gebracht und der Druck durch Herumwerfen des Handrades vollzogen, worauf die Druckspindel mit dem Handrad durch zwei seitlich an dem Pressenkörper angeordnete Spiralfedern selbsttätig wieder in die Anfangsstellung hochgezogen wird.

Außer diesen für Handbetrieb eingerichteten Pressen gibt es noch eine andere Bauart, bei der die Druckspindel durch Friktionsantrieb bewegt wird. Hierzu genügt ein leichter Druck auf einen bequem an einer Seite des Tisches angebrachten Handhebel, wodurch der Niedergang der Spindel und ihr Stillstand nach erfolgtem Hochgang selbsttätig bewirkt wird.

Da das Einfärben und Abwischen des Prägestempels einen erheblichen Teil der Gesamtzeitdauer des Arbeitsganges beansprucht, ist man in letzter Zeit dazu übergegangen, Pressen mit selbsttätiger Einfärbe- und Abwischvorrichtung zu bauen, die sich recht gut bewährt haben und eine den gewöhnlichen Handpressen gegenüber erheblich höhere Leistungsfähigkeit ergeben. Der ganze Mechanismus für den Einfärbe- und Wischapparat besteht aus dem Farbkasten mit der Farbabgabewalze, der Bürste zur Aufnahme der Farbe und Verreibung in den Prägestempel sowie der Abwischvorrichtung zum Entfernen der Farbe von den glatten Stellen der Gravur mit der Auf- und Abrollvorrichtung für das Wischpapier.

Im Gegensatz zu den gewöhnlichen Handpressen wird hier der Prägestempel auf den in Prismaführungen sich bewegenden Tisch geklebt, die Matrize dagegen an die Druckspindel. Durch eine Drehung des Handrades oder Preßschwengels fährt der Tisch aus, wobei der mit dem letzteren fest verbundene Farbkasten unter der Farbauftragebürste hindurchgeführt wird und an diese das für eine Prägung erforderliche Quantum Farbe abgibt. Im weiteren Verlauf der Tischbewegung trägt die Bürste die Farbe dann selbsttätig auf den Prägestempel auf. Sobald der Tisch in seiner äußersten Stellung angekommen ist, wird er durch eine entgegengesetzte Bewegung des Handrades in seine Anfangsstellung zurückgeführt, wobei der eingefärbte Stempel den Abwischapparat passiert, der die glatten Flächen der Gravur von der anhaftenden Farbe sauber befreit. Darauf wird der Druck durch eine weitere Umdrehung des Handrades gemacht. Das Abwickeln des reinen Abwischpapiers und das Aufrollen des gebrauchten geschieht ebenfalls selbsttätig im Laufe der Tischbewegung. Die Menge der Papierzuführung kann je nach der Größe des abzuwischenden Prägestempels bequem reguliert werden. Ebenso läßt sich die Abwischvorrichtung so einstellen, daß das Abwischen je nach Bedarf sanft oder kräftiger wirkend erfolgt. Außerdem ist auch die Farbenabgabe für flachere oder tiefere Gravuren einstellbar. Größere Prägestempel läßt man zwei- oder mehreremal die Auftragebürste passieren, bei kleineren genügt eine einmalige Einfärbung. Die Anlage wird wie üblich durch verstellbare Winkel bezeichnet, oder aber man befestigt auf dem hölzernen Anlegetisch einen Bogen Karton, legt die Druckplatte durch Ausschneiden des Kartons an der betreffenden Stelle frei und klebt auf den Karton drei Klötzchen aus Pappe oder Holz als Anlegemarken.

Jede Monogrammpresse erfordert ein kräftiges Untergestell und eine sichere Befestigung darauf, damit jede Veränderung des Standortes der Presse während des Arbeitens ausgeschlossen ist. Die Druckspindel ist durch öfteres Einstreichen mit Fett in die Gewindegänge gut gangbar zu halten, um das Arbeiten zu erleichtern. Öl empfiehlt sich weniger, da durch die Ausübung des Druckes leicht Tropfen davon abgespritzt werden können und Makulatur verursachen. Bei der Auswahl einer Monogrammpresse sehe man hauptsächlich auf das Gewicht, den Durchmesser der Spindel und die Größe der Ausladung, d. h. die Entfernung von der inneren Ausbuchtung des Pressenkörpers bis zur Mitte der Spindel. Von den ersteren beiden Punkten hängt die Stärke der Presse, von dem letzteren die Größe der anzulegenden Formate ab.

Die Monogrammprägepressen mit selbsttätiger Einfärbe- und Wischvorrichtung.

Es ist ein durchaus anfechtbarer Standpunkt, wenn man glaubt, daß durch die Größe der Maschine die Genauigkeit der Arbeitsweise und der Ausfall der Ware ungünstig beeinflußt werden. Das wird nur dann der Fall sein, wenn man es bei der Zurichtung an der notwendigen Aufmerksamkeit fehlen läßt. Von Anfang an müssen wir uns jedoch darüber klar sein, daß die Einrichtung der selbsttätigen Monogrammprägepresse nur dann lohnend sein kann, wenn ständig große Posten zur Aufarbeitung vorhanden sind, damit die Maschine keinen Stillstand hat. Der Monogrammprägedruck auf den Maschinen mit selbsttätiger Wischvorrichtung wird selbstredend nur für jeweils einfarbige Sachen einen praktischen Wert haben. Trotz aller unverkennbaren Vorteile, welche die Benutzung solcher Maschinen bietet, ist doch in vielen Fällen der Gebrauch der Tiegeldruckpresse vorzuziehen, weil sie sich nicht nur zum Prägen, sondern auch zum Drucken, bzw. beide Verrichtungen zugleich bewerkstelligend, verwenden läßt. Bezüglich des Farbverbrauches soll nicht unerwähnt bleiben, daß dieser bei der Tiegeldruckpresse trotz der nochmaligen Einfärbung durch den Walzenapparat ein sparsamerer sein wird, als bei den Einfärbevorrichtungen der selbsttätigen Monogrammprägepressen, wobei wir auch die sehr ergiebig auszunutzende Wischvorrichtung bei den Handbalanciers nicht außer acht lassen wollen. Es kann mehrmals darauf gewischt werden. Bei diesen kann jedes Seidenpapierblatt verschiedene Male immer wieder benutzt und daher vollkommen ausgenützt werden, während bei der selbsttätigen Zuführung und Entfernung des Wischpapiers dieses nur einmal gebraucht werden kann, sobald der Stempel kleiner ist als das Seidenpapierblatt (im Verhältnis zum Stempel), wodurch bei großen Auflagen immerhin ein Mehrerfordernis an Material in Anrechnung zu bringen sein wird. Das Wischpapier muß für diesen Zweck der Zugkraft der mechanischen Zuführung von der Rolle auf der Maschine standhalten, also qualitativ entsprechend widerstandsfähig sein, trotzdem muß es aber von sehr weicher, schmiegsamer Beschaffenheit sein, um die zwar gehärtete polierte Oberfläche der Stahlstempel nicht beim Wischvorgang abzuschleifen und demnach allzusehr anzugreifen.

Die Beschaffenheit des Stempelmaterials muß eine besonders dauerhafte sein (gehärteter Stahl), weil durch die mechanische Wischvorrichtung die Oberfläche (Gravur) eines aus zu weichem Material bestehenden Stempels allzubald abgeschliffen werden würde. In jedem Fall ist die Abnutzung des Stempels eine größere, als bei den allgemein üblichen Monogramm-Prägebalanciers.

Wir kommen nunmehr auf die Verwendung der Maschinen mit selbsttätiger Einfärbe- und Wischvorrichtung zu sprechen, unter denen wir sowohl Hand- als auch Dampfpressen besitzen.

Man unterscheidet von diesen Pressen im allgemeinen solche für reinen Reliefdruck (Blindprägungen) und solche für kombinierten Relief- und Farbdruck. Wie die erstere, so geschieht auch die letztere Druckart in einem Arbeitsgange. Durch den Aufdruck von beliebig vielen Farben mit beliebigen Reliefprägungen kann man Buchumschlägen, Plakaten, Post- oder Geschäftskarten u. dgl. ein künstlerisches Aussehen verleihen. Für die Massenherstellung solcher Arbeiten dienen Kniehebelprägepressen mit automatischer Einfärbung für Kraftbetrieb (D. R. R.). An dem feststehenden Druckknopf der Presse wird die gravierte oder geätzte Platte aus Stahl, Messing oder dergl. befestigt und auf dem selbsttätig aus- und einfahrenden Tisch die aus Pappe oder anderem formbaren Material bestehende Gegenmatrize befestigt. Die Bedienungsperson hat nur nötig, den Karton, die Pappe od. dgl. auf dem Tisch anzulegen, welcher sich zu diesem Zwecke in seiner Außenstellung eine entsprechende Zeit in Ruhelage befindet. Das Einfärben der Prägeplatte, sowie alle anderen Bewegungen der Presse geschehen automatisch; auch für Autotypiedrucke sind sie geeignet. Durch einige Handgriffe kann das automatische Farbwerk abgestellt werden, so daß sich die Maschine für Blinddrucke, Vergoldungen (Aufpressen von Blattgold), zum Stanzen usw. mit Vorteil verwenden läßt.

Außer den eben beschriebenen Pressen, bei denen das Relief immer in der Farbe des Prägematerials (Karton usw.) erscheint, und der Grund farbig gedruckt wird, gibt es noch Reliefdruckpressen (sog. Monogrammpressen) mit automatischer Einfärbung, mit der man, wie schon der Name andeutet, das Relief prägt und gleichzeitig färbt. Bisher mußte die gravierte Platte nach jedem Druck aus der Maschine herausgenommen werden, um das Einfärben mittels einer Bürste oder eines Pinsels vorzunehmen. Auf diese Weise wird sowohl die vertiefte Prägung, als auch der Grund mit Farbe bestrichen. Der Grund soll aber farblos bleiben. Die Platte wird deshalb über Wischpapier gezogen, so daß nur die vertiefte Gravur die Farbe behält, und dann wieder in die Maschine eingeschoben. Es erfolgt hierauf der Druck, wobei ebenfalls eine Pappenmatrize als Gegenform dient. Die Leistungsfähigkeit solcher Pressen ist wegen der verschiedenen mit der Hand vorzunehmenden Handgriffe eine beschränkte. Die eben erwähnte Monogrammpresse besorgt sowohl das Einfärben der Platte, als auch das Abwischen automatisch. Der Druck erfolgt mittels Spindel und Schlagrad von Hand. Die Leistungsfähigkeit dieser Pressen ist daher um ein bedeutendes gesteigert. Sie haben nur kleine Druckfläche und sind hauptsächlich für Papiermedaillons, Monogramme und kleine Inschriften in Reliefdruck auf Briefbogen, Kuverts, Karten, Passepartouts usw. bestimmt.

Außer diesen kleinen Handpressen wird in neuerer Zeit eine große Reliefdruck- und Prägepresse für Kraftbetrieb für Flächen in der Größe von 10×15 cm gebaut.

* * *

Wir haben ferner noch ein englisches Fabrikat aus der Vorkriegszeit zu erwähnen, ein Erzeugnis der Firma Joseph Richmond & Co. in Strackport, derem deutschen Generalvertreter wir es verdanken, hier eine genaue Anleitung zur Bedienung dieser Maschine folgen lassen zu können.

Nachdem die Maschine ausgepackt ist, sind die Bobinen, auf denen sich das Rollenpapier befindet, auf ihren Platz auf den Zapfen zu befestigen und mit Sprungbolzen davor zu sichern. (Die Bobinen sind der Sicherheit wegen auf dem Transporte heruntergenommen worden.) Danach ist die Spindel mit dem Handschwengel in die Presse einzusetzen. Am Ende der Spindel ist ein Zeichen eingraviert, das gleiche Zeichen befindet sich auf dem Gußstück am Kopfe der Presse und es ist darauf zu achten, daß beim Einsetzen der Spindel beide Zeichen genau aufeinander stehen. Darauf ist die Spindel herunterzudrehen und die Antriebstange (Fig. a) einzusetzen.

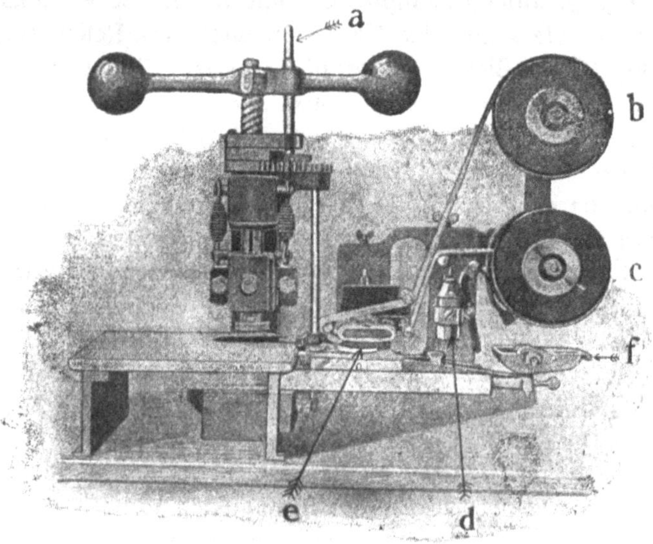

Fig. 16. Monogramm-Prägebalancier mit selbsttätiger Einfärbe- und Wischvorrichtung, erbaut von Joseph Richmond & Co., Strackport (England).

Nun ist das Papier von der oberen Rolle (Fig. b), so wie auf der Illustration zu ersehen, über die Holzrollen zu führen und das vordere Ende des Papiers auf der unteren Rolle (Fig. c) festzukleben, so daß die Papierbahn auf der unteren Rolle aufläuft, sobald diese mit der Hand oder durch den Gang der Maschine angedreht wird. Näheres über die Regulierung der Wischpapierzufuhr ergibt ein der Maschine beigelegtes Etikett.

Sobald vorstehende Anleitung befolgt ist, ist die Maschine betriebsfertig. Wird nun der Schwengel bzw. die Spindel in ihrer ganzen Länge heruntergedreht, so geht die Prägeplatte einwärts, kommt unter die Farbbürste (Fig. d) und das Wischkissen (Fig. e) bis unter den Prägestock bzw. Matrize, wo sie durch die Sperrvorrichtung für die Dauer der Prägung festgehalten wird.

Wird der Schwengel in entgegengesetzter Weise gedreht, so geht der Prägestock nach oben, die Prägeplatte wandert nach auswärts unter das Wischkissen und die Farbbürste, von wo sie neue Farbe empfängt. Nach jedem Prägeprozeß tritt die Farbbürste in Verbindung mit der Farbbüchse (Fig. f), welche dadurch immer wieder genügend Farbe abgibt. Die Hin- und Herbewegung der Prägeplatte auf dem Schlitten setzt durch den Hebel und Sperrhaken die Papierrolle dergestalt in Bewegung, daß das Wischkissen zur rechten Zeit mit einem reinen bzw. unbenutzten Stück des Wischpapiers bedeckt ist.

Das Wischkissen soll so eingestellt sein, daß es auf die Prägeplatte gerade fest aufdrückt, sobald diese darunter hinweggeht, und die Farbbürste so, daß sie die Prägeplatte mit Farbe bedeckt und die Gravierung derselben damit füllt. Beides, Wischkissen und Bürste, kann höher oder tiefer gestellt werden vermittels der Flügelschrauben, die bei großen Maschinen unter dem Schlitten, bei den kleinen Pressen oben an dem Verbindungsstück zu diesem Zwecke angebracht sind. Will man sich dieser Schrauben bedienen, so achte man darauf, daß die Mutterschrauben hinter dem Wischkissen- und dem Farbbürstenhalter lose sind und ziehe diese wieder an, sobald Kissen und Bürste eingestellt sind. Der Farbbehälter muß natürlich auch dementsprechend höher oder tiefer gestellt werden, und zwar soll er immer ungefähr halb voll Farbe gehalten werden.

Etwas Sorgfalt erfordert die Spannung der Papierrollen, damit das Papier nicht zu lose läuft; wenn es zu fest ist, kann es leicht reißen (in diesem Falle können die beiden Enden mit Klebstoff zusammengeklebt werden). Die Spannung soll gerade so sein, daß das Papier straff gehalten wird. Beim Einsetzen der Prägeplatte ist der Handschwengel so weit herunterzudrehen, bis der Halter für die Prägeplatte unter dem Prägestock ist, dann ist die Treibstange auszuschalten, und nun gleicht die Handhabung in allen Teilen der einer gewöhnlichen Prägepresse.

Beim Arbeiten mit der Maschine hat der Arbeiter der Maschine zugewendet und etwas rechts seitwärts von dem Prägestock zu stehen, er bedient den Handschwengel mit der rechten Hand (nicht mit beiden Händen) und legt mit der linken Hand das zu prägende Papier an. Die Maschine erweist sich nach kurzer Zeit der

Übung als ebenso einfach zu behandeln wie eine gewöhnliche Prägepresse.

Das Farbpulver ist sorgfältig mit dem entsprechenden Quantum Firnis zu mischen, und zwar so, daß die Farbe gerade fließt. Am besten erzielt man dieses, indem man die entsprechenden Men-

Fig. 17. Maschine für Kraftbetrieb mit selbsttätiger Einfärbung und Wischvorrichtung. Erbaut von Richmond & Co., Strackport (England).

gen Farbe und Firnis mit der Farbspachtel auf einer Platte oder einem Stück Lithographiestein sorgfältig durcheinanderarbeitet.

Die kleinen Pressen sind eingerichtet für Platten von $1/2$ englischen Zoll Dicke, die großen für $5/8$ englische Zoll. Die Prägeplatten dürfen keinesfalls dicker sein, dagegen können Platten, die diese Dicke nicht haben, durch Unterlegen auf die Dicke gebracht werden. Unterlegplatten werden auf Wunsch gratis mitgeliefert. Von Wichtigkeit ist, daß die Prägeplatten an den Ecken und Kanten abgerundet werden, damit das Wischpapier möglichst geschont wird.

Es ist zu vermeiden, daß die Maschine stehen gelassen wird, wenn die Prägeplatte unter dem Wischkissen steht.

Nach beendeter Arbeit sind die arbeitenden Teile der Maschine von Farbe zu reinigen.

Die Pressen mit Kraftbetrieb (Fig. 17) arbeiten nach demselben Prinzip wie die Handpressen, nur ist Stundenleistung, Regulierbarkeit und Prägekraft größer. Die Handpressen erfordern eine männliche Arbeitskraft, d. h. einen kräftigen Burschen, für die Kraftpressen dagegen sind weibliche Arbeitskräfte geeignet. Darin liegt ein weiterer Vorzug dieser großen Maschinen gegenüber den Handpressen. Im übrigen ist noch zu erwähnen, daß die Pressen mit Kraftbetrieb mit Friktionskuppelung und konischer Riemenscheibe, letztere zur Regulierung der Tourenzahl, geliefert werden, die das Vielfache von dem darstellen, was am Balancier zwei Personen zu leisten vermögen. Für die Handpressen soll jedoch über einen dicken Elfenbeinkarton mit dem Material nicht hinausgegangen werden. Die großen Maschinen verarbeiten dagegen Material bis zu der Dicke eines Photographiekartons.

Es wird auffallen, daß für die kleinste Maschine die Grenze bereits bei $^{70}/_{38}$ mm ist. Das ist jedoch wichtig, denn erstens ist die Regulierung der Niederschlagskraft durch den zur Verwendung kommenden Stempel leichter auszupassen, und dann läßt sich nur dadurch wirklich vorteilhaft arbeiten, wenn die kleinen Maschinen nicht mehr Farbe und Wischpapier verbrauchen, als die für Monogrammprägezwecke gearbeiteten kleinen Stempel erfordern.

Der Monogrammprägedruck in Buchdruckereien.

Die Herstellung von Monogrammprägungen ist eine Arbeit, die in den Druckereien noch verhältnismäßig selten ausgeübt wird, obgleich man die hierzu erforderlichen Maschinen meist zur Hand hat. Durch den Monogrammprägedruck ist für die Akzidenzausstattung die Möglichkeit geschaffen, besonders wirkungsvolle Drucksachen herzustellen.

Für jede Druckerei ist es wichtig zu wissen, daß sich zur Herstellung von Monogrammprägedrucken auch stark gebaute Tiegeldruckpressen infolge ihrer schlagartigen Druckwirkung vorzüglich eignen, zu welchem Zwecke sie schon seit Jahren, wenn auch nur vereinzelt, benutzt werden, vorausgesetzt, daß die Tiegelbewegung beim Druck genau parallel erfolgt, was bei allen nach dem Gallysystem gebauten Tiegeldruckpressen der Fall ist. Handelt es sich hierbei um eine Maschine mit senkrecht feststehendem Fundament, so ist das Herausnehmen der Form zwecks Einführung und Säuberung der Druckplatte ein Übelstand, der jedoch durch eine entsprechende Einrichtung leicht beseitigt werden kann, so daß das Einfärben usw. der Platte nicht mehr Mühe verursacht als an den Spezialmaschinen. Diese Einrichtung (Fig. 18) besteht aus zwei übereinanderliegenden Platten a und b, deren obere b in die unter a eingesetzt ist und durch einen Schieber in ihrer Lage gehalten wird. Auf der leicht herausnehmbaren Oberplatte ist die Stahlstichplatte befestigt. Diese Doppelplatte wird in den Schließrahmen geschlossen, in die Maschine eingehoben und zum Zweck

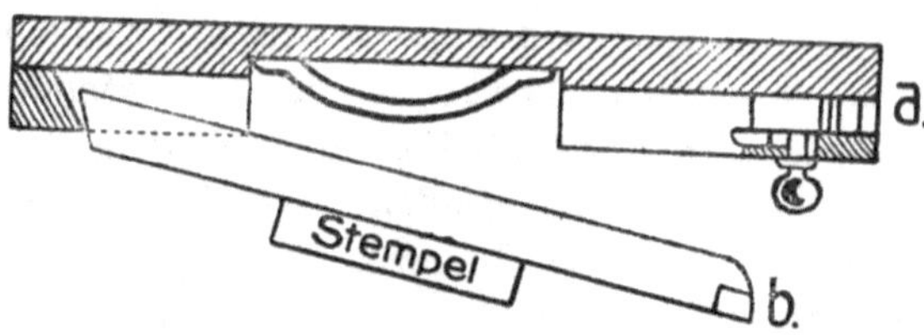

Fig. 18.

des Einfärbens der obere Teil mit der auf ihm befestigten Stahlstichplatte jedesmal herausgenommen. Da dieser Teil, nach Art der Schließrahmen in der Tiegeldruckpresse, in der fest geschlossenen Grundplatte unten aufsitzend gelagert ist, durch einen federnd angeordneten Schieber in dieser Lage gehalten wird und außerdem bei dem jedesmaligen Lösen des Schiebers durch eine zwischen beiden Platten angeordnete Feder von der Grundplatte abgedrückt wird, so bietet das Herausnehmen keine Schwierigkeiten, während andererseits die eingefärbte Platte beim Einsetzen immer wieder in genau dieselbe Stellung kommen muß.

Nachstehend sei auf die Arbeitsweise beim Monogrammprägedruck selbst näher eingegangen. Wenn keine besondere Einspannvorrichtung vorhanden ist, so erfolgt das Befestigen der Platte, die meist in Stahl graviert ist, durch Aufkleben auf die Einsatzplatte. Diese wird von anhaftendem Fett mittels Benzin oder verdünnter Salzsäure gründlich gesäubert, worauf die Platte mit Fischleim bestrichen und aufgeklebt wird, wobei ein Stück rauhes Papier, des besseren Zusammenhaltens wegen, als Zwischenlage dient. Dann wird auf den Tiegel ein Stück harte Pappe (Preßspan) und darüber ein Blatt weicher Karton ebenfalls mit Fischleim aufgeklebt, und man kann die Presse jetzt mehrmals über Druck laufen lassen, um eine der Gravur entsprechende Matrize zu erhalten. Dabei wird es sich je nach Art der Platte und um die Reliefbildung zu unterstützen nötig sein, die Druckspannung zu steigern. Die Drucke müssen sehr scharf sein. Besteht die Gravur nur aus feinen und weniger tiefen Linien, so wird die durch den Druck allein gewonnene Matrize genügen, um einen sauberen Druck zu erhalten, d. h. die gewonnenen Erhöhungen in der Matrize werden genügen, um die Farbe aus den Vertiefungen der Platte voll und sauber herauszuholen und zu übertragen. Anders ist es jedoch, wenn es sich um dickstrichige, tiefere Partien handelt. In diesem Falle muß die Reliefbildung der Matrize etwas unterstützt werden, was dadurch geschieht, daß man die um die Prägung liegenden Flächen dicht neben der Gravur herausschneidet, die blanke Fläche der Platte in der Matrize also etwas vertieft, damit das Relief genügend in die Gravur eindringen kann. In geeigneten Fällen kann man die Matrize auch durch Auflegen der betreffenden Partien erzielen. Besonders sorgfältig ist die Zurichtung dann anzufertigen, wenn der Monogrammprägedruck in mehreren Farben ausgeführt wird. Die Zurichtung muß dann derart sein, daß der spätere Druck von den bereits gedruckten Partien abgehalten wird, damit der zuerst hergestellte Druck keine Beschädigung erfährt. Die Matrize muß in ihrer glatten Fläche so ausgeschnitten werden, daß sie dort ihren Stützpunkt findet, wo der Bogen keinerlei Druck zeigt.

Ist die Zurichtung erfolgt, so kann man sich durch Probedrucke von ihrer guten Wirksamkeit überzeugen. Der Druck muß ein völlig gleichmäßiger sein. Die zum Druck dienende Farbe weicht von der Buchdruckfarbe insofern ab, als ihr kein Firnis oder Leinöl beigemengt werden darf. Da die Farbe pastös auf dem Papier liegt, so würde Firnisfarbe nur sehr langsam trocknen. Der Umstände halber muß jedoch auf möglichst schnelles Verharzen der Farbe Bedacht genommen werden; es hat sich zu diesem Zwecke als Zusatz zu dem Farbpigment Damarlack vorzüglich bewährt. Man erhält die Monogrammprägefarbe auch in gebrauchsfähigem Zustand geliefert, kann sie sich jedoch auch selbst herstellen. Zu diesem Zweck schüttet man ein entsprechendes Quantum Farbpulver auf einen Lithographiestein und verreibt dieses unter Zugießen von klarem, hellem Damarlack, um den Farbton nicht zu trüben, bis die Farbe vollständig sich aufgelöst, mit dem flüssigen Bestandteil sich innig verbunden und tadellos geschmeidig geworden ist. Die Frage, wie dick bzw. in welcher Konsistenz die Farben angerieben werden müssen, läßt sich nicht als für alle Fälle maßgebend beantworten. Man muß sich nach dem Druckmaterial, der Tiefe der Gravur und anderen Umständen richten und die jeweils erforderliche Konsistenz durch Probieren feststellen. Weiße Farbe erhält keinen Zusatz von Damarlack, sondern von in Wasser aufgelöstem Gummi arabicum. Nur bei diesem Zusatz wird weiße Farbe tadellos decken. Handelt es sich um den direkten Druck von Bronze, so rührt man das entsprechende Quantum Bronzepulver mit ganz verdünntem Kleister an. Nur hierdurch wird der Bronze der Glanz gewahrt, bzw. nur ganz gering vermindert, was nicht der Fall ist, wenn man das Pulver mit Lack anreibt.

In vielen Fällen wird der Bronzedruck hoch geprägt oder auf seiner Fläche teilweise beprägt. Es muß der Bronzedruck dann große Haltbarkeit zeigen, weil die Prägeplatte bei dem starken Druck reibend auf die bronzierte Fläche wirkt, wodurch die Bronze teilweise weggescheuert werden kann. Die hochgeprägten, der Bronce beraubten Partien zeigen dann mißfarbenes Aussehen, welches die Güte der betreffenden Arbeit stark herabmindert. Um ganz besonders hohe Haltbarkeit der Bronze auf dem Papier herbeizuführen, stellt man die Unterdruckfarbe wie folgt zusammen: 3 Teile Gelb, 1 Teil Braun, und etwa 1—2 Teile eines Farbenzusatzmittels, wie sie zum Geschmeidigmachen der Farbe dienen, werden innig zusammengemischt. Diesem Gemisch wird wegen des festen Auftrocknens ein Teil Kopallack und ein viertel Teil Sikkativ hinzugefügt. Weiter stellt man sich eine Mischung, bestehend aus 50 g feingeschabten Wachses, 200 g venezianischen Terpentins und 100 g Kanadabalsam her; an Stelle des Kanadabalsams kann auch der wohlfeilere Kopallack Verwendung finden. Vor der Mischung wird dem vorbeschriebenen Farbengemisch 1 Teil hinzugefügt. Der Druck mit dieser Farbe bewirkt so gute Haltbarkeit der Bronze auf dem Papier oder Karton, daß der Bronzedruck der schärfsten Prägung standhält. Notwendig ist es allerdings, daß Bronzedrucke, die später hochgeprägt werden, vor dem Hochprägen gut austrocknen, was bei gestrichenen Papieren in der Regel etwas schneller erfolgt als bei den ungestrichenen Sorten. Wird der Prägedruck zu schnell nach dem Bronzieren vorgenommen, so kann es vorkommen, daß durch den scharfen Druck die Unterdruckfarbe noch Feuchtigkeit abgibt, wodurch der Glanz der Bronze wesentlich getrübt wird.

Was den Ausfall der Drucke selbst anbelangt, so müssen sich diese tadellos gedeckt und gleichmäßig gefärbt zeigen. Sie dürfen nicht scheckig aussehen, sondern die Farbe muß überall gleichmäßig und tadellos deckend aufliegen. Manche Drucke zeigen unvollkommen abgegebene Farbe, welchem Übelstand verschiedene Ursachen zugrunde liegen können. So darf man keine derart hohe Matrize machen, wie sie z. B. bei der Reliefprägung benötigt wird, in welchem Falle der Druck unvollkommen aussieht, ja die Farbe unter Umständen ausspritzt, was auch bei zu starkem Druck der Fall ist. Unvollkommene Abnahme der Farbe tritt bei zu schwachem Druck bzw. mangelhafter Zurichtung ein, so daß die Farbe nicht genügend aus den Vertiefungen herausgeholt wird. Auch die Farbe selbst darf in ihrer Konsistenz nicht zu schwach sein, was ebenfalls eine mangelhafte Abnahme und Deckung zur Folge haben würde.

Während des Druckens wird es zeitweilig nötig sein, den Stempel auszuwaschen, ganz besonders dann, wenn man Gold- bzw. weiße Farbe druckt. Nach und nach setzen sich nämlich Gummirückstände in der Platte fest, welche die Veranlassung zu unvollkommenen Drucken sind. Der Stempel wird bei Verwendung von Lackfarbe mit Benzin, bei weißer und Goldfarbe mit Wasser oder Spiritus ausgewaschen. Es ist zweckmäßig, die einzelnen Drucke auf Bretter auszulegen, damit sie um so besser und schneller trocknen können, was in der Regel der Fall ist. Trotzdem wird man aber der Vorsicht halber den Druck beim Zusammenlegen noch mit Makulatur durchschießen, da manche Farben die Eigenschaft haben, auch nach dem Druck noch abzuziehen bzw. sich abzulegen.

Es sei noch darauf hingewiesen, daß man einen nach dem vorbeschriebenen Verfahren ähnlichen Druck erzielt, wenn man die Schrift in gewöhnlicher Weise vordruckt und sie darauf mit genau passend gravierter Platte hochprägt. Dies Verfahren dürfte sich für die Herstellung recht hoher Auflagen empfehlen.

Die Praxis des Prägedruckes in Buchdruckereien.

Der Prägedruck, der eigentlich nicht zu den Drucktechniken des Buchdruckes gehört, kann als Druckverfahren bezeichnet werden, das im Laufe der Jahre zu einer gewissen Stetigkeit der Ausübung in den Druckereien gelangte. Wenn die Anwendung des

Prägedruckes auch als verhältnismäßig vereinzelt bezeichnet werden muß, so kann doch behauptet werden, daß alle Anstalten, die der Herstellung besserer Druckerzeugnisse ihre Aufmerksamkeit zuwenden, mit dem Prägedruck als Verzierungstechnik rechnen müssen, und deshalb ist es von Vorteil, in der Herstellung scharfer, wirkungsvoller Prägedrucke die notwendigen Kenntnisse zu besitzen.

Wir werden in diesem Abschnitt eine Zusammenstellung aller wichtigen Erfordernisse kennen lernen, die zu kennen notwendig ist, um beim Prägedruck ein gutes Ergebnis zu erzielen. Daß wir bei der Herstellung von Prägedrucksachen mit um vielfach höherer Druckkraft der Presse rechnen müssen und weiter eine scharfe, gut ausgearbeitete Matrize herzustellen haben, ist bekannt.

Während in den Buchbindereien Prägedrucke meist auf Kniehebelpressen ausgeführt werden, wird in den Betrieben der Luxuspapier-, Kartonnagen- und einschlägigen Fabriken der Papierverarbeitung und insbesondere in Buchdruckereien vielfach die Tiegeldruckpresse für die Herstellung von Prägungen angewandt, die auch für die Herstellung von Farbdruckarbeiten bei gleichzeitigem Prägen und Drucken geeignet ist.

Der Prägedruck ist eine Veredelung der typographischen Verzierungstechnik geworden, der heute bei der wirkungsvollen Herstellung vieler Drucksachen Anwendung findet.

Für den Prägedruck in Buchdruckereien kommen hauptsächlich die starkgebauten Tiegeldruckpressen mit feststehendem Fundament und genau parallel zu diesem gleitender Tiegelbewegung in Betracht, da sie allein die nötige Widerstandsfähigkeit besitzen.

Wenn es sich um den Prägedruck in Buchdruckereien handelt, so stellen sich befähigte Setzer und Drucker zuweilen die zum Prägen dienenden Platten aus Karton, Zelluloid und Blei selbst her. Solche Platten können freilich nur ganz bescheidenen Ansprüchen genügen, da es sich hier nur um ein Hochheben einzelner Zeilen usw. handeln kann. Von einer Prägung, die wirkungsvoll sein soll, muß verlangt werden, daß jede Feinheit, jede Einzelheit der Zeichnung in entsprechender Weise in Erscheinung tritt und daß das Relief nicht nur aus hochgequetschtem Papier besteht.

Am häufigsten in den Druckereien sind hochgeprägte Farben- und Bronzedrucke, und es ist dann notwendig, daß eine zum Vordruck genau passende Prägeplatte angefertigt wird, zu deren Herstellung am zweckmäßigsten die Vorlage durch Umdruck auf das Metall geschaffen wird.

Ganz abgesehen von den Schwierigkeiten des Gravierens sind die aus Blei oder Zelluloid hergestellten Prägeplatten für Prägezwecke vollständig unzulänglich; sie sind zu weich und bieten nicht genügend Widerstand. Während z. B. Tonplatten beim Farb-Flachdruck nur einen gleichmäßigen Druck auf die ganze Fläche auszuhalten haben, müssen Prägeplatten, besonders wenn mit ihnen Farbdruck verbunden ist, nicht nur einen Flächendruck aushalten, sondern sie müssen zudem auch seitlichen Widerstand leisten, denn in die Vertiefung der Gravur mit ihren mehr oder weniger großen Seitenflächen preßt sich die äußerst harte Matrize gewissermaßen als Kern ein. Dabei liegt zwischen der Matrize und der Prägeplatte noch der Karton, und während dieser in die Platte hineingepreßt wird, erfolgt zugleich ein nach den Seiten hin wirkender Druck, der an die Haltbarkeit der Platte sehr hohe Ansprüche stellt. Eine Platte aus Blei oder Zelluloid muß diesem Druck aber nachgeben, das Relief verbreitert sich, ja die Platte zerspringt.

Für scharfe und widerstandsfähige Prägungen können daher nur in Stahl oder Rotguß gravierte Prägeplatten in Betracht kommen, welche den stärksten Pressungen dauernd Widerstand bieten.

Für den Prägedruck auf Tiegeldruckpressen eignen sich, wie bereits gesagt, vornehmlich die schwereren modernen Maschinen. Trotzdem sich auch auf den kleineren Pressen leichtere bzw. kleinere Prägungen ausführen lassen, kommt es öfters vor, daß diesen Maschinen mehr zugemutet wird als es sein sollte, so daß dieselben Schaden leiden. Ganz besonders eignen sich die mit Heizvorrichtung ausgestatteten schweren Tiegeldruckpressen zu Prägezwecken aller Art und werden auch seit einiger Zeit ganz besonders bevorzugt, da sie neben der Herstellung aller leichten und schweren Prägearbeiten auch zur Anfertigung einfacher, sowie feinster und schwierigster Drucksachen benutzt werden können. Zudem wirkt eine heißgeprägte Arbeit auch schöner und ist haltbarer.

Für die Schonung der Maschine ist das Schließen bzw. das Einstellen der Prägeform oder Prägeplatte in die Maschine von großer Wichtigkeit. Es muß so geschehen, daß der Druck genau auf die Mitte des Drucktiegels erfolgt. Dies ist um so notwendiger, als beim Prägedruck meist ein etwas höherer Kraftaufwand erforderlich ist, als beim Druck von Schriftformen, demzufolge auch einzelne Mechanismen der Maschine stärker beansprucht werden. Ist die Platte in den Schließrahmen geschlossen, so daß der Druck ein einseitiger ist, werden die Führungen des Tiegels oder Grundgestells derart schädlich angestrengt, daß Brüche an diesen Teilen eintreten können. Es sei hier auch noch besonders darauf aufmerksam gemacht, daß bei vielen Tiegeldruckpressen der Mittelpunkt des Schließrahmens und Drucktiegels nicht genau einander gegenüberliegen, sondern daß oft die Form im Rahmen entweder etwas höher oder tiefer geschlossen werden muß, wenn der Druck auf die Mitte des Drucktiegels erfolgen soll. Ein fehlerhaftes Schließen der Form kann auch Veranlassung geben, daß der Druck schiebend auf die Matrize wirkt, und diese tatsächlich nach einigen hundert Drucken verschoben wird. In diesem Falle erscheinen die Reliefs nach kurzem Arbeiten einseitig ausgeprägt, sodann treffen die Reliefs der Matrize auf die Kanten der Gravur und schneiden bzw. quetschen den Karton durch. Auch die Art der Gravur ist für das Schließen der Form maßgebend. Oft ist diese derart gestaltet, daß an einer Seite der Platte alle schweren Reliefs sich befinden, während die andere Seite nur leichtere Reliefs zeigt. Würde eine derartige Platte so geschlossen werden, daß die Druckfläche räumlich genau zur Mitte des Drucktiegels steht, so würde der Druck hier ein einseitiger sein. Die leichteren Reliefs erfordern selbstverständlich nicht den gleichen hohen Druck wie die schweren, weshalb die Platte so geschlossen werden muß, daß sich das Maß des erforderlichen Druckes von der Mitte des Drucktiegels entsprechend nach allen Seiten hin gleichmäßig verteilt. Der Plattenumfang wird bei solchen Platten also manchmal außerhalb der Mitte der Druckfläche zu liegen kommen.

Es ist das beste, die Prägeplatte sofort auf Schrifthöhe anfertigen resp. auf Schrifthöhe montieren zu lassen, denn eine solche Platte kann ohne weiteres wie Schriftsatz in den Schließrahmen geschlossen werden. Sind die Prägeplatten jedoch niedriger, so müssen sie auf einen Fundamenteinsatz oder eine Plattenunterlage, die ebenfalls aus Eisen besteht, aufgeklebt oder, wie eine Stereotypplatte, auf ein entsprechend dickes Fundament aufgespannt werden, was umständlicher ist. Das Aufkleben der Platte geschieht derart, daß man in Größe der Prägeplatte ein Stück dünne Pappe schneidet und diese Pappe mittels guten Klebstoffs (Fischleim) auf die Rückseite der Prägeplatte (Einsatzplatte) klebt. Hierauf wird die obere Seite der aufgeklebten Pappe bestrichen, das Ganze auf die Eisenunterlage entsprechend aufgelegt und mit einem schweren Gegenstand so lange beschwert, bis die Platte vollständig angetrocknet ist.

Man klebt schon längere Zeit vor dem Einheben der Form auf dem Tiegel der Presse in Gegenüberstellung der Prägeplatte ein Stück dünnes Schrenzpapier oder Lederpappe und läßt die Presse über Druck gehen, damit sich die Konturen der Prägeplatte leicht markieren. Bei Prägeplatten, welche hohe Reliefs aufweisen, macht man auf starkes Papier oder Karton bzw. ganz schwache Pappe einige scharfe Abdrucke, aus denen man die Reliefs entsprechend herausschneidet, um diese Ausschnitte genau auf die Prägekonturen aufzukleben, die sich auf der Pappe des Drucktiegels bemerkbar machen. Man richtet sich mit diesen Ausschnitten nach der Höhe des Reliefs und müssen die Ausschnitte, je höher das Relief ist, gewissermaßen verjüngend ausgeschnitten werden, um das Relief möglichst vollkommen herauszubringen. Ist dies geschehen, so werden die aufgeklebten Ausschnitte mit Talkum oder Federweiß überstrichen, dünn mit Terpentinöl getränkt, auch die Prägeplatte mit Terpentinöl eingerieben, über die Matrize ein dünnes Blatt Papier gelegt und man läßt hierauf die Presse abermals über Druck gehen, bis sich durch die Prägeform eine richtige Modellierung des Reliefs bildet. Die Vollendung der Matrize erfolgt durch einen Schlämmkreide- und Gipsüberzug. Dieses Material wird mit Leim zu einem sämigen Teig verarbeitet und dünn über die Matrize gestrichen. Hierüber bereitet man einige mit Terpentin getränkte Seidenpapierblätter, reibt auch die Platte mit Terpentinöl ein und läßt die Maschine mehrmals über Druck laufen, damit das Relief sich vollkommen ausbilden kann. Dadurch, daß man die Prägeplatte etwas erwärmt, wird ein schnelles Trocknen der Matrize herbeigeführt. Es darf nur mit einer vollkommen trokkenen Matrize geprägt werden, andernfalls nach wenigen Drucken die Schärfe des Reliefs verloren geht. Flache Reliefplatten können ohne grundlegende Pappausschnitte sofort ganz aus Gips- und Schlämmkreideteig gefertigt werden. Man klebt zu diesem Zweck auf den Tiegel ein Stück Kartonpapier oder dünne Pappe, macht dann einen scharfen Abdruck mit der Prägeplatte und streicht nun nach Maßgabe des Abdruckes einen Teil der Teigschicht überall da auf, wo sich die Matrize als erhöhtes Gegenstück zur Prägeplatte bilden soll. Den Teigauftrag macht man je nach Form der Prägung etwa $\frac{1}{2}$ bis 1 cm dick. Auf die Teigschicht legt man ein Stück Seidenpapier, überstreicht dies dünn mit Terpentinöl, stellt dann die Presse auf kräftigen Druck ein und dreht diese durch. Man erhält dann durch diesen ersten Druck und weitere Nachhilfe die gewünschte Prägematrize, die man durch Überkleben eines Stückes festen Papiers und nachdem man den an den Rändern herausgepreßten Teigüberfluß beseitigt hat, genügend schützt. Hat die Prägeplatte einen über die Ornamente hinausstehenden Rand, auf welchen die Matrize bei der Druckwirkung ebenfalls auftrift, so ist es nötig, diese Matrizenränder etwas tiefer zu legen, weil durch den Druck darauf viel Druckkraft verloren geht.

Nimmt die Prägeplatte dementsprechend ihren richtigen Stand in der Maschine ein, so kann mit der Herstellung der Matrize begonnen werden. Verschiedene Arten der Herstellung derselben mögen hier beschrieben sein. Matrizen von großer Haltbarkeit, deren Herstellung wenig Zeit in Anspruch nimmt und große Schärfe besitzen, stellt man her, indem man Schlämmkreide mit Wasserglas zu einem dicken Brei vermengt, diesen auf das Fundament in entsprechender Größe aufstreicht, über denselben einige Blatt Kupferdruckpapier legt und die Presse unter Druck stellt. Der um die Matrize stehende Rand wird mit dem Messer weggeschnitten. Am besten ist es, die Matrize, wenn es sich um größere Auflagen handelt, am Abend anzufertigen und die Maschine nachts unter Druck zu stellen. Eine außerordentlich haltbare Matrize, wenn es sich um größere Prägungen handelt, erhält man aus Pappe. Man schneidet das Relief der Prägung entsprechend aus der Pappe heraus, unterlegt die höchsten Stellen der Prägung ein oder je nach Bedarf mehrere Male, und zwar von unten nach oben sich verbreiternd, um eine entsprechend wirkungsvolle Matrize zu erhalten. Das Ganze überarbeitet man dann mit einer Lage Löschpapier, die mit Leim bestrichen wird. Eine derart gefertigte Matrize erfordert allerdings Zeit, ist aber von außerordentlicher Dauerhaftigkeit und deshalb besonders zu empfehlen, wenn es sich um den Druck recht hoher Auflagen handelt.

Um die Arbeitsweise der Matrizenanfertigung abzukürzen, setzte man bereits vor einigen Jahren ein Matrizenpulver zusammen, welches, mit der stark erwärmten Prägeplatte in Berührung gebracht, schmolz, so daß sich die Pulvermasse dem Relief der Matrize entsprechend formen mußte. Für die Tiegeldruckpresse ist dieses Pulver jedoch insofern unverwendbar, weil es nicht gut möglich ist, eine gewisse Pulvermenge auf die schrägliegende Tiegelfläche, die ja in der Druckstellung sogar senkrecht steht, gleichmäßig zur Auflage zu bringen. Seitdem wir aber Matrizenpulver, die unter den mannigfachsten Namen angeboten werden, besitzen, welche mittels Spiritus zu einer dichten Paste angerührt werden, ist die Herstellung von Prägematrizen eine Arbeit, die nur einen Bruchteil der Zeit erfordert, die früher zur Herstellung der gleichen Arbeit notwendig war. Tatsächlich kann ja auch der Prägedruck dem Buchdrucker dann erst den rechten Nutzen bieten, wenn mit der Ausübung desselben eine schnelle Arbeitsweise verbunden ist, denn die Tiegeldruckpresse soll der Herstellung von Druckarbeiten doch nicht zu lange entzogen werden.

Eine Matrize mittels des Matrizenpulvers stellt man derart her, daß man auf den Tiegel ein in reichlicher Größe der Prägeplatte bemessenes Stück Stanzpappe von 1 bis 1½ mm Stärke mittels Fischleim aufklebt. Nur Stanzpappe setzt dem Prägedruck den nötigen Widerstand entgegen. Um ein gleichmäßiges und rasches Antrocknen der Pappe herbeizuführen, schließt man ein schrifthohes Brett oder eine Platte in die Maschine, dreht die Presse auf Druck und läßt sie einige Zeit stehen. Die in den Rahmen geschlossene Prägeplatte ist über einer Gas- oder Spiritusflamme derart stark zu erwärmen, daß aufgetropftes Wasser zischend verdampft. Zu starkes Erhitzen der Platte muß vermieden werden, weil sich sonst der Matrizenteig nicht gehörig ausprägen kann. Ist die Platte größeren Umfangs, so ordnet man sich des gleichmäßigen Erwärmens wegen zwei Flämmchen unter der Platte an. Während der Zeit, in welcher die Platte erhitzt wird, schüttet man eine entsprechende Portion Matrizenpulver auf ein Stück festes und nicht zu starkes Papier und rührt das Pulver mittels Spiritus zu einer Paste derart an, daß ein geschmeidiger Brei entsteht. Die Paste darf weder zu dünn, noch darf sie zu trocken bzw. bröcklig sein. Der Umfang der Paste muß etwas größer sein als die Prägeplatte, und ihre Dicke hat sich nach der Tiefe der Reliefplatte zu richten, die, wie bereits erwähnt, die richtige Schrifthöhe haben muß; sodann ist die Platte in die Presse einzuheben und der Druckteller derart einzurichten, daß sich die Maschine mit geringer Anstrengung über Druck drehen läßt. Ist dies der Fall, so brennt man die Paste ab, d. h. man zündet sie mit einem Streichholz an, damit etwa vorhandene übermäßige Flüssigkeit verdunstet, und es wird die Paste über die Stanzpappe aufgelegt, so daß das Pastpapier nach oben zu liegen kommt. Man tränkt das Papier leicht mit Terpentin und legt über dasselbe noch einige Bogen Seidenpapier, welche ebenfalls, wie auch die Prägeplatten selbst, mit Terpentin leicht angefeuchtet werden. Dann dreht man die Presse ruckweise bis auf den Druckpunkt, der erreicht ist, wenn die Pleuelstangen der Maschine vollständig gerade stehen. In dieser Stellung beläßt man die Presse einige Augenblicke und dreht dann vollends über

Druck durch. Die rings um die Prägung hervorgequollenen Masseränder und das noch auf der Matrize haftende Seidenpapier entfernt man, soweit sich dasselbe leicht loslösen läßt, bestreicht Matrize und Prägeplatte nochmals mit Terpentin und geht, indem man die Presse jedesmal durchlaufen läßt, nach und nach mit dem Druckteller allmählich höher, bis die Matrize die gewünschte Schärfe erreicht hat. Bei größeren Matrizen mit hohen Reliefs empfiehlt es sich, während dieses Arbeitsprozesses die Prägeplatte nochmals anzuwärmen (falls die Presse nicht an und für sich Heizeinrichtung besitzt), weil die Feuchtigkeit der Paste, sowie die kalten Maschinenteile ein zu schnelles Erkalten der Platte bewirken, und die Matrize dadurch nicht gehörig austrocknen kann. So einfach die hier geschilderte Arbeitsweise ist, so muß auch noch im übrigen eine Schonung der Druckkraft der Maschine erstrebt werden, um Beschädigung jeder Art zu verhüten. In vielen Fällen, in denen größere Prägungen scheinbar eine große Druckkraft erforderlich machen, kann diese bedeutend gemildert werden, wenn man die Bildung des Reliefs soviel als möglich unterstützt, wie dies, z. B. bei der Pappmatrize, der Fall ist. So kommen oft größere Platten zum Prägen, die umfangreiche glatte Flächen aufweisen. Da die Matrize im vollen Umfang der Platte aufgesetzt wird, so pressen die glatten Flächen beim Prägen selbstverständlich ebenfalls fest auf, verzehren eine Menge Kraft und verhindern, daß die Reliefs der Matrize genügend tief in die Gravur der Platte eindringen können. So steht oft der Erfolg in keinem Verhältnis zu der aufgewendeten Druckkraft. Um die Presse von diesem oft zwecklosen Druck zu entlasten, tut man gut, diese glatten Flächen auf der Matrize durch Herausschneiden oder Schaben tiefer zu legen, so daß der Hauptdruck nur noch auf die Reliefornamente erfolgt, und man ohne zu starken Druck scharf modellierte Reliefprägungen erhält. Nachdem man die glatten Flächen der Matrize, welche keine Prägung erfordern, herausgeschnitten hat, legt oder klebt man über die ganze Matrize ein Stück glatten Kaliko oder dünnen Prägekarton, um zu vermeiden, daß bei dem zu prägenden Material dort, wo sich in der Matrize die herausgeschnittenen Stellen befinden, Risse oder Brüche erscheinen.

Größere und höhere Reliefs werden bei Anfertigung der Matrize oft eine besondere Zurichtung erforderlich machen, um sie für große Auflagen auf die Dauer tadellos zum Stehen zu bringen. Dies geschieht am besten durch Auslegen der Matrize mit entsprechend starkem Karton oder Papier. Dabei wird auch der

Fall eintreten, daß einige Stellen zu scharf prägen, bzw. den Karton durchquetschen. Diese Stellen müssen dann in der Matrize durch Schaben tiefer gelegt werden, wie auch scharfe und schneidende Kanten in der Matrize abgerundet werden müssen. Mit einer derartigen, die einzelnen Reliefornamente besonders berücksichtigenden Zurichtung wird so lange fortgefahren, bis ein vollständig zufriedenstellendes Resultat erzielt ist.

Um eine glatte Abnahme der Farbe zu bewirken, ist es ferner nötig, daß der Grund der Matrize, bzw. die um die Prägung oder das Relief liegende Fläche, ebenfalls tadellos glatt sind. Nur wenn dieses genaue Beachtung findet, ist ein tadelloser kombinierter Farb- und Prägedruck möglich.

Zum gleichzeitigen Drucken und Prägen dienen gravierte Reliefplatten aus Stahl oder Glockenmetall. Man befestigt die Reliefplatte an die Einsatzplatte oder schließt sie in den Rahmen, setzt diesen in das Fundament der Presse und fertigt auf dem Tiegel ebenfalls eine Matrize aus Pappe oder mit Klebstoff gemischter Schlämmkreide. Diese Matrize dient zum Hochprägen der Reliefornamente.

Zum Zweck des gleichzeitig mit auszuführenden Farbdruckes stellt man die Auftragwalzen so ein, daß dieselben die Grundoberfläche der Prägeplatte mit Farbauftrag versehen,, jedoch die tiefer liegenden Stellen, welche nach dem erfolgten Druck als papierfarbene Reliefs erscheinen sollen, keine Farbe erhalten. Der Farbeauftrag muß dünn, aber äußerst gleichmäßig über die Platte verteilt sein. Beim Druck werden mittels der Matrize alle Reliefornamente hochgeprägt, während der Grund durch die vorgewalzte Platte, die nur auf ihren hervorstehenden Grundpartien Farbeauftrag erhält, mit Farbe bedruckt wird. Derart erfolgt bei nur einmaligem Anlegen und Drucken zugleich mit der Reliefprägung auch der Farbdruck.

Die Matrizen zum gleichzeitigen Präge- und Farbdruck müssen besonders sorgfältig angefertigt werden. Jede Unebenheit, die den Farbedruck beeinträchtigen könnte, ist sorgfältig vom Grunde zu beseitigen. Man erzielt die besten Matrizen zu Präge- und Farbedruck vermittels eines gleichmäßigen, sauber ausgeführten Schlämmkreide- und Gipsüberzuges, da sich auf diesem die Prägeplatte in vollkommenster Weise abformt und auch der Grund, welcher die Zurichtung zum Farbedruck bildet, die Flächenverhältnisse der Präge- und Farbendrucke in ganz genauer Modellierung wiedergibt.

b) Stahlstichpressungen.

Stahlstichhochprägung.

Wie die Ausübung des Kupfer- und Stahlstiches unstreitig die edelste Art der Reproduktion darstellt, so ist auch jetzt der Stahlstichdruck resp. das Stahlstich-Reliefdruckverfahren oder Stahlstich-Hochprägedruck wohl die vornehmste Art der Veredelung namentlich für die merkantile Drucksachenausführung.

Mit keiner der angewandten Reproduktionsverfahren ist eine derartige Weichheit und Fülle des Tones des dargestellten Gegenstandes erreichbar, wie es der Kupfer- und Stahlstich ermöglicht, wir können andererseits das Stahlstich-Hochprägeverfahren als ein kaum zu übertreffendes Resultat der Drucktechnik betrachten.

Dieses Verfahren findet zur Ausführung kaufmännischer Drucksachen in den einschlägigen Kreisen uneingeschränkten Beifall und immer größere Verbreitung.

Auf diese Art hergestellte Briefköpfe, Reklamekarten, Geschäftsanzeigen usw. sprechen außerordentlich günstig an, und es wird gewiß beim Empfange derartiger künstlerischer Drucksachen eine angenehme Wirkung erzielt, wie dies unter Ausnutzung der technischen Hilfsmittel in gleicher Weise bei den vermittels Lithographie oder Buchdruck hergestellten Geschäftsbriefbogen nicht in gleichem Maße zu erreichen ist.

Als die bekanntesten Modelle für die Ausführung größerer Prägungen in der Art der Monogramm-Lackprägungen vorzugsweise von Briefbogen, Zirkularköpfen, Geschäftskarten u. a. m., soweit großflächige sowie allerfeinste Gravierungen und Ätzungen in Frage kommen, seien die W a i t e - und J o h n s t o n - Presse hier erwähnt.

Erstere hat vieles mit der Bauart der Kniehebelpresse gemeinsam, da Druck und Prägung von unten aus erfolgen, während die letztgenannte Maschine einen sogenannten Schlagdruck ausübt.

Welchen von beiden Modellen hinsichtlich der Zweckmäßigkeit des Arbeitens der Vorzug zu geben ist, läßt sich schwer sagen.

Für die jeweils in Frage kommenden Arbeiten wird die eine oder andere für bestimmte Sachen die geeignetere sein. Im allgemeinen ist die Waite-Presse für z a r t e Prägungen geeigneter, weil der Druck sanfter ist, die Farbe wird nicht durch plötzlichen harten Druck so intensiv herausgedrückt, sondern die Feinheiten kommen besser heraus, da sie aus der Gravur gewissermaßen herausgeholt wird durch ein nachhaltiges Anpassen des technischen Druckvorganges an den Gegenstand.

Die Waitepresse ist die älteste Maschine dieser Art, die Johnston ist die bessere für derbere Zeichnung und tiefer gravierte Sachen. Beide Maschinen sind in dieser Neuauflage des Prägehandbuches ausführlich beschrieben.

Ihre Anwendungsart in der Praxis ist, wenn beide Maschinen in einem Betrieb vorhanden sind, reine Gefühlssache!

Sobald größere Prägungen in Stahlstichmanier verlangt werden, müssen diese Pressen Anwendung finden, weil derartige Prägungen auf kleinen Maschinen (etwa Handbalanciers) gar nicht ausführbar sind.

Für das Gelingen der Prägung sind erstmals die Gewandheit des Prägers und die Beschaffenheit des Materials ausschlaggebend. Nicht zu verschweigen ist der Umstand, daß der sehr eigenartige Mechanismus in bezug auf die Zurichtung auf beiden Maschinen längere Zeit in Anspruch nimmt.

Nicht unerwähnt soll es bleiben, daß alle Stempel und Platten, von denen auf der Waite- oder Johnston-Presse mit Farbe gearbeitet werden soll, aus gehärtetem Stahl sein müssen, weil durch die Wischvorrichtung die Oberfläche eines zu weichen Stempels abgeschliffen werden würde, was ein Schwächerwerden (Nachlassen) der Gravur zur Folge hätte. Es fände also eine noch viel schnellere Abnützung des Stempels statt, als wie es bei dem bereits erwähnten Verfahren bei Benutzung der allgemein üblichen Balancierpresse für Handbetrieb der Fall ist.

Es wird eine Anschaffung dieser mit großen Unkosten verbundenen Maschinen nur dann von Nutzen sein, wenn größere Auflagen ständig bereit liegen und die Pressen keinen Stillstand wegen Mangel an Arbeit erfahren.

Nachstehend werden wir uns zunächst dem neuesten Modell der „Waitepatent“ und seiner Vorzüge zuwenden, um dann auf technische Einzelheiten zurückzugreifen, die kennen zu lernen notwendig sind für den Prägefachmann und den Berufstätigen, der es zu werden wünscht.

Die Stahlstichpresse „Waitepatent“ druckt direkt von der Originalplatte, sie färbt die Platte ein, wischt sie rein, druckt und prägt in einem einzigen Arbeitsgang und führt auch Reliefprägungen ohne Farbe aus. Die Anlage geschieht von Hand, alle anderen Arbeitsleistungen erfolgen vollkommen selbsttätig.

Die Vorzüge der neuesten Bauart seien hier noch kurz umrissen. In der Hauptsache ist der vollkommen ruhige, stoßfreie und rasche Gang der Maschine hervorzuheben, bei sparsamstem Farbverbrauch. Die Farbkasteneinsätze sind auswechselbar. Die übersichtliche, einfache Bedienung ermöglichen die Verwendung von Personal, das in kürzester Frist angelernt werden kann. Da Reparaturen kaum erforderlich sind, so können wir von billigster Instandhaltung der Maschine sprechen.

Bei erreichbar geringstem Ausschuß können mit sicherem Passen 800—1000 erstklassige Farbprägungen in der Stunde und bis zu 1500 Reliefprägungen ohne Farbe, stündlich hergestellt werden.

Das Drucken erfolgt in so einfacher und leicht verständlicher Weise, daß ein fehlerhaftes Funktionieren der mechanischen Anordnungen praktisch unmöglich ist. Das Handrädchen an der linken Seite des Preßkopfes reguliert durch Keilstellung die Druckausübung und ermöglicht das feinste und schärfste Einstellen des Druckes und dadurch auch ein sehr rasches Fertigstellen der zum Drucken erforderlichen Gegenpartie.

Das Passen ist vollendet, weil der Schlitten während des Druckes verriegelt ist.

Eine im Farbkasten sich drehende Walze und ein Rührwerk, das die Farbe in ständiger Bewegung hält, verhindern, daß sich eine Haut auf der Farbe oder Satz am Boden bildet. Eine sehr wichtige Verbesserung der hier bildlich vorgeführten neuen Bauart liegt in den leicht austauschbaren Blech-Einsätzen, sie schützen vor Materialverlust beim Farbwechsel und ersparen Zeit beim Reinigen.

Der Wischer ermöglicht durch seine vollendete Anordnung die Verwendung billigen, dünnen Wischpapiers. In wiegeförmiger Bewegung geht er von oben über die Stahlplatte, schont auch ganz feine Konturen und reinigt selbst von der dünnsten Farbschicht. Die Regulierung des Wischers ist vollkommen selbsttätig.

Ingangsetzung und Abstellung sind bequem durch einen einfachen Handgriff von der Anlegerin zu bewirken. Die neue Bauart ist überdies noch mit einer Fußbremse versehen zum raschesten Abstellen des Druckes. In gleich zweckmäßiger Weise wird jeweils durch einen Handgriff Farbwerk, Wischer und Wischpapierförderung in Tätigkeit gesetzt und abgestellt.

Die Bedienung der Maschine ist so einfach, daß die Anlernung ungeschulten Personals in kürzester Frist erfolgen kann. Zwei Mädchen oder ein ungelernter Mann und ein Mädchen genügen vollkommen.

Das Bogenformat ist nicht begrenzt. Quartbriefbogen oder kleine Karten können leicht angelegt werden.

Stahlplatten können bis zum Maximalformat in jeder Größe und gleich gutem Ergebnis verwendet werden. Die Gravuren müssen bei der Maschine Nr. IV rundherum mindestens 5 mm zurückstehen zur Verhütung von Farbkanten beim Drucken.

Die Dicke der Stahlplatten ordnet man zweckmäßig mit 12,7 mm an, doch kann auch bis 16 mm Stärke verwendet werden, für dünnere Platten von etwa 3 mm Dicke werden besondere Aufspannplatten geliefert.

Die Anfertigung der zum Druck benötigten Platten erfolgt in folgender Weise.

Wenn der Graveur sich zu seiner Arbeit des Stichels, Meißels, Punzen usw., der Hobel- und Fräsmaschine bedient, bedingt die Technik des Stahlstiches die Benutzung anderer Instrumente.

Die zum Druck gebrauchte dekarbonisierte (d. h. kohlenstoffberaubte) Stahlplatte, ungefähr 1½—3 mm stark, muß vollständig flach, ohne Risse und spiegelblank poliert sein, jede Schramme würde sich beim Druck zeigen. Diese weiche, sauber polierte und erwärmte Platte wird mit einen Grund überzogen, der aus Wachs, Schellack, Mastix und Asphalt zusammengestzt ist. Durch diesen schwarzen Grund radiert nun der Stecher die vorher aufgepauste Zeichnung mit der Nadel, welche rund, dreieckig usw. angeschliffen und in Holz (ähnlich einem Bleistift) gefaßt ist, indem er die polierte Stahlfläche frei legt. Die fertige Zeichnung steht also weiß auf schwarzem Grunde.

Diese Zeichnung wird nun geätzt. Die feinsten Partien derselben werden, nachdem sie in bestimmte Drucktiefe gebracht sind, mittels flüssigen Asphalts zugedeckt. Dann wird die Zeichnung weiter geätzt und so fortgefahren bis auf die tiefsten Flächen. Ist das erledigt, dann wird der Grund auf der Platte durch Terpentin entfernt und die Zeichnung mit dem Stichel, der hier dreikantig ist, unter Zuhilfenahme der Lupe sauber nachgearbeitet. Der entstehende Grat muß mit dem Schaber, Polierstahl und feinster Lindenkohle entfernt werden. Darauf wird die fertige Platte auf chemischem Wege gehärtet.

Zum Druck der Platten bedient man sich der Kupferdruckpresse, die auf entgegengesetztem Prinzip der Buchdruckpresse beruht.

Die hierfür gebräuchliche Presse besteht in der Hauptsache aus einem Eisengestell mit zwei sich entgegenlaufenden eisernen Walzen verschiedenen Durchmessers, und dem Druck- oder Laufbrett. An der Seite der oberen Walze ist der Stern oder ein Schwungrad befestigt.

Die mittels Ledertampon eingeschwärzte Platte wird mit zu Ballen zusammengelegten glatten Lappen, welche mit in Wasser gelöster Pottasche getränkt werden, gereinigt, so daß die Farbe voll im Stich sitzt, die Fläche aber äußerst blank und sauber bleibt. Die Platte wird auf das Laufbrett mit dem eingeschwärzten Stich nach oben gelegt. Hierauf kommt das etwas angefeuchtete Papier, auf dieses ein weiches glattes Filztuch und darauf eine Decklage. Dann schiebt man das Brett zwischen die Walzen, und der Druck erfolgt, indem dasselbe durch die letzteren gedreht wird. Der Druck ist im Gestell mittels Federn und Pappstücken regulierbar. Angefeuchtetes Papier und angefeuchteter Druckfilz bewirken, daß die Farbe aus dem Stich herausgeholt und mit größter Kraft und Fülle auf dem Papier liegen wird.

Die zum Stahlstichprägeverfahren benutzte Maschine, die sogenannte Stahlstichschnellpresse, soll nachstehend beschrieben werden.

Die Stahlstichdruckpresse ist, wie die Abbildung (Fig. 19) zeigt, sehr stark gebaut. Der Druck und die Prägung auf derselben erfolgt in folgender Weise.

Der Stahlstempel resp. die Stahlplatte, welche ca. 1½ cm stark ist und wie bereits beschrieben hergestellt wird, wird in das Fundament eingespannt. Dieses drückt gegen ein zweites Fundament, auf dem die Matrize aufgebracht wird.

Der Druck erfolgt mittels exzentrischer Wellen, welche Fundament gegen Fundament drücken. Zur Herstellung der Matrize oder Gegenplatte nimmt man harte Pappe, welche auf das Fudament geklebt wird. Die Maschine läßt man mehrere Male leer laufen, damit sich der Stempel in die Pappe gut einsetzt. Mittels eines Messers werden sämtliche Stellen, die nicht drucken sollen, entfernt; man schneidet Schrift und Ornamente, welche auf Karton gedruckt werden, aus, klebt dieselben auf die Matrize, läßt nochmals leer durchlaufen und fährt so fort, bis die Matrize recht scharf und deutlich steht. Jetzt wird ein Gummituch übergezogen, welches den Zweck hat, die Übergänge weicher zu machen und zu bewirken, daß das Papier beim Druck nicht geglättet wird.

Das Einfärben der Platte erfolgt mittels Farbwerk, welches aus einem Farbebehälter mit rotierendem Zylinder besteht, von dem eine Massewalze die Farbe nimmt und den Stempel einfärbt. Die Farbe ist eine Lackfarbe und trocknet ziemlich schnell, deshalb muß sie reichlich aufgetragen werden. Nun tritt der Hauptfaktor des Druckprozesses, der „Wischer“, in Tätigkeit. Dieser besteht aus einem Eisenblock und ist mit Filz, über welchen das Wischpapier gleitet, überzogen. Ist der Stempel eingefärbt, so gleitet er unter dem Wischer hindurch; dieser drückt die Farbe in die Gravur, nimmt aber gleichzeitig alle überflüssige Farbe von der polierten Stempelfläche fort, so daß also nur die Tiefen Farbe behalten. Darauf wird der Stempel mit den angelegten Bogen gegen die

Fig. 19. Stahlstich-Prägepresse
erbaut von Friedr. Heim & Co., Offenbach a. M.

Matrize gedrückt, und der Vorgang wiederholt sich von neuem.

Da der Stahlstichprägedruck ein teurer ist, was in der Gravur der Platten seinen Grund hat, so sind die Maschinen von der Firma Friedr. Heim & Co., G. m. b. H., in Offenbach a. M., die sie u. a. herstellt, auch zur Verwendung zum Buchdruck eingerichtet, um so eine gewinnbringendere Verwertung der Pressen zu gestatten.[1] [2])

Die vervollkommnete Johnston-Presse und ihre Leistungen.

Wir wollen uns nun hier mit dem Stahlstichdruck des weiteren beschäftigen, da er wohl unstreitig die vornehmste Ausdrucksweise unter allen graphischen Verfahren ist. Schon im Jahre 1820 von Charles Heath in England angewandt, wurde er bald in Deutschland von englischen Stechern eingeführt. Der unmittelbare Druck von gravierten Stahlplatten, d. i. Stahlstichdruck, konnte aber bisher der großen Kosten wegen, welche die schwierige, langwierige Herstellung der handgestochenen Platten verursachten, und nicht zum wenigsten durch das heikle Druckverfahren auf der Handpresse nur für den allerfeinsten Kunstdruck zur Verwendung gelangen und schloß die allgemeine Verwendung dieses Verfahrens aus.

Die neue, von dem Amerikaner J. Yardey Johnston erfundene Stahlstichdruckpresse, die zudem in der letzten Zeit von der Firma W. Mann & Co. in Zürich bedeutend vervollkommnet worden ist, hat nun, in Verbindung mit einer billigen Herstellungsweise der Stahlplatten, ein enormes Arbeitsfeld erschlossen. Durch den Umstand, daß diese ebenso geniale wie einfache Presse in den Bereich zahlloser kommerzieller Zwecke gerückt worden ist, wird dem Buchdrucker die Möglichkeit geboten, die besten Leistungen des Kupfer- und Stahlstiches, des farbigen Reliefdruckes, der Steingravüre usw. in weitaus erhöhter Präzision in Buchdruckgeschwin-

---

[1]) Autor: Richard Mahler.

[2]) Über eine selbsttätige Stahlstich-Prägemaschine berichtet die Buchdrucker-Woche, Berlin in No. 5 vom 3. Februar 1921 wie folgt:

Eine mit selbsttätigem Bogenanleger ausgerüstete Prägedruckmaschine für Briefköpfe u. dgl. ist von der Simplex Embossing Machine Corporation in Chicago, 608 South Dearborn Street, auf den Markt gebracht worden. Das Fundament für die Prägeplatte ist 42:27 cm groß, bietet also auch für volle Ausnutzung des Blattes genügend Raum. Die Matrize liegt vor den Augen des Druckers, während die Prägeplatte mit dem Gesicht nach unten angeordnet ist. Das Farbwerk hat einen eigenen Antrieb, und die Abwischvorrichtung besteht aus einer sich ständig vorwärtsbewegenden Papierbahn von 40 cm Breite; ist die Prägung nur klein, so braucht auch das Abwischpapier nur schmale Rollenbreite zu haben. Die Zuführung der Papierblätter erfolgt selbsttätig, wobei Vorsorge getroffen ist, daß bei etwaigem Versagen oder Zerreißen eines Blattes der Druck sofort ausgeschaltet wird. Die Ausführung der fertigen Drucke erfolgt, Druck oben, auf einem breiten Transportbande. Eine Abbildung der neuen Maschine ist im Septemberheft von 1920 des „Inland Printer“ zu finden.

digkeit (Durchschnitt 800—1000 Drucke pro Stunde) und deshalb zu verhältnismäßig angemessenen Preisen auszuführen.

Als die Johnston-Presse zum erstenmal in Deutschland von sich reden machte, brachte man ihr ein nicht zu verkennendes Mißtrauen entgegen. Jetzt aber, wo die früher vorhandenen Mängel an dieser Presse behoben worden sind, und eine Anzahl von Druckereien in Deutschland und im Auslande mit der Johnston-Presse zufriedenstellend arbeiten, kann wohl angenommen werden, daß sie auf der Höhe ist und bleiben wird, und sie ist dazu berufen, auf dem Gebiete der Herstellung feiner Geschäftsdrucksachen künftig eine Rolle zu spielen.

Die Johnston-Presse druckt die gravierte Platte mit absoluter Genauigkeit. Je besser und vollkommener die Platte, desto vollkommener wird der Druck. Wenn also tadellose Platten verwendet werden, so werden auch die Druckresultate entsprechende sein. Das Arbeitsfeld der Johnston-Presse liegt übrigens nicht in dieser Richtung. Bei ihrer großen Arbeitsleistung ist sie auf das vorteilhafteste zu verwenden auf dem Gebiete der großen Auflagen, wo neben guter künstlerischer Ausführung rasche Lieferung und mäßiger Preis maßgebend sind. Sie wird da ihre besondere Arbeit finden, wo es sich darum handelt, neue, in die Augen fallende Arten herzustellen, welche durch die anderen bekannten graphischen Techniken nicht oder nicht in gleich tadelloser Ausführung hergestellt werden können. In diesem Zusammenhange sei denn auch der hervorragenden Leistungen Erwähnung getan, welche mit der Presse auf dem Gebiete des farbigen Reliefdruckes erzielt werden.

Die Druckresultate der Johnston-Presse drängen uns in allererster Linie von den zur Verwendung gelangenden Stahlplatten ab. Dieselben können entweder von Hand graviert oder geätzt, beziehungsweise auf chemigraphischem Wege hergestellt werden. Das erstere Verfahren ist bekannt, und wir brauchen darüber keine weiteren Worte zu verlieren.

Das chemigraphische Verfahren dagegen, soweit dessen Anwendung auf Stahl in Frage kommt, ist verhältnismäßig neu und in England nach jahrelangen Versuchen zu einer gewissen Vollkommenheit gelangt. Seither ist das Verfahren einer Reihe der ersten schweizerischen, deutschen, österreichischen und italienischen graphischen Anstalten bekannt geworden, welche nunmehr in der Lage sind, zu billigen Preisen und in der kürzesten Frist druckfertige Platten zu liefern.

Sofern ein photographisches Atelier vorhanden ist und von den Angestellten handwerksmäßige Gewandtheit mit den bisher bekannten Ätzverfahren vorausgesetzt werden kann, dürfte die Herstellung der Stahlplatten keine besonderen Schwierigkeiten bieten. Daß trotz der Neuheit des Verfahrens eine Reihe von Firmen schon in der Lage ist, ganz vorzügliche Platten herzustellen, berechtigt gewiß zu der Erwartung, daß weitere Fortschritte auf diesem Gebiete bevorstehen, welche dem Stahlstichdruck ein immer größeres Arbeitsfeld sichern werden.

Im Interesse größerer Haltbarkeit bei großen Auflagen ist die Platte, nachdem sie graviert ist, zu härten. Dafür ist das Härteverfahren mittels Zyankalis zu empfehlen. Das Härten selbst wird von denjenigen Anstalten besorgt, welche die Platten gravieren. Eine gut gehärtete Platte hält ohne Nachteil eine sehr große Auflage von Drucken aus.

Behufs Erzielung eines guten Druckes sind gute, blankpolierte Stahlplatten zu verwenden, und zwar von bester Sorte, denn nicht jede Qualität Stahl eignet sich gleich gut für die Platten. Die zweckmäßigste Dicke der Stahlplatten ist 12 mm.

Das Verfahren des Druckes auf der Johnston-Presse geht folgendermaßen vor sich:

Die gravierte Stahlplatte wird, mit der gravierten Seite nach unten, von einem in einer horizontalen Ebene um eine vertikale Achse rotierenden Plattenhalter befestigt. Dieser führt die Platte zuerst über das Farbwerk, wo sie eingefärbt wird, sodann über die Abwischvorrichtung, wo die Platte von der überschüssigen Farbe gereinigt wird, und kommt nach Vollendung des Kreises unmittelbar über dem zu bedruckenden Papier zu augenblicklichem Stillstand. In diesem Moment erfolgt der Druck durch den elastischen Schlag einer Spindel, welche die gravierte Stahlplatte auf den Druckbogen niederdrückt und sofort wieder in die ursprüngliche Lage zurückschnellen läßt. Unmittelbar nach dem erfolgten Druck beginnt ein neuer Kreislauf, währenddessen ein neues zu bedruckendes Blatt eingelegt wird, und der eben beschriebene einfache Vorgang wiederholt sich.

Das Farbwerk besteht aus einem auf Federn ruhenden Trog und ist mit einer Vorrichtung versehen, welche die Farbe beständig umrührt, so daß ihre Konsistenz stets gleichmäßig bleibt.

Die eigentliche Farbwalze, welche die Farbe auf die Platte aufträgt, ist mit Plüsch überzogen.

Die Firma W. Mann & Co., Zürich, hat sich ein Reformfarbwerk patentieren lassen, welches gegenüber dem alten folgende Vorteile bietet:

1. Die Farbe wird viel intensiver gemischt, als es in dem alten Farbkasten der Fall war, was namentlich bei zusammengesetzten Farben von großem Wert ist.
2. Die Farbersparnis beträgt bis zu 75 Prozent gegenüber dem alten Verfahren.
3. Die Farbe wird in keiner Weise verunreinigt.

Die nach dem alten Verfahren mit dem Farbschaber vom Wischpapier entfernte Farbe konnte nur selten wieder verwendet werden; für feine Arbeiten war sie fast immer unbrauchbar, da sie stets mit Staub, Papierteilchen usw. verunreinigt war, und es sich daher nicht vermeiden ließ, daß durch das Trocknen die Farbe ungleichmäßig wurde, sich Häute bildeten usw. Wenn diese verunreinigte Farbe in den Farbenkasten zurückgegossen wird, so stellen sich beim erneuten Drucken die verschiedenen Schwierigkeiten ein.

Jedes Staubkorn, jede Papierfaser, welche in die Gravur des Stempels kommt, verursacht ein Ausklecksen, dadurch entsteht Ausschuß und Zeitverlust, indem die Maschine angehalten und das Klischee gereinigt werden muß.

Außerdem hat der Farbschaber noch den Nachteil, daß er die Farbe auf dem ganzen Wischpapier verbreitet; er nimmt deshalb nur wenig Farbe ab. Stellt man denselben schärfer ein, so reißt das Wischpapier bei dem geringsten Riß im Rande stets am Schaber. Alle diese Mängel sind durch die neue Einrichtung beseitigt. Der Schaber bleibt im Kasten, und es wird nur so viel Farbe aufgetragen, wie unumgänglich notwendig ist.

4. Es tritt eine Wischpapier-Ersparnis von 35 bis 50 Prozent ein. Dadurch, daß weniger Farbe auf das Papier kommt, kann enger gewischt werden. Die Papierverluste durch fortwährendes Reißen beim Schaber fallen fort.
5. Durch die neue Farbauftragung wird dadurch, daß weniger Farbe aufgetragen wird, der unangenehmste Fehler aller Tiefdruckmaschinen behoben. Die Mehrzahl der Arbeiten für die Johnston-Presse sind Firmenbriefköpfe, und fast immer wollen die Besteller hierzu sogenannte Hartpostpapiere (harte, rauhe Postpapiere) haben.

Diese harten, rauhen Papiere lassen sich nach dem alten Verfahren nicht sauber prägen, einzelne Sorten sind überhaupt nicht prägefähig. Die Farbe kann in das harte Papier nicht genügend einziehen, und da die Gravur der Stempel durch einen Überschuß von Farbe bei dem alten Verfahren ausgefüllt ist, so mußte dieser Überschuß seitlich ausquetschen.

Bei dem neuen Verfahren ist nun bloß so viel Farbe in der Gravur enthalten als nötig ist, deshalb können die härtesten und rauhesten Papiere ohne Auskleckseen geprägt werden, abgesehen davon, daß eine tadellose, saubere Arbeit erzielt und eine bedeutende Zeitersparnis erreicht wird.

Durch die neue Einrichtung wird nun der Hauptpunkt, der Farbverbrauch, auf ein vernünftiges Maß zurückgeführt und zweitens der Papierverbrauch ganz erheblich verringert, gleichzeitig aber auch die Güte der Ware verbessert.

Auch kostet das fertige Erzeugnis nur $^1/_3$—$^1/_5$, verglichen mit dem früheren Herstellungspreise, so daß diese großen Vorteile den Johnston-Pressen jetzt eine rasche und allgemeine Einführung in die Kunstdruck- und Prägeanstalten sichern dürften.

Es kommt vielfach vor, daß das Klischee beim Einrichten und oftmals auch während des Druckes nachgesehen werden muß. Zu diesem Zwecke muß dasselbe über das Farbwerk beziehungsweise über die Farbwalze geführt werden. Da nun beim Berühren des Farbwerks das Klischee eingefärbt wird, so war es nötig, um das zu verhüten, stets ein Stück Papier über die Farbwalze zu legen, was bei mehrmaliger Wiederholung einen großen Verbrauch von Farbe zur Folge hatte. Außerdem erfordert dieser Vorgang viel Zeitverlust für den Drucker.

Diese Nachteile führten zur Anbringung einer neuen Farbwerkausschaltung an der Johnston-Presse, mit welcher es möglich ist, je nach Bedarf ein sofortiges Aus- und Einschalten des Farbwerks zu bewerkstelligen. Einige Pressen sind bereits mit dieser neuen Vorrichtung ausgerüstet, und man ist von der Vorzüglichkeit der Neuerung allgemein befriedigt. Diese Ausschaltung läßt sich rasch und ohne große Umstände am Farbwerk anbringen.

Die Matrize besteht aus einem weichen Spezialkarton, welcher den Probedruck empfängt, und aus welchem alle jene Teile mit dem Schabmesser ausgeschnitten werden, welche nicht zu bedrucken sind. Über diesen Karton legt man ein dünnes Gummituch.

Die Presse kann jederzeit und in jeder Stellung des rotierenden Plattenhalters durch einen einzigen Griff an einem in denkbar bequemster Lage angebrachten Handhebel abgestellt werden. Aus dieser einfachen Anordnung des ganzen Apparates erwachsen dem Drucker folgende Vorteile:

1. Die Zurichtung ist die denkbar einfachste. Selbst bei schwie-

rigen Druckarbeiten (z. B. Briefköpfen u. a. m.) nimmt das Ausschneiden derMatrize kaum mehr als eine halbe Stunde inAnspruch.

2. Durch einfaches Ausschneiden der Matrizen können gewisse Teile der Gravur beim Druck unterdrückt werden. Es ist also z. B. möglich, von einer einzigen entsprechend gravierten Platte nach Belieben eine ganze Reihe verschiedener Formulare (Briefkopf, Geschäftskarte, Rechnung, Kreditnote, Versandanzeige, Quittungen usw.) zu drucken.
3. Das Einsetzen der Stahlplatten in den Plattenhalter bzw. das Auswechseln derselben ist Sache eines Augenblicks. Dabei ist der Plattenhalter so gearbeitet, daß eine unbedingt genaue Einsetzung der Platte erfolgen kann.
4. Das Wechseln der Farbe kann augenblicklich geschehen. Es ist hierzu erforderlich, den Trog des Farbwerks wegzuheben und an dessen Stelle einen anderen Trog mit der gewünschten Farbe einzusetzen.
5. DieRegulierung derAbwischvorrichtung geschieht leicht und genau.
6. Die Presse gestattet ohne weiteres den Druck auf Material der verschiedensten Dicke, und es kann ohne irgendwelche Regulierung abwechselnd auf das dünnste Seidenpapier oder auf Pappdeckel gedruckt werden.
7. Für Blindprägearbeiten lassen sich das Farbwerk und die Abwischvorrichtung ausschalten.
8. Die Handhabung der Presse ist die denkbar einfachste und kann von einem Arbeiter besorgt werden.

Die Johnston-Presse wird in folgenden zwei Typen gebaut: Type A für Stahlplatten bis zu einer Größe von 90×165 mm, Type B für Stahlplatten bis zu einer Größe von 127×216 mm.

Sie eignet sich gleichzeitig auch für die Herstellung von Halbtonarbeiten und Bilderdruck.

Ihr hervorragender Verdienst aber ist, daß sie kombinierte Arbeiten von Reliefdruck und Halbton in einem Druck liefert. Auch eignet sie sich in hervorragender Weise für Trockenprägungen.

Kein Anfeuchten des Papiers ist erforderlich. Es kann auf fast jede Qualität Papier, ferner auf Gewebe und Seide, Baumwolle, sowie auf Zelluloid usw. mit überraschend guten Resultaten gedruckt werden, ferner neben den gewöhnlichen bunten Farben mit Gold-, Silber- und Bronzefarben, sowie auch mit weißer Farbe. Die Bauart der Presse gestattet weitgehende Freiheit mit Bezug auf das Format des zu bedruckenden Papiers. Das genaue Register der Presse gestattet ihre Verwendung für Mehrfarbendruck.

Der Antrieb kann auf folgende Arten geschehen:

1. Riemenantrieb von einer Transmission aus;
2. Antrieb durch Riemen von der Riemenscheibe eines Elektromotors aus.

Der Kraftbedarf ist folgender: Type A 1/2 PS., B 3/4 PS. Die mit der Johnston-Presse zur Verwendung gelangenden Farben sind speziell für diesen Zweck hergestellt. Ihre Preise sind im allgemeinen nicht höher als diejenigen der anderen im graphischen Gewerbe gebräuchlichen Farben. Neuerdings bereiten sich diejenigen Buchdrucker, welche eine Farbreibemaschine besitzen, selbst die Farben für die Johnston-Presse.

Abwischpapier kommt in allen gewünschten Breiten vor. Es ist darauf zu achten, daß das zur Verwendung gelangende Abwischpapier frei von Unreinheiten sei, glatte, unbeschädigte Ränder habe, die nötige Zähigkeit besitze und möglichst wenig mineralische Substanzen enthalte.

Die Johnston-Presse kann beliebig auf Holz-, Stein- oder Zementboden aufgestellt werden.

Der Maschinenmeister und ein oder besser mehrere zuverlässige intelligente Arbeiter sollten während der Anwesenheit des Monteurs genügende Muße haben, sich mit der Bedienung der Presse vollständig vertraut zu machen. Wenn auch die Bedienung der Maschine von außerordentlicher Einfachheit ist, so vergesse man nicht, daß der Stahlstichdruck eine neue Technik ist, welche wie alle anderen Techniken, die besten Ergebnisse nur dann liefert, wenn sie unter den günstigsten Bedingungen ausgeübt wird.

So wird denn auch die Johnston-Presse nur dort das Beste leisten, wo ihre mechanische Leistungsfähigkeit unterstützt wird durch Geschmack in der Zusammenstellung des Entwurfs, durch verständnisvolle Anpassung desselben an die Eigentümlichkeiten der zur Verwendung gelangenden Technik, durch tadellose Gravur bzw. Ätzung der Stahlplatte, durch Auswahl der günstigsten Papiersorte, durch richtige Mischung der Farbe und schließlich durch genaue Regulierung und Bedienung der Maschine.

Es ist schließlich zu empfehlen, für die ersten Versuche kleinere und einfachere Arbeiten zu wählen und schrittweise zu den größeren und schwierigeren Aufgaben überzugehen, immer aber auf tadellosen Druck Wert zu legen.

Dann wird der Stahlstichdruck nicht nur ein gewinnbringender Geschäftszweig der graphischen Industrie werden, sondern sich auch bei der Kundschaft allgemein einbürgern.

Druck und Prägung von Siegelmarken.

Die amtlichen Behörden und Private benutzen anstatt der früher mit Siegellack und Stempel hergestellten Verschlüsse ihrer Schreiben und Sendungen des Siegels, gummierte und ausgestanzte Prägungen in Papier, die sogenannten Siegelmarken. Auch in der Geschäftswelt finden diese als Verschlüsse von Briefen, Packungen usw. die allergrößte Verwendung. Man stellt Siegel auf lithographischem Wege, auf der Buchdruckpresse und insbesondere auf Spezialmaschinen her. In erstgenannter Technik hergestellte Marken, die nur gedruckt und mit dem Stanzeisen ausgeschlagen werden, interessieren uns nicht, da dieselben keinen prägetechnischen Wert für sich beanspruchen. Anders verhält es sich mit den geprägten Marken, deren Herstellung auf dem Wege der Monogrammprägung erfolgt.

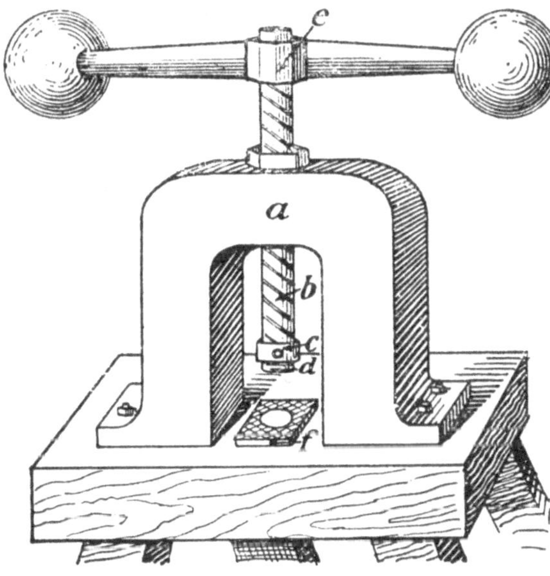

Fig. 22.

Man unterscheidet einfarbige und zweifarbige Siegelmarken. Unter einfarbig versteht man Pressungen, welche die Farbe von Siegelabdrücken bzw. des Siegellackes oder Wachses (also rot, blau, schwarz usw.) nachahmen sollen. Zur Herstellung derselben bedient man sich des Prägebalanciers. Derselbe besteht, wie die Abbildung 20 zeigt, aus einem auf starkem Holzblock montierten Fundament a zur Führung der Leitspindel b, an welcher die Kluppe oder Backe c, zur Befestigung des Stempels bzw. Prägestockes d, angesetzt ist. Auf die Leitspindel ist der Balancier e aufgesetzt. Unter der Leitspindel, d. h. dort, wo der Stempel beim Prägen auftrifft, ist ein Eisenklotz f im Holze eingelassen, der, auf seiner Oberfläche geriffelt, zur Aufnahme der Matrize dient. Die Matrize zum Prägen einfarbiger Marken wird in folgender Weise hergestellt. Ein Stück Weichblei, in entsprechender Größe der Prägung, ungefähr 4 mm stark, wird auf die Mitte der geriffelten Eisenfläche gelegt, mit leichtem Schlag des im Balancier befindlichen Stempels auf derselben befestigt und dann wird die Matrize mit ein paar kräftigen Zuschlägen des Balanciers herausgeprägt. Der Arbeitsgang ist beim Prägen nun der folgende. Das im entsprechenden Farbenton gehaltene und auf der Rückseite gummierte Glanzpapier wird in Streifen geschnitten, die etwas breiter sein müssen als die Gesamtfläche des Stempels beträgt. Ein solcher Streifen wird auf einen Lederstreifen, der etwas breiter als das Papier sein muß, gelegt, unter den Stempel gebracht, und das Prägen beginnt, indem der Arbeiter den Papier- und Lederstreifen mit der linken Hand hinter den Stempel in entsprechenden Abständen nach vorn schiebt, und mit der rechten Hand den Balancier kräftig zuschlägt, der selbsttätig wieder zurück läuft. Die Marken sitzen auf dem Lederstreifen auf. Durch geringes Biegen desselben springen sie davon ab. Durch den Lederstreifen, auf den die Prägung jedesmal trifft, hat sozusagen jede einzelne Marke ihre eigene Matrize. Öfteres Wiederaufprägen der Bleiunterlage macht die Prägung der Marken immer scharf. Springen die Marken nicht glatt vom Leder, so wird der Streifen öfters mit Talkum abgerieben.

Bei oben beschriebenem Arbeitsgang erfolgt also Prägung und Ausschnitt der Marken zusammen.

Auf dem Balancier wurden auch früher die zweifarbigen Marken geprägt, die mittels Schneid- bzw. Ausstanzeisen besonders aus dem Papierstreifen geschlagen wurden. Hier mußte auch das Einfärben des Stempels mittels Handwalze erfolgen.

Unter zweifarbig versteht man Marken, die mit irgendeiner Farbe auf entsprechendem Papierton gedruckt werden, z. B. blau auf weißen-, schwarz auf roten-, violett auf chamoisfarbigem Grund. Zuerst mit der Schere zugeschnitten, wurden die Marken dann mit den Ausstanzeisen ausgeschlagen, welche die Form der verschiedenen Marken haben, bis man die Schneide schließlich gleich am Stempel anbrachte und so den Arbeitsgang beschleunigte und vereinfachte.

Zur Ausführung einer guten Prägung bedarf es eines einwandfrei gravierten Stempels. In folgendem will ich versuchen, die Herstellung eines solchen verständlich zu machen, der bei gleichzeitig erfolgendem Druck- und Prägevorgang die Marken zugleich aus dem Papier ausschneidet (siehe Abbildung 25).

Der Stempel muß aus gutem Rotguß oder aus Stahl bestehen. Sogenanntes „grünes Messing", an einer hellgelben Farbe erkenntlich, ist, weil zu weich, durchaus unbrauchbar. Es ist einer sehr großen Abnutzung unterworfen.

Die Stärke der Stempelfläche beträgt ca. $1\frac{1}{2}$ cm. Auf der unteren Seite derselben sitzt der Zapfen von ca. 1 cm Durchmesser und entsprechender Länge zur Befestigung im Balancier oder der Schnellpresse (deren Beschreibung weiter unten erfolgt). Stempelfläche und Zapfen sind aus einem Stück gedreht.

Zuerst wird die zu bearbeitende Fläche mit der Feile abgezogen und beachtet, daß dieselbe eben ist. Darauf wird die Einteilung des Markenbildes gemacht und bei einfachen Marken, deren Bildseite z. B. nur aus Firma und Ortsbezeichnung besteht mit entsprechenden Punzen die Schrift eingeschlagen. (Punzen sind gehärtete Stahlstempel, deren erhaben gravierte und modellierte Schriftzeichen, Wappenteile, Arabesken, Köpfe usw. Teile der Prägung in der Ausführung zeigen.) Darauf wird der Rand der Marke, wenn derselbe glatt ist, wie Abbildungen 21 und 22 zeigen, mit-

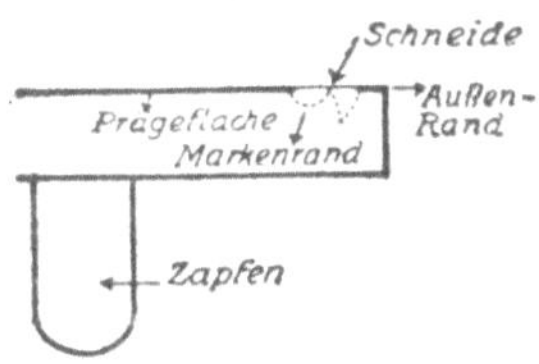

Fig. 21.

Fig. 22.

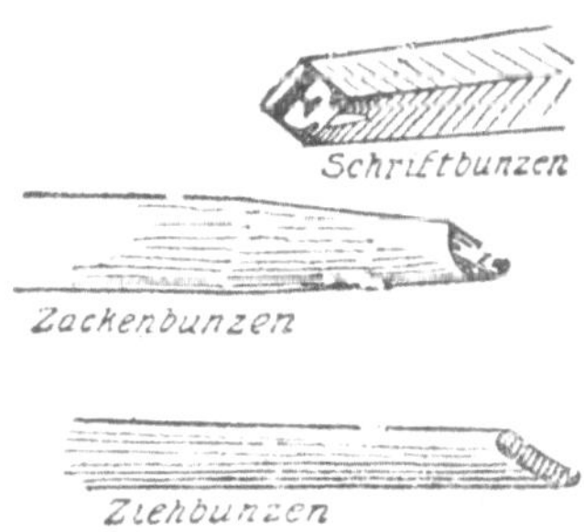

Fig. 23.

tels Rundstichel gestochen und dieser mit dem Ziehbunzen (Abbildung 23) glatt getrieben. Sind noch Embleme, z. B. Sterne, Perlenlinien usw. vorgesehen, so werden auch diese mittels entsprechender Punzen eingeschlagen. Dann wird die Fläche des

Stempels wieder mit feiner Schlichtfeile abgezogen, um den entstandenen Grat zu entfernen, und jetzt alles noch einmal in entsprechender Prägetiefe graviert bzw. gepunzt. Darauf wird der Schnitt gemacht.

Die Arbeit erfordert die größte Aufmerksamkeit des Graveurs. Sobald die Schneide (s. Abbildung 21) unter die Fläche des Stempels beim Anschärfen graviert wird, schneidet sie das Papier nicht durch. Schneidelinie und Druckfläche müssen genau in einer Höhe liegen, also die eine nicht höher oder tiefer sein als die andere.

Zackenschneiden werden auch mittels Punzen eingeschlagen und der Schnitt, wie Abbildungen 24 und 25 veranschaulichen, gemacht.

Fig. 24.

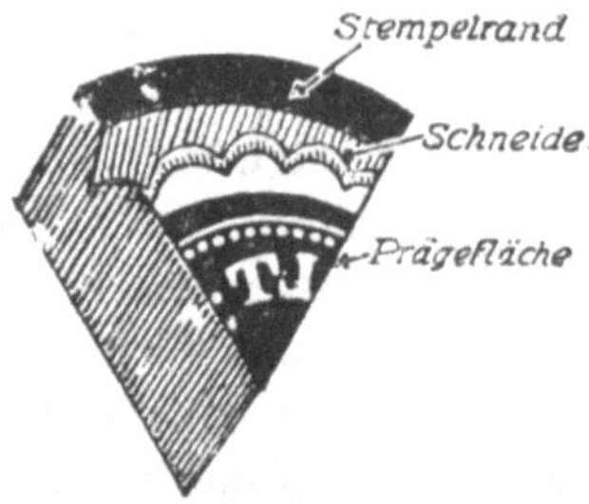

Fig. 25.

Phantasieschriften, heraldische Wappen usw. werden mit der Hand graviert, stellen größere Anforderungen an Geschick und Modulationsverständnis des ausführenden Graveurs, werden aber auch soviel als möglich mittels Punzen nachgearbeitet. Staatswappen, wie Adler (Abbildung 26), viel zu behördlichen Siegelmarken gebraucht, werden in verschiedenen Größen fabrikmäßig hergestellt, d. h. dieselben werden nach Originalstempeln gegossen bzw. gestanzt, so daß nur die Schrift und Schneide einzuschlagen oder zu gravieren sind.

Fig. 26.

Zur verständigen Anfertigung von Siegelmarken bedient man sich der Siegelmarken-Schnellpresse, d. h. dort, wo Einfärbung, Prägung und Schnitte in einem Arbeitsgange erfolgen sollen. Die Bauart der Siegelmarken-Schnellpresse beruht auf dem Prinzip der Buchdruckschnellpresse, nur daß hier das Farbwerk unter der Form bzw. dem Stempel geführt wird. Diese ruht, wie die Abbildung 27 zeigt, auf einem starken Holztische.

Im Kopf der Presse A bewegt sich, ähnlich wie im Balancier, die Leitspindel, ein Vierkant mit Knie b, welches beim Gange der Maschine den Druck oder die Prägung ausübt. An dem

Fig. 27.

Vierkant sitzt die Kluppe bzw. Backe c mit Schraube, welche zur Befestigung und zum Halten des Stempels dient.

Wo der Stempel beim Prägen auftrifft, befindet sich der Tiegel bzw. die Stempelplatte B mit vier Stellschrauben zur Regelung des Druckes; auf derselben der Teller, auf welchem die Matrize montiert wird. In der Maschine ist der Farbkasten angebracht. Rechts an derselben befindet sich das Schwungrad mit Kammrädern. Mittels Handbetrieb in Bewegung gesetzt, wirken dieselben auf ein Exzenterwerk C. Dasselbe bewegt den Walzenschlitten mit drei kleinen Auftragwalzen in zwei Laufschienen d unter dem Farbwerke zum Stempel, färbt ihn ein und drückt den Kniehebel samt Vierkant im Pressenkopf zur Ausführung der Prägung herunter. Vorn an der Maschine ist der Transporteur D zur Fortbewegung und Führung des Papierstreifens angebracht. Dieser besteht aus zwei großen gerillten Rädern aus Rotguß und einer kleinen Stahlwalze, die gegeneinander laufen und, am Hebel e eingestellt, den Papierstreifen immer in entsprechender Stempelweite fortbewegen. Zum Prägen wird Rollenpapier (ähnlich wie bei einer Rotationspresse) verwendet, d. h. gummierte, in entsprechender Breite geschnittene Papierstreifen aneinandergeklebt, auf Rollen E gewickelt, unter Walzenschlitten, Farbwerk und Stempel zum Transporteur geführt. An der Abbildung der Maschine ist der Arbeitsgang deutlich veranschaulicht.

Die Matrizen für Prägungen in der Schnellpresse werden folgendermaßen hergestellt.

Ein Kartonblatt, etwas größer als der Stempel, wird auf einer Seite mit gelbem Wachs bestrichen bzw. gewachst, das, um ein gutes Kleben zu erzielen, mit etwas venezianischem Terpentin vermischt wird. Dieses Blatt wird unter den Stempel gebracht und die Maschine mit leichtem Druck durchgedreht, so daß es auf dem Matrizenteller haftet. Darauf wird ein zweites Blatt gelegt und nun mit eingefärbtem Stempel ein Druck gemacht. Jetzt sieht man auch, ob der Stempel gerade ist, d. h. ob dieser auf einer Stelle unterlegt werden muß, damit eine gleichmäßige Einfärbung erzielt werden kann. Auch sieht man, auf welcher Seite der Druck am Tiegel geregelt werden muß, da sich eine Prägung auf dem Karton schon leicht kenntlich macht. Ist Stempel und Druck gleichmäßig, so wird ein zweites gewachstes Kartonblatt auf das erste gelegt und die Maschine mit eingefärbtem Stempel durchgedreht, so daß das Blatt fest auf dem ersten haftet. Nun werden wieder einige Abzüge auf Karton gemacht und diese mit Wachs hinterstrichen. Aus denselben werden nun die Schriftzeilen oder Wappen usw. mit scharfem Messer herausgeschnitten und, ähnlich der Zurichtung beim Buchdrucker, auf die betreffenden Stellen der anzufertigenden Matrize gebracht und aufgeprägt. Der Teller ist von der Stempelplatte abzunehmen und ein sicheres Arbeiten gewährleistet. Zweimaliges Unterlegen bei Schrift, dreimaliges bei Wappen genügt meist, um eine gute Prägung zu erzielen.

Über das Ganze wird ein dünnes Blatt Papier gelegt, der Druck durchgedreht und damit ein scharfes Ausprägen erzielt. Mit scharfem Messer wird der um die Form stehende Papierrand sauber weggeschnitten, dann ein Stück gleichmäßig starkes, glattes Leder gewachst, auf die Matrize gelegt, der Druck etwas schärfer gestellt und dasselbe aufgepreßt, wobei der Druck einige Male vor und zurückgedreht wird. Darauf wird der überstehende Lederrand auch weggeschnitten und der sich bildende hochstehende Streifen der Matrize zwischen Schneide und Stempelrand mit dem Messer verschabt.

Nun beginnt die Prägung. Durch dieselbe wird die Matrize immer härter. Läßt die Schärfe der Prägung nach, so wird der Druck etwas stärker gestellt, und sie wird wieder tadellos sein. Einfärbung, Druck und Prägung gehen nun ganz automatisch, ähnlich wie der Druck in der Buchdruckpresse, vor sich.

Die fertigen Marken hängen ganz leicht im Papierstreifen und werden mittels Fingerdruck aus demselben befördert. Auch einfarbige Siegelmarken prägt man auf den Schnellpressen. Hier muß aber an verschiedenen Stellen die Schneide durchbrochen werden, um ein Hängenbleiben am Stempel zu vermeiden.

Klappt alles, und die Maschine ist im Gange, so können immerhin stündlich bis zu 2000 Marken fertiggestellt werden. Neuerdings hat man auch automatische Schnellpressen für Siegelmarkendruck, die in einem Arbeitsgange bis 12 Marken und 30 Drucke in der Minute herstellen. Die Marken müssen aber mittels Ausstanzeisens aus dem Bogen herausgeschlagen werden.[1])

Maschinen für die Herstellung von Siegelmarken.

In früheren Jahren wurden Siegelmarken fast ausschließlich von Behörden benutzt, und zwar in höchst einfacher Ausführung. Die Herstellung erfolgte meistens in Typendruck.

Die Siegelmarken wurden in ovaler oder kreisrunder Form, mit und ohne gezacktem Rand, mittels Stanzeisen ausgeschlagen. Bei Aufnahme der Siegelmarken in den geschäftlichen Verkehr wurde auf die allgemeine Ausführung derselben mehr Wert gelegt. Es bildeten sich Spezialgeschäfte zur Herstellung von Siegelmarken, die statt des einfachen Druckes die Marken in farbiger Prägung und jeder gewünschten Form ausgestanzt lieferten.

Die Fabrikation wurde zunächst auf der Balancierpresse oder kleinen von Hand bewegten Maschinen vorgenommen. Mit dem ständig steigenden Bedarf jedoch machte sich die Notwendigkeit geltend, besondere Prägemaschinen zu bauen, auf denen die Siegel-

[1]) **Autor: Richard Mahler.**

marken auf vollständig automatischer Weise von einer endlosen Rolle gummierten Papiers hergestellt werden, wodurch sich die Herstellungskosten natürlich bedeutend verbilligten.

Seit Einführung derartiger Spezialmaschinen hat sich die Herstellung von Siegelmarken ungemein vereinfacht und sich zur Massenfabrikation entwickelt.

Waren die soeben erwähnten Maschinen nur für den Handbetrieb eingerichtet, so trat an deren Stelle jetzt die Siegelmarkenprägepresse für den Kraftbetrieb. Diese Maschinen wurden bedeutend verbessert durch Anbringung eines Zylinderfarbwerks, wodurch eine vorzügliche Farbverreibung erzielt wird. Der breite massive Kniehebel ermöglicht einen sehr kräftigen Druck, außerdem sind sowohl Druck als auch Farbzuführung verstellbar eingerichtet.

Die Firma Friedr. Keese, Maschinenfabrik, Stuttgart, widmet sich seit Jahren dem Bau derartiger Maschinen als besondere Spezialität.

Von ganz hervorragender Leistungsfähigkeit ist die Siegelmarkenprägepresse „Rapid" für einfarbigen Druck mittels Selbstfärbung sowie Prägung. Die Maschine verarbeitet die Marken von einer endlosen Rolle vollständig automatisch, außerdem pflückt sie die fertigen Siegelmarken mittels einer Auspflückvorrichtung ebenfalls automatisch aus, so daß eine Person gleichzeitig mehrere Maschinen bedienen kann. Die Maschine prägt und stanzt gleichzeitig, und es lassen sich selbst bei nur einem Einzelprägestempel während eines Tages ungefähr 25 000 Stück Siegelmarken herstellen.

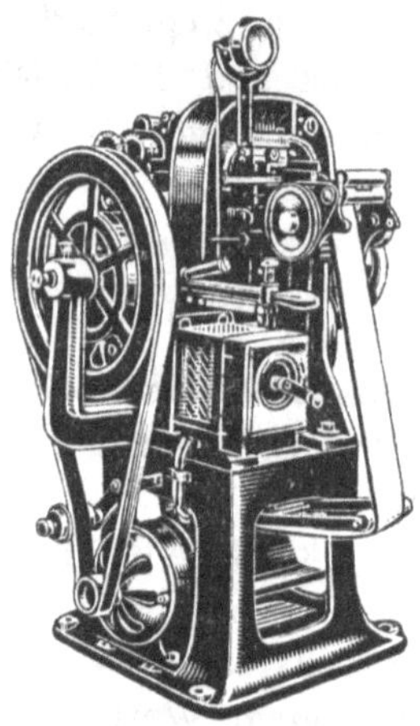

Fig. 28. Siegelmarkenprägepresse „Rapid", erbaut von Friedr. Keese, A.-G., Stuttgart.

Um auch den Wünschen der Kundschaft nach Siegelmarken in mehrfarbigem Prägedruck genügen zu können, baute die gleiche Firma eine entsprechende Maschine, die in einem Arbeitsgange derartige Marken liefert. In der Siegelmarkenprägepresse „Perfekt" finden wir eine solche für zweifarbige Ausführung für Kraftbetrieb eingerichtet. Die „Perfekt" ist sowohl für Ein- als für Zweifarbendruck eingerichtet, und zwar so, daß die Farben ineinander gedruckt werden können. Druck der Marken, Prägen und Stanzen erfolgt selbsttätig, und kann außerdem die Maschine zum Druck von Buchdrucksatz verwendet werden.

Außer diesen beiden vorerwähnten Maschinen baut nun die gleiche Firma eine neue Siegelmarkenprägemaschine, mit der nicht nur ein- oder zweifarbige, sondern auch dreifarbige Marken und geprägte Etiketten hergestellt werden können. Dieselbe kommt unter dem Namen „Germania“ in den Handel.

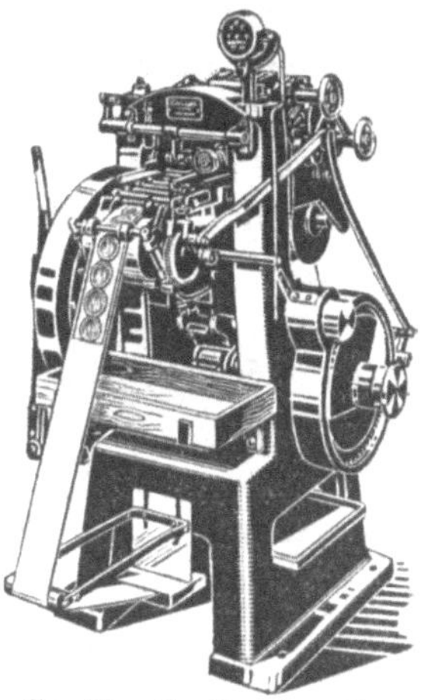

Fig. 29. Siegelmarkenprägepresse „Perfekt“, erbaut von Friedr. Keese, A.-G., Stuttgart.

Die Arbeitsweise der Germania ist die gleiche wie die der vorstehend beschriebenen Maschinen. Der Farbdruck kann aber durcheinander erfolgen und es lassen sich trotzdem in genauester Weise die kunstvollsten Arbeiten herstellen.

Die Leistungsfähigkeit dieser Maschine ist eine ganz bedeutend hohe. Es können auf derselben alle Sorten gummierter Papiere verarbeitet werden, sogar Metallpapiere in Rollen. Die „Germania“, die sich bereits in mehreren Exemplaren im Gebrauch befindet, hat die volle Anerkennung ihrer Abnehmer gefunden. Es lassen sich auf dieser Maschine, die sich durch ihre außerordentlich standfeste und vorteilhafte Bauart auszeichnet, nicht nur mehrfarbig geprägte Siegelmarken herstellen, sondern auch Zigarettenschachteln aus dünnem Karton, sowie Packungen für Zucker, Bouillon-kapseln usw.

Fig. 30. Siegelmarkenprägepresse „Germania II“, erbaut von Friedrich Keese, Act.-Ges., Stuttgart.

Als Vorarbeit für die Erzielung guter Prägungen ist die Herstellung der Matrizen von Wichtigkeit und ist hierbei die schwere und vorzügliche Bauart der Keeseschen Maschinen, besonders das mehrmalige Nachstellen des Druckes, von Vorteil.

Das Herstellen der Matrizen geschieht mit der Maschine selbst, und zwar eignet sich hierzu besonders ein zäher Karton oder ein eigens für diese Zwecke bestehender Preßspan. Auf diesem Preßspan wird ein gutes Postpapier aufgeklebt, darauf ein dünner Löschkarton und hierauf noch ein Stückchen Postpapier. Zu diesem Aufkleben muß ein guthaftender Fischleim verwendet werden; die ganze Matrize bildet alsdann durch den starken Druck der Maschine eine feste Masse. Es werden durch dieses mehrmalige Auflegen von Papier u. a. alle etwaigen Unregelmäßigkeiten der Fläche beseitigt und alle, auch die kleinsten und schwächsten Gravierungen kommen deutlich zum Ausdruck. Die Matrize wird schließlich mit ein wenig Talkum eingestäubt, um ein Aufkleben des gummierten Papiers auf der frischen Matrize zu verhindern und dann geht der bereits beschriebene Arbeitsgang zur Herstellung mehrfarbiger Siegelmarken vor sich.

II. Die Herstellung von Pressungen auf heißem Wege

a) mittels Blattmetall.

Herstellung von Schaumgold.[1])

Von Geh. Regierungsrat Dr.-Ing. Theobald in Berlin-Lichterfelde.

In verschiedenen fränkischen Städten, Nürnberg und Fürth mit ihrer Umgebung voran, in Dresden, in einigen Orten des Fichtelgebirges und des sächsischen Erzgebirges ist die Herstellung des Schaumgoldes, die „Blattmetallschlägerei“, wie sie im Gegensatz zur „Echtgoldschlägerei“ heißt, zu Hause.

In Graphittiegeln wird das Gemisch von Kupfer und Zink, das von 90 v. H. Kupfer und 10 v. H. Zink bis zu 60 v. H. Kupfer und 40 v. H. Zink heruntergeht, auf Holzfeuer geschmolzen und in schmale Metallformen, die eine etwa 50 cm lange, 1,6 cm breite und 0,8 cm tiefe halbkreisförmige Rille besitzen, zu „Stengeln“ gegossen. Diese werden in kaltem Zustand unter Stengelhämmern vorgeschmiedet und in kleinen Walzwerken zu Bändern von 3 cm Breite und 20 bis 25 cm Länge ausgewalzt. Zwischen den zahlreichen Durchgängen durch das Walzwerk wird das Metall durch Glühen erweicht, zuletzt in Glühbüchsen, d. h. gußeisernen, mit Lehm gasdicht verschmierten Muffeln.

---

[1]) Entnommen der Technischen Rundschau, Berlin, No. 41 vom 24. Dez. 1919.

Dem Walzen folgt das „Zainen“, d. h. ein Ausstrecken hauptsächlich quer zur Längsrichtung des Metalles. Das Band wird zu dem Zwecke in 60 cm lange Stücke zerschnitten und in Packen von 100 bis 120 Stück unter den ersten Zainhammer (Abb. 35) gebracht. Nun folgt abwechselnd Glühen und Zainen, das nacheinander in Packen von 200 bis 240 Stück und von 300 bis 360 Blättern vor sich geht und Blätter von 8 cm bzw. 12 bis 13 cm Breite und wachsender Feinheit liefert, aber auch noch ein gewisses Strecken hervorruft. Die Zainhammer vollführen 360 bis 400 Schläge in der Minute.

Nach erneutem Glühen hängt man diese Blätter auf 90 cm ab, badet sie in stark verdünnter Schwefelsäure, spült diese in Wasser ab, siedet dann die Blätter in Weinsteinlösung, bürstet sie energisch und hängt sie in geheizten Kammern zu rascher Trocknung auf.

Von neuem setzt jetzt die Bearbeitung unter den Zainhämmern ein, die jetzt vorzugsweise auf das Ausbreiten der Blätter hinarbeiten, während die Streckung nur noch gering ist. Unter jedesmaliger Steigerung der Blattzahl werden schließlich 2000 Stück Blätter auf 24 cm Breite ausgehämmert. Das Brennergebnis dieses Zainprozesses ist das „gezainte Metall“, „Zainmetall“ oder „Rauschgold“, ein stark knitterndes, noch blechartiges Gebilde. Nur die völlig fehlerfreien unter diesen Blättern werden zu der Herstellung des Schaumgoldes verwandt, während die weniger guten zu Bronzefarbe verarbeitet werden.

Die Hammerwerke bereiten vielfach die gezainten Blätter weiter für die Blattmetallschlägerei vor, indem sie dieselben auf 100 cm Länge und 20 cm Breite zuschneiden, diese in sechs bis sieben Streifen und die Streifen wieder in sechs Vierecke zerschneiden und diese „Quartiere“ nach dem Ausglühen in Pergamentformen unter besonders schweren, langsam schlagenden „Planierhämmern“ zu „Metallot“ von etwa 15 cm Seitenlänge ausschlagen. Jetzt erst ist das Metall zur Verarbeitung durch den Metallschläger reif.

Dieser glüht fünf Pfund Lotmetall in Glühmessing eingewickelt in einem Blechgefäß zwischen Holzkohlen aus und legt die Metallote dann in die erste der drei „Formen“, in denen das Metall hintereinander ausgeschlagen wird. Wird das Metall von Hand ausgeschlagen, so bestehen sämtliche drei Formen aus Goldschlägerhaut, d. h. dem umständlich zubereiteten, inneren Ueberzug des Rinderblinddarmes. Mehrere hundert solcher Goldschlägerhäutchen werden abwechselnd mit den aus dem Metallot geschnittenen kleinen

Quadraten von etwa 4×4 cm, die wiederum „Quartiere“ heißen, geschichtet. Ist dann erst in der einen Richtung ein und darauf quer dazu ein zweites „Formband“ aus Pergament über diesen Stapel geschoben, um ihn einerseits zusammenzuhalten und anderseits gegen den unmittelbaren Schlag des Hammers zu schützen, so ist die Form zum Ausschlagen fertig. Erwähnt mag noch werden, daß die Goldschlägerhäutchen mehrere Jahre lang in der Echtgoldschlägerei zum Ausschlagen des Blattgoldes gedient haben müssen, ehe sie zum Ausschlagen des Blattmetalles brauchbar sind. Außerdem werden die Häutchen, ehe man die Metallquartiere zwischen sie legt, mit „Brann“ (Fasergips) leicht eingestäubt, um ein Anhaften der Metallblättchen an den Goldschlägerhäutchen zu verhüten.

Der Handschläger legt die Form auf einen etwas über kniehohen, polierten Marmorstein (Abb. 31 und 32), hält sie mit der einen Hand und schwingt mit der anderen den schweren, breiten Doppelhammer, mit schwacher Bahnwölbung, der etwa 20 Pfund wiegt. Nach einem leichten Schlag auf die Formmitte gibt der Schläger mehrere „Streiche“ auf eine nach dem Rand des Metallblättchens zustrahlende Linie und dann an dem Blattrand entlang, kehrt dann wieder zur Blattmitte zurück und wiederholt die Streiche auf einem anderen Strahl, nachdem er vorher die Form um einen gewissen Winkel gedreht hat. Ist die Form so von oben bearbeitet, so wird sie gewendet und nun auf der Unterseite in gleicher Weise geschlagen. Dabei werden die Streiche immer mehr nach dem Formrande zu getrieben, weil das Metallblättchen sich unter den Hammerstreichen ständig ausbreitet. Aus der ersten Form herausgenommen, werden die Blättchen geviertteilt, in die zweite Form eingelegt, erneut geschlagen, nach dem Ausschlagen wiederum geviertteilt und in einer dritten Form dünn geschlagen. Daß die gebrauchten Formen mehrfach zwischen geheizten Platten gepreßt, dazwischen „gebrännt“, nach beendetem Pressen „ausgeblasen“ und so für das Einlegen neuer Blättchen vorbereitet werden, kann hier nur angedeutet werden.

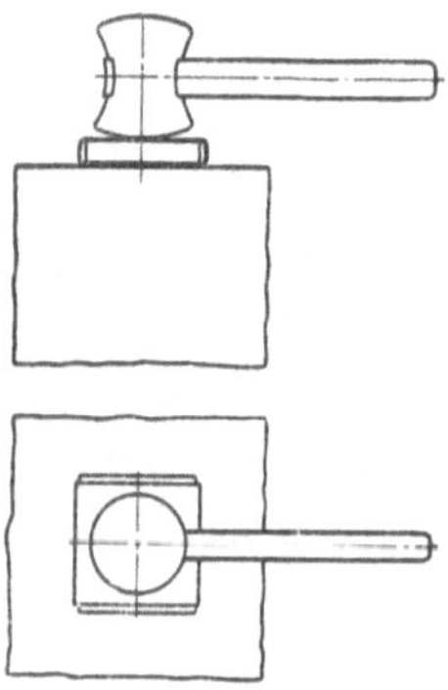

Fig. 31 u. 32. Hammer, Form u. Schlagstein des Metallschlägers.

Das Füllen der Form mit den frischen Metallblättchen und ihr Entleeren geschieht durch die „Einfüllerin“, auch das Einlegen der dünn geschlagenen Blättchen in die Vergolderbüchelchen, in denen wir das Schaumgold kaufen, erfolgt durch Frauenhände. Die betreffende Arbeiterin sitzt dabei vor einem Tisch auf dem ein kleines zweistufiges Treppchen, die „Brücke“, steht. Auf jeder Stufe liegt ein Büchelchen. Vor sich legt die Arbeiterin die fertig geschlagene Form, die aus ihren Pergamenthüllen befreit und mit dem einen Zipfel in die „Spannzange“ gespannt ist. Die Arbeiterin blättert mit der linken Hand Häutchen für Häutchen um, legt ein mit der rechten gehaltenes feines Holzzängelchen auf das Metallblättchen, bläst behutsam auf letzteres, damit es sich um

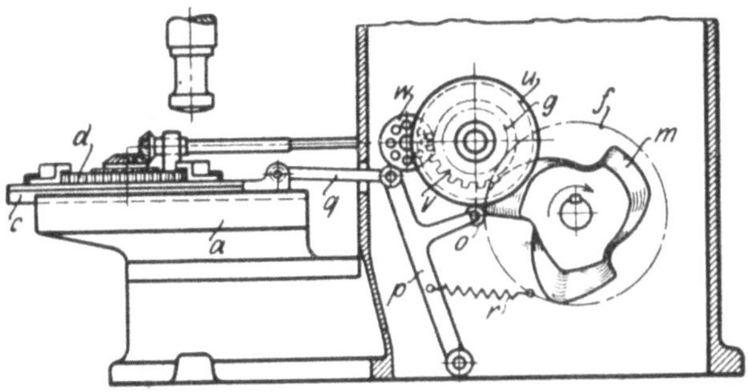

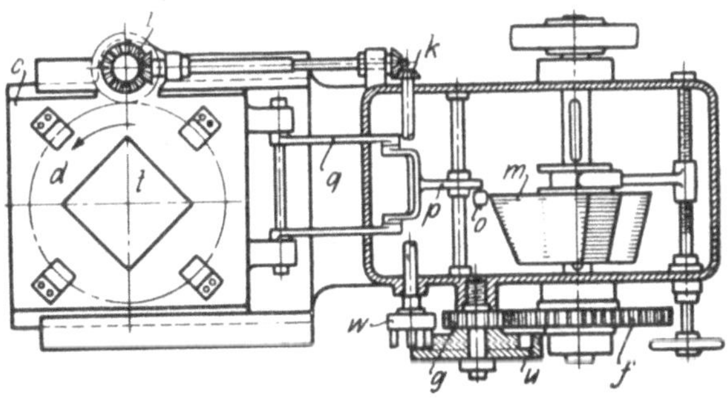

Fig. 33 und 34. Blattmetallschlagmaschine.

den aufstrebenden Zangenschenkel legt, und trägt das erfaßte Blättchen in das Büchelchen. Ist das Büchelchen gefüllt, so wird das überstehende Metall mit dem Zängelchen abgestrichen, so daß die Metallblättchen die Größe des Büchelchens annehmen.

Das Ausschlagen des Metalles in der Form wird heute vielfach schon völlig maschinell ausgeführt. Das Material der Formblätter ist dann aber nicht mehr das Goldschlägerhäutchen, sondern ein aus tierischen Fasern u. dgl. hergestelltes Papier, das sogenannte Montgolfier-Papier. Es läßt sich denken, daß die Schlagbahnen, welche die Hand mühelos auf der Form ausführte, verwickelte Getriebe erfordern, um dem Hammer und der Form ähnliche Bewegungen zu erteilen, wie sie sie von dem Menschen empfingen. Eine Blattmetallschlagmaschine zeigen Abb. 33 und 34. Der Hammer, nur in seinem unteren Teil, der „Bahn", sichtbar, wird mechanisch oder durch Druckkraft bewegt. Auf dem Schlitten c, welcher in Nuten des Ambosses a vor- und zurückgeführt werden kann, liegt bei t in einem quadratischen Ausschnitt des Formhalters d die Schlagform. Schlitten c greift durch Lenkstange q am dreiarmigen Hebel p an, welcher um sein unteres Ende schwingen kann, und dessen Rolle o durch Feder r ständig gegen die eigentümlich geformte Daumenscheibe m gedrückt wird. Es leuchtet ein, daß bei der Drehung der Daumenscheibe m die Rolle o der wechselnden Gestalt des Umfanges der Daumenscheibe folgen und dieselben wechselnden Bewegungen auf dem Schlitten c und damit auf die Form t übertragen wird. Außer dieser geradlinigen

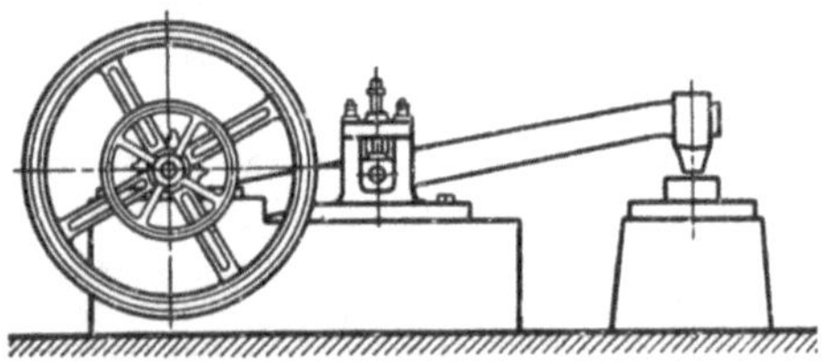

Fig. 35. Zainhammer.

Verschiebung der Schlagform, damit der Hammer verschiedene Punkte eines Strahles nacheinander trifft, wird von Zeit zu Zeit eine Drehung der Form notwendig, um einen neuen Strahl den Hammerstreichen darzubieten. Diese Drehung geschieht durch Kegelradgetriebe k, i und ein Stirnrad, welches in den gezahnten Kranz des Formhalters d eingreift. Eingeleitet wird sie durch Stirnräder f, g und weitergeleitet durch ein Getriebe u, v, w, dessen eigenartige Gestaltung bewirkt, daß diese Drehung der Form periodisch unterbrochen wird.

Auch auf einem anderen Gebiet der Metallschlägerei beginnt sich der maschinelle Betrieb einzubürgern, indem nämlich das Zusammensetzen und umgekehrt das Ablegen der Form durch eine Maschine geschieht, die ebenso wie der Maschinenhammer von Jakob Heinrich in Fürth, wohl dem kundigsten Fachmann auf dem Gebiete der Metallschlägerei, zu großer Vollkommenheit entwickelt worden ist. Dabei bewirken zwei oder drei Sauger das abwechselnde Erfassen der Zwischenlagen und der Metallblättchen und tragen die verschiedenen Teile an ihren Bestimmungsort, indem sie — zwecks Aufbaues der zu schlagenden Form — die in getrennten Stapeln geschichteten Zwischenlagen und Quartiere aufeinanderlegen oder — zwecks Abbaues der ausgeschlagenen Form — deren Bestandteile einzeln ablegen.

Die Blattmetalle und ihre Verwendung in der Papierausstattung.[1])

In der Regel enthält echtes Blattgold einen mehr oder weniger großen Zusatz an Silber oder Kupfer, so daß deren Beigabe entsprechend, die Farbe des Blattmetalls hell (gelb) oder dunkel (kupferfarbig) ist. Im Handel unterscheidet man die verschiedensten Goldfärbungen, z. B. Blaßgrüngold (hellste Färbung), Dunkelgrüngold, Dunkelzitronengold, Gelbgold, Orangegold (hält hinsichtlich der Farbe etwa die Mitte), Rotgold, Dukatengold (am dunkelsten in der Färbung). Das letztgenannte Metall steht im Preise am höchsten, da es neben reichlichem Gold nur Kupfer und wenig Silber enthält, während die helleren Farben wenig Gold und dafür reichlichen Gehalt an Silber besitzen.

Neben den echten, haltbaren Metallen gibt es unechte Ersatzmetalle, z. B. das Metall- oder Kompositionsgold von dicker Beschaffenheit. Es kann nur zu solchen Drucken Verwendung finden, die keine längere Haltbarkeit im Glanz und in der Färbung erfordern. Diese Metalldrucke erhalten nach kurzer Zeit mißfarbiges, fleckiges Aussehen, und diese treten um so eher auf, je größer der Kupfergehalt des Metalls ist. Echtes Blattsilber wird beim Druck nicht angewendet, weil es schnell oxydiert und schwarz wird. An seine Stelle tritt das Blattaluminium von durchaus haltbarer und beständiger Silberfärbung. Außerdem sei hier auch noch das Weißmetall, aus Zinn bestehend, erwähnt, das aber ebenfalls von geringer Beständigkeit ist.

Hängenbleiben des Metalles zu vermeiden. Die Beförderung der äußerst dünnen und leichten Metallteile auf das zu bedruckende Arbeitsstück erfordert Übung, denn die Teile werden von dem geringsten Luftzug weggeführt. Mittels selbstgefertigten Tampons kann man das Metall schnell auf die gewünschte Stelle bringen. Man überzieht ein Stückchen Pappe von der Größe des auf-

---

[1]) Entnommen dem „Generalanzeiger für Pappe und Papierverarbeitung", Dresden.

zulegenden Metalls auf einer Seite mit Tuch und bringt auf der anderen Seite der Pappe eine Handhabe an. Mit diesem Tampon wird das Metall, nachdem man ersteren über das Kopfhaar streicht, aufgenommen und so auf das Arbeitsstück befördert. Damit es auf diesem gut haftet, überfährt man die betreffende Stelle mit einem Lederläppchen, auf dem einige Tropfen Mandelöl verrieben sind. Das aufgelegte Metall wird hierauf mit einem Wattebäuschchen angedrückt. Dort, wo es sich um die Herstellung von Einzeldrucken handelt oder solchen in geringer Anzahl und wobei auch Farbdruck in Anwendung tritt, kann man das Auflegen des Metalls derart vornehmen, daß unter das entsprechend groß geschnittene Metall ein schwacher Karton derart geschoben wird, daß das Metall an einer Seite noch ein Geringes über die Unterlage hervorragt. Nun bedeckt man das auf dem Karton sich befindende Metall mit einem Blatt Papier und bringt es so behutsam zu der gewünschten Stelle, und zwar mit der hervorstehenden Kante des Metalls zuerst darauf.

Mit einem Wattebäuschchen drückt man die Kante des Metalls auf die Druckfläche nieder und zieht den Karton darunter hervor.

Um das Blattmetall auf der Druckstelle zum Halten zu bringen, bedarf es eines Bindemittels, das je nach Art des Arbeitsstückes und der gewonnenen Erfahrung in flüssiger oder pulverisierter Form aufgetragen wird. Diese Maßnahme bezeichnet man mit „Grundieren". Die zum Druck dienenden Schriften und Platten müssen dann mehr oder weniger stark erwärmt werden, wodurch die Grundierung schmilzt und dabei wird das Metall mit dem Arbeitsstück dauernd verbunden. Je nachdem nun das Arbeitsstück flüssige oder trockene Grundierung verträgt, hat die Anwendung stattzufinden.

Die Anzahl der Grundiermittel ist groß, und ihre Anwendung wird so verschieden gehandhabt, daß sich bestimmte Regeln dafür, die in allen Fällen maßgebend sein können, nicht geben lassen. Es seien nachstehend bewährte Grundiermittel aufgeführt, die zur Hand sind und beim Metalldruck auf Papier, Leinwand, Seide, Holz usw. sich als brauchbar erwiesen haben.

Ein flüssiges Grundiermittel von universeller Verwendbarkeit ist das Eiweiß in verdünntem Zustande. Man sondert es von frischen Eiern vollständig ab, setzt ihm im Verhältnis zu seiner Menge zwei Teile Wasser hinzu und mischt es durch Quirlen gut. Nachdem sich der entstandene Schaum gesetzt hat, wird es unter Absonderung des Bodensatzes in eine Flasche gefüllt, etwas Kampfer beigegeben, um Fäulnis zu verhüten und das Ganze kühl aufbewahrt. Das derart hergestellte Grundiermittel ist in den meisten Fällen zu stark, weshalb es vor dem Gebrauch durch Wasser verdünnt werden muß.

Ein anderes brauchbares und geschätztes Grundiermittel ist Gelatinelösung. Drei Tafeln glänzend weißer oder gelblicher Gelatine werden in warmem Wasser aufgelöst, so daß nach dem Erkalten eine gallertartige Masse entsteht. Sie wird zum Gebrauch mit warmem Wasser weiter verdünnt und dieses Grundiermittel in warmem Zustande aufgetragen.

Wie bereits erwähnt, sind die flüssigen Grundiermittel vor dem Gebrauch in notwendiger Weise zu verdünnen, und erfolgt das Auftragen auf das Arbeitsstück bei großen Flächen und kleiner Auflage mit einem Pinsel, dem Vordruck entsprechend, oder aber das Arbeitsstück wird strichweise mit einem Schwamm überfahren. Zeigt die Grundierung nach dem Trocknen zu starken Glanz, so ist das Grundiermittel zu stark und muß verdünnt werden, während es zu schwach ist, wenn bei bereits glänzenden Papieren, Stoffen usw. der Glanz verloren geht. Um Schäumen des Grundiermittels beim Aufstreichen zu vermeiden, sind dem Ganzen einige Tropfen Milch hinzuzufügen, denn der Schaum hinterläßt nach dem Auftrocknen häßliche graue Streifen. Beim Druck von Kompositionsmetall und anderen starken Metallen ist es des besseren Haltens wegen notwendig, daß die Grundierung nicht zu schnell trocknet, um besseren Halt des Metalls herbeizuführen. Dies erreicht man durch Beigabe einiger Tropfen Glyzerin.

Gewisse Papiere und Stoffe, auf die ich noch weiter eingehe, können ohne Veränderung des Aussehens nicht feucht grundiert werden. Hier muß diese Vorarbeit auf trockenem Wege mittels Vergoldepulvers geschehen. Es gibt verschiedene Arten von diesem Pulver, welche sich den Erfordernissen der verschiedenen zur Verarbeitung kommenden Materialien gut anpassen. Bekannt und oft angewendet ist das Pariser Vergoldepulver aus einer Mischung feiner Harze, wie Mastix, Kopal, Sandarach, Gummigutti usw. bestehend. Die weiße Sorte Pulver ist schwerer schmelzbar und macht Anwendung größerer Hitze nötig oder längeren Druck, während gelbes Pulver leichter schmilzt. Manchmal werden auch beide Sorten zum Gebrauch gemischt. Ein weiteres sehr brauchbares Pulver ist pulverisiertes Eiweiß, daß man am vorteilhaftesten käuflich erwirbt, da Selbstanfertigung umständlich ist. Man kann es herstellen, indem man Eiweiß allein auf einen Teller schlägt und trocknen läßt. Starke Hitze, welche das Eiweiß bräunt, ist zu vermeiden. Dadurch büßt es seine Bindekraft ein. Springt das getrocknete Eiweiß vom Teller ab, so wird es in einer Reibschale äußerst fein gerieben, worauf es zum Gebrauch fertig ist. Als weiteres billiges Grundiermittel sei noch Dextrin genannt, das beim Druck recht billiger Sachen Verwendung finden kann. Mit Pulver grundiert man am besten aus einem entsprechend großen Kasten mittels Hasenpfote oder Bürste, in welchem das Pulver geschüttet ist. Das überschüssige Pulver läßt man in den Kasten zurückgleiten. Es wird bei dieser Arbeitsweise eine matte, dünne Schicht von dem Pulver auf dem Arbeitsstück zurückbleiben, die jedoch genügt, um bei entsprechend warmer Presse das Metall zum Halten zu bringen. Bei rauhen und faserigen Stoffen muß das Vergoldepulver tupfend aufgebracht werden, damit es besser in das Material eindringt. Um den Erfolg zu sichern, ist der jeweils richtige Wärmegrad der Presse Bedingung. Schwer schmelzbare Vergoldepulver sowie dicke Metalle (Kompositionsmetalle) erfordern stärkere Heizung als leichter schmelzbare Pulver und dünne Metalle. Vorbedingung für den Druck ist mit Gas, Dampf oder Elektrizität heizbare Presse und die Druckformen müssen in Messing oder Stahl graviert sein, um hohen Widerstand zu bieten. Meist wird das Formenmaterial, Schrift und Platten, in Höhe von 7 mm geliefert. Sie werden auf entsprechend starker Unterlage, der Einschiebplatte der Presse befestigt. Das geschieht derart, daß man Schriften und Platte auf eine dünne, recht festgewalzte Pappe klebt, und, nachdem der Satz angetrocknet, das Ganze auf der Anhängeplatte der Presse befestigt. Als Klebstoff kann man Fischleim verwenden, doch eignet sich auch dicker, zäher Roggenmehlkleister. Neue Gravuren werden vor dem Gebrauch mit verdünnter Salzsäure abgewaschen, um daran befindliches Fett gründlich zu entfernen.

Die Unterlage auf dem Schlitten, auf welche der Druck auftritt, besteht in der Regel aus einem Stück dünner Stanzpappe. Dort, wo das Arbeitsstück keinerlei Schattierung zeigen darf, genügt es, ein Stück starkes Postpapier unter das Arbeitsstück zu legen und die Unterlage oft zu wechseln.

Nachstehend sollen nun noch einige spezielle Arbeitsweisen beim Metalldruck auf verschiedenes Material gegeben werden.

P a p i e r u n d K a r t o n. Metalldrucke und -prägungen auf diese Materialien sind am häufigsten, wobei es nicht immer Voraussetzung ist, daß vor dem Auflegen des Metalls grundiert werden muß. Alle gestrichenen und wasserfesten Kalbleder- und Lederpapiere in weiß und bunt, sowie alle gelatinierten Papiere besitzen soviel Klebkraft, daß ein mehr oder weniger langer Druck mit der Presse genügt, um das Metall zum Haften zu bringen. Wo grundiert werden muß, wählt man, wenn es möglich ist, die flüssige Grundierung, weil es sich damit am schnellsten arbeiten läßt. Nicht anwendbar ist diese Grundierung bei Chromo- und Illustrationsdruckpapier, Satin-, Glacé- und Glanzpapieren aller Art weiß und bunt. Diese Papiere werden durch die Feuchtigkeit wellig und lassen zuweilen auch den Strich sehen, wenn sie mit solchem versehen sind. Es muß daher zum Grundieren mittels Pulvers geschritten werden. Bei hochgeglätteten Papieren will das Pulver meist nicht haften. Man reibt dann vorher die zu grundierende Fläche mit Talkum ab, worauf das Vergoldepulver besseren Halt zeigt. Hält man das grundierte Arbeitsstück in Augenhöhe, so muß eine dünne Schicht der Grundierung wahrnehmbar sein. Sind mittels eines Druckverfahrens hergestellte Buntpapiere mit Metalldruck zu versehen, so besitzt die auf dem Papier haftende Farbe genügend Bindekraft für das Metall. Der Farbdruck darf jedoch nicht zu frisch sein, weil sonst auch das Metall neben der Prägung festkleben würde. Um dies zu verhindern, werden die Drucke mit Kartoffelmehl oder Federweiß abgerieben, mit Vergoldepulver grundiert und dann gedruckt.

Es sei aufmerksam gemacht, daß es direkt vergoldefähige Papiere gibt, die mit Vorteil zu verwenden sind, wo es sich um die Herstellung von Metalldrucken in großer Auflage handelt. Es ist bei der Bestellung dann auch mitzuteilen, daß die Papiere für den Druck mit Metall direkt zu dienen haben.

Leinwand, Kaliko, Zwirnstoffe. Bei Kaliko grundiert man in der Regel mit verdünntem Eiweiß (6—8 Teile Wasser auf einen Teil Eiweiß). Alle geschmeidigen Leinwandsorten benötigen in der Regel geringere, d. h. schwächere Grundierung, manche besonders glänzende Sorten wiederum gar keine Grundierung. Bei wenig glänzender, harter Leinwand muß die Grundierung gehaltreicher sein, um gute Klebkraft zu haben. Das Grundieren geschieht durch strichweises Überfahren mit einem Schwämmchen, so, daß jede Stelle, die Metalldruck zeigen soll, getroffen wird. Ist die Grundierung gut getrocknet, so wird die Leinwand mit einem Lederlappen, auf dem einige Tropfen Mandelöl verrieben sind, überfahren, um das Metall, das aufgelegt und mit einem Wattebäuschchen festgedrückt wird, zum besseren Halten zu bringen.

Der Hitzegrad der Presse richtet sich im allgemeinen nach der

Farbe der Leinwand. Hellfarbige Sorten müssen mit weniger, dunkelfarbige Stoffe können mit mehr Hitze gedruckt werden. Wird der Druck erst vorgenommen, wenn die Grundierung schon lange trocken geworden ist, oder wird ohne Grundierung gedruckt, so muß der Druck anhaltender und der Wärmegrad der Presse stärker sein, damit sie auf die Grundierung besser lösend wirken können. Auf dem Arbeitsstück fester haftende Metallteilchen werden durch Abreiben mit Radiergummi entfernt.

Auf Zwirn- und Baumwollgewebe grundiert man mit warmer Gelatinelösung, derart verdünnt, daß sie das Aussehen des Gewebes nicht verändert. Wo sich eine Veränderung bemerkbar macht, ist nach dem Trocknen der Stoff auszubürsten und nochmals, entsprechend verdünnt, zu grundieren. Vertragen die Stoffe feuchte Grundierung nicht, so muß Vergoldepulver Anwendung finden. Der Druck ist mit heißer Presse auszuführen.

Seidene Stoffe. Die Arbeitsweise beim Metalldruck ist die, daß, nachdem die Stellung auf dem Band geregelt und letzteres in seiner Lage auf dem Tiegel befestigt ist, zuerst ein Blinddruck auf das Band ausgeführt wird. Auf diesen Vordruck wird Vergoldepulver oder pulverisiertes Eiweiß aufgetragen. Der Druck wird mit stark erwärmter Presse ausgeführt, da Seide viel Hitze verträgt. Dadurch, daß man vor dem Drucke unter den Stoff ein Blatt angefeuchtetes Papier legt — denn Seide besitzt große Trokkenheit — kann man dem Druck Glanz und Feuer beibringen. Wo unechte und demgemäß dickere Metalle zum Druck kommen, kann die Grundierung etwas reichlicher sein und der Druck ist auch länger zu bemessen. Bei der Herstellung von Massendrucken auf Seide, z. B. Hutfutter, Futter für Krawatten und Schleifen, ist neben entsprechender Pressetemperatur, Wahl des richtigen Grundiermittels hinsichtlich seiner Lösbarkeit, Art des Metalls usw. und aus bereits erörterten Gründen das öftere Putzen der Platte notwendig, wenn die Arbeit glatt vor sich gehen soll.

Leder. Umfassendere Kenntnisse sowohl für die Vorbereitung zum Druck, als die Behandlung unmittelbar vorher, ist beim Druck von Metall auf Leder erforderlich. Bei feineren Ledersorten findet in der Vorbehandlung zum Druck sogen. Auswaschen (Überstreichen) des Leders statt. Dies geschieht, je nach Art des Materials, mit verdünnter Salz- oder Salpetersäure, Essig- oder Zitronensäure, auch Scheidewasser. Es gehört praktische Erfahrung, die nur durch Übung gewonnen werden kann, dazu, um bei der Verarbeitung der verschiedenen Ledersorten stets zu guten Ergebnissen zu kommen. Im allgemeinen werden die Ledersorten mit flüssigen Bindemitteln wie Eiweiß oder Gelatine (letztere wird mit einer Tafel in einer Kaffeetasse warmen Wassers aufgelöst) grundiert. Auch Gummi arabicum hat sich zum Grundieren fast aller Ledersorten vorzüglich bewährt. Dieser Gummi muß von fremden Bestandteilen gesondert, in weichem Wasser aufgelöst, kühl aufbewahrt werden. Vor dem Gebrauch wird diese Lösung in weichem Wasser so verdünnt, daß die Grundierung noch schwachen Glanz zeigt. Ostindische und afrikanische Gummisorten sind für genannte Zwecke die besten.

Vielfach wird zur Grundierung ein Gemisch von drei Teilen Eiweiß und einem Teil saurem Bier verwendet, wodurch das Auswaschen des Leders sich überflüssig macht.

Nachdem das Leder grundiert und getrocknet ist, wird das Metall aufgelegt und der Druck ausgeführt. Die Presse soll stark warm, der Wärmegrad kann jedoch mäßig sein, wenn das Leder geringerer Art ist. Wie schon gesagt, sind praktische Erfahrungen nötig, die sich nur durch die Praxis erwerben lassen.

Pergament. Pergament läßt sich leicht mit Metall bedrucken. Es wird mit flüssigem Eiweiß grundiert und der Druck mit leicht erwärmter Presse ausgeführt. Pergament verbrennt leicht, weshalb große Hitze vermieden werden muß. Glacépergament darf nicht feucht grundiert werden. Man braucht hierzu weißes Vergoldepapier.

Zelluloid — Hartgummi. Beide leicht schmelzbaren Materialien vertragen nur mäßige Wärme und bedürfen keines Grundiermittels. Je nach dem Wärmegrad der Presse muß das Metall bei Anwendung mehr oder weniger langen Druckes genügend festhalten. Um zu verhindern, daß das Metall auch zwischen der Zeichnung festklebt, pudere man die Druckfläche der betreffenden Gegenstände leicht mit Reismehl, welches das Aufkleben des Metalls an den Zwischenräumen der Gravur verhindern wird.

Holz. Um Metall auf Holz zum Halten zu bringen, muß das Holz seiner Eigenart entsprechend behandelt werden. Enthält es Harze, so bedarf es keines besonderen Bindemittels, weil das Harz beim Arbeiten mit der warmen Presse schmilzt und sich dadurch das Metall mit dem Holze der Gravur entsprechend fest verbinden kann. Meistens wird sich jedoch die Anwendung eines Bindemittels notwendig machen und man benutzt dann weißes oder gelbes Vergoldepulver. Die Dauer des Druckes, der leicht zu halten ist, muß ausprobiert werden, wie auch der Hitzegrad der Presse.

Um allgemein das Gelingen der Metalldrucke zu sichern, ist der jeweils richtige Wärmegrad der Presse von Wichtigkeit. Dieser ist meist dann erreicht, wenn auf die Heizplatte der Presse aufgestrichenes Wasser schnell verdunstet. Bei manchem Material ist natürlich stärkerer Wärmegrad der Presse notwendig. Beim Druck mit Gold kann man fast allgemein mit mäßigerer Wärme drucken als bei Silber. Bei unechten und meist stärkeren Metallen ist ziemlich starke Hitze in Anwendung zu bringen. Dann kann auch der Druck weniger anhaltend sein.

Will das Metall auf Material nicht halten, das eigentlich keiner Grundierung bedarf, so muß nochmals mit Pulver grundiert werden. Das Nichtgelingen der Drucke verursacht ferner sprödes, hartes und dickes Metall. Dann sind leicht schmelzbare Bindemittel und stark erwärmte Presse notwendig. Man bevorzuge stets die dünnen, weichen Metalle. Es wird dort, wo es sich um den Druck feiner Gravuren handelt, dem Gelingen der Arbeit förderlich sein.

Ergeben sich in der Haltbarkeit des Metalldruckes weitere Schwierigkeiten, so lege man die Arbeitsstücke in feuchte Makulatur oder feuchten Raum aus, wodurch sie geschmeidig werden und gute Haltbarkeit des Druckes zeigen werden.

Die Gravuren sind sauber und blank zu halten und während der Arbeit öfters auszuputzen, besonders beim Arbeiten mit Vergoldepulver. Von diesen setzen sich Rückstände an den Gravuren fest, die das Abreißen des Metalls beim Ablassen des Druckes herbeiführen. Das Reinigen der Gravuren erfolgt mit einem Stück Leder und etwas Putzpomade, worauf sie mit einem Tuch, das Pariser Rot (Eisenoxydul) enthält, nachgerieben werden. Letzteres veranlaßt, daß die Gravuren von dem Metall besser ablassen.

Bronze- und Blattmetall-Einzeldrucke auf Seide.[1]

Seidene Stoffe werden meist mit Blattmetallen bedruckt. Soll an Stelle des Blattmetalls Bronze Verwendung finden, so müssen Vorkehrungen getroffen werden, um Haften von Bronze auf der Umgebung der Schrift zu vermeiden. Ist der Stand des Druckes auf dem Band geregelt, so wird die Stelle, auf welche der Aufdruck erfolgt, mit Talkum überstrichen. Man macht hierauf mehrmaligen Aufdruck des betreffenden Schriftsatzes mit geeigneter,

[1]) Entnommen No. 41 vom 14. Oktober 1921 dem „Generalanzeiger für Pappe und Papierverarbeitung", Dresden.

reichlich mit Trockenstoff versetzter Farbe auf den Druckträger. Durch die klebrige Farbe wird das Talkum von denjenigen Stellen des Bandes abgenommen, wohin der Aufdruck erfolgt, während die betreffenden Stellen genügend Farbe erhalten, wenn man den Druck zwei- bis dreimal auf das Band ausführt. Es wird hierauf die Bronze mittels Wattebausch auf die Schrift aufgetragen und das Ganze einige Zeit in Ruhe belassen, damit die Bronze gut antrocknen kann. Talkum sowohl als die überschüssige Bronze werden hierauf durch Klopfen auf der Rückseite abgeklopft und der Rest mit weicher Bürste abgebürstet.

Soll Druck auf Seide mittels Blattmetall auf kaltem Wege ausgeführt werden, so muß ebenfalls eine geeignete Unterdruckfarbe vorgedruckt werden, die das Blattmetall fest an den Druckträger bindet. Als Unterdruckfarbe ist Chromgelb mit Zusatz von etwas Kopallack und venezianischem Terpentin zu verwenden. Der Druck wird am besten so vorgerichtet, daß er auf beide Bandenden zu gleicher Zeit erfolgen kann. Zu beachten ist, daß der Druck selbst ziemlich stark sein muß, bei Moirébändern noch etwas stärker als bei glatten Bändern. Ist der Vordruck mit Farbe erfolgt, so wird dieser mit Blattmetall belegt, das mit einem Wattebäuschchen an den Vordruck anzudrücken ist. Nach einer Wartezeit von 10—15 Minuten wird ein recht glattes, dünnes Papier über das Metall gedeckt und nochmals übergedruckt, um das Metall glatt an den Druck anzupressen. Ist das Metall vollständig angetrocknet, so wird das Überschüssige mit einer weichen Bürste abgebürstet.

Die Preßvergolderei.

Eng verknüpft mit dem eben besprochenen Verfahren ist die Preßvergolderei, Tiefdruck oder auch kurzweg Heißprägung genannt, zu deren Besprechung wir nunmehr übergehen wollen.

Die Herstellungskosten sind im Verhältnis zu denen der Monogrammprägerei geringere.

Man bedient sich des Heißprägeverfahrens, um Luxusartikeln durch Aufbringen von geeigneten Hinweisen auf Ereignisse in dem Familienleben, als da sind: Geburts- oder andere frohe und Festtage, oder auch durch ornamentale Gold- oder Silberverzierungen ein gefälliges Aussehen zu geben. Goldschmuck eignet sich besonders für allgemeine Fälle, während man sich des Silberschmuckes (durch Verwendung des Aluminiumschlages) besonders zur Herstellung gewisser Spezialartikel bedient, wie Texte zu Silberhochzeiten, Beileidskarten u. a. m. Die weitaus größte Verbreitung hat das Tiefdruckverfahren natürlich auf dem großen Gebiete der Gratulationskartenherstellung gefunden, deren Erzeugnisse sich ein jeder bei den verschiedensten Anlässen zu bedienen pflegt.

Die Preßvergolderei hat einen ungemein großen Aufschwung genommen, der bedungen ist in der wechselnden Geschmacksrichtung des Publikums einerseits, andererseits in der Entwicklung gewisser Industriezweige, wie beispielsweise der Albumfabrikation, Postkartenindustrie u. a. m. Die Verwendung des festen Metallauftrags bedingt eine längere Haltbarkeit der betreffenden Rohmaterialien; die auf diese Weise ausgestatteten Erzeugnisse gewinnen zudem an Ausdruck und demnach auch an Wirksamkeit.

Um zu erreichen, daß das auszuschmückende Erzeugnis auch in der Tat den Anforderungen entspricht, die man vom künstlerischen Standpunkt zu stellen berechtigt ist, nämlich eine vollkommene, durchaus einwandfreie Deckung zu erzielen, muß die zu dekorierende Fläche, auf welche das Blattmetall abgegeben werden soll, vorher entsprechend behandelt werden.

Manche Papiere, Kartonpapiere, Kaliko usw., kommen fix und fertig vergoldefähig aus der Fabrik, und es ist nur noch heißer Druck notwendig, um das Metall zu binden.

Wenn dem zu bearbeitenden Material die Bindemittel fehlen, so müssen solche zuvor aufgebracht werden.

Die Artikel, die bearbeitet werden sollen, brauchen zuvor nicht mit Talkum, sondern nur mit Puder (Vergoldepulver) eingerieben oder mit Eiweiß bestrichen werden, weil sonst das Blattmetall, welches dazu erforderlich ist, um den Schriften oder ornamentalen Verzierungen den gewünschten Ausdruck als Gold-, Silber- oder sonst welcher Metallimitation zu geben, sich mit der Prägefläche nicht verbinden würde. Die Folge wäre, daß sich das Metall vor dem Prägen verschieben oder nach erfolgter Prägung von der Fläche abblättern würde.

Für farbige Tiefprägungen verwendet man sogenanntes Mosaikpapier, für weiße und farbige Pressungen sowie besonders für große weiße Flächen das Präge- oder Unterdruckpapier. Folien sind aus Kreide oder ähnlicher Erdmasse hergestellte papierähnliche Blättchen. Eine besondere Art derselben, die Oeser-Folien, werden wir später ausführlich behandeln. Folien sind ganz dünn gewalzte Metallblättchen, zu deren Benutzung selbst ein vorheriges Grundieren der Fläche überflüssig erscheint.

Blattmetall[1]) ist, wie der Name schon sagt, ganz dünn gewalztes Metall, das sehr weich (geschmeidig) sein muß. Um so mehr es diese Ansprüche erfüllt, desto geeigneter ist es zur Verarbeitung. Man prüft das Metall auf seine Beschaffenheit, indem man ein Blättchen davon zwischen die Finger nimmt und es vor der Ohrmuschel verreibt. Je nach dem Klange läßt sich ein bindendes Urteil fällen, ob wir es mit weichem oder sprödem (hartem) Material zu tun haben. Letzteres ist nicht gerade wertlos, es eignet sich nur nicht für jeden Zweck. In vielen Fällen ist ein guter Druck damit nicht zu erzielen. Wenn eine saubere Pressung gemacht werden soll, welche genau unter die Lupe genommen wird, so ist es natürlich Bedingung, stets mit brauchbarem Material zu arbeiten. Häufig kommt es vor, daß das Blattmetall an den Seiten stärker ist als in der Mitte. Dieses ist ein Fehler beim Schlagen desselben, den man sofort rügen sollte.

Bei frischen Drucken muß bei Aufbringen des Blattgoldes, sowie besonders bei der nach der vorgenommenen Prägung erfolgenden Entfernung der abfallenden Teile vorsichtig verfahren werden, um ein Festhalten der abfallenden Metallteile auf der noch frischen Druckfläche zu vermeiden. Selbst das Pudern muß vorsichtig gemacht werden. Das Hängenbleiben des Blattgoldes darf nicht vorkommen. Um dem vorzubeugen muß die Druckfläche stets trocken sein.

Das Blattgold soll nicht größer geschnitten werden, als es die Prägefläche erforderlich macht.

Man erreicht dieses, wenn man beim Abwischen die abfallenden Teile nicht etwa planlos hin und her wischt, sondern sie vorsichtig nach außen hin auf dem kürzesten Weg zur Außenkante hin befördert. Es ist fast ausschließlich leicht durchführbar, weil es sich um Texte handeln wird, die doch meist am Fuße der Karten usw. stehen. Wir haben nun das Abputzen und Auswischen der unter Verwendung von Blattmetall hergestellten Pressungen zu erwähnen, was mitunter sehr oberflächlich betrieben wird. An einer Stelle fehlt das Gold resp. Silber, an der anderen Stelle flimmert der überflüssige Staub noch daran herum. Bei derartigen Pressungen ist es nötig, daß das Ausputzen von einer Hilfsarbeiterin sofort besorgt wird, und zwar muß diese dem Presser stets nachkommen, sie muß demselben sozusagen die Karten aus der

[1]) Die Abschnitte über die Herstellung von Schaumgold sowie über die „Blattmetalle und ihre Verwendung in der Papierausstattung" seien besonderer Beachtung empfohlen. Der Herausgeber.

Hand nehmen. Merkt sie, daß etwas nicht in Ordnung ist, so hat sie den Presser unverzüglich darauf aufmerksam zu machen, damit dieser dem Mangel sofort abhelfen kann. Auch muß beim Abputzen darauf geachtet werden, daß möglichst alle Linien, ob gerade oder in Form von Verzierungen, in der Längsrichtung, niemals in der Querrichtung, ausgeputzt werden. Bei den Schriften muß man möglichst ebenso verfahren. Den Vorteil wird man namentlich dann bemerken, wenn man mit sprödem Material zu arbeiten hat.

Bei der Verwendung des zu verarbeitenden echten Blattgolds lassen sich auch die Vorzüge der Sparsamkeit genießen. Pressungen mit solchem Metall werden über einen Kasten abgestaubt, dessen Deckel mit einem Drahtnetz versehen ist, zwischen dessen Maschen die abgeputzten, nicht haftenden Reste fallen und gesammelt werden, bis man glaubt, genügend Material zusammen zu haben. Größere Prägereien und Buchbindereien benutzen auch zum Abkehren des echten Metalles mit Erfolg die Abkehrmaschine, um das Gold zu sammeln. Übermäßiges Sparen bei Echtgold ist auch nicht angebracht, weil der Zeitverlust größer ist als der Gewinn.

Es wäre töricht, das nicht verbrauchte Metall fortzuwerfen, da dasselbe von Händlern aufgekauft und wieder verarbeitet werden kann. Für Abfälle von echtem Blattgold beispielsweise wird man, besonders wenn es in größeren Mengen verarbeitet wird, immerhin einen nennenswerten Betrag erzielen können. Das Abkehrgold wird ausgeglüht, wobei sich die Schlacke von dem Kernmetall absondert, und dieses kauft jede Münze oder die Zwischenhändler nach dem Tageswert der Börsennotierungen.[1])

[1]) Über die Wiedergewinnung des wertvollen Goldstaubes bezw. dessen Auswertung aus dem beim Vergolden abfallenden Rückstand entnehme ich der Technischen Rundschau, Verlag Rudolf Mosse-Berlin, nachstehende interessante Notiz in No. 733: „Es empfiehlt sich wohl am ehesten, die Rückstände an eine Probier- und Scheideanstalt zu verkaufen; diese vergüten den Goldwert nach Abzug des Verarbeitungslohnes. Sonst müßte der Rückstand zunächst in einem Tontiegel verascht werden, wobei die Hitze nicht unnötig hoch zu halten ist. Die Asche wird dann in einem Glasgefäß mit einem Gemisch von 3 Teilen Salzsäure und 1 Teil Salpetersäure längere Zeit gekocht, die Flüssigkeit im Kolben mit Wasser verdünnt, abfiltriert und bis zur Trocknung verdampft. Den Rückstand nimmt man mit wenig Wasser und Salzsäure auf, filtriert, wenn nötig, noch einmal, und gibt zu der Lösung eine gesättigte Eisenvitriollösung hinzu, deren Menge sich nach dem Goldgehalt richtet. Nach einigem Stehen bei mäßiger Wärme scheidet alles Gold in Form eines dunkelbraunen Pulvers aus; es wird auf einem Filter abfiltriert, mit Wasser so lange nachgewaschen, bis gelbes Blutlaugensalz das ablaufende Filtrat nicht mehr blau färbt und mitsamt dem Filter

Ein schlechtes Haften des Blattmetalls auf der Prägefläche ist zuweilen auch auf eine mangelhafte Qualität des Vergoldepulvers, auf zu schwachen Druck oder nicht genügende Hitze der Presse zurückzuführen. Daher verwende man in Fällen, wo unechtes Blattmetall verarbeitet werden soll, nur vollkommen säurefreie Bindemittel. Ob ein solches säurehaltig ist, findet man leicht, indem man blaues Lackmuspapier damit in Verbindung bringt, welches in solchem Falle eine rötliche Färbung annehmen wird.

Auch feuchte Luft in den Räumen fördert das Oxydieren. Werden Pressungen in dazu ungeeigneten Räumen aufbewahrt, so ist oft das Oxydieren die unausbleibliche Folge, was nicht selten auch dann der Fall ist, wenn die aufgeprägte Ware in mangelhaft verschlossenen Paketen aufbewahrt wird. Dem ist zeitweilig vorzubeugen durch Zusammenlegen von je 2 aufgepreßten Seiten.

Die zuweilen nicht gerade sehr sorgfältig verschlossenen Pakete ermöglichen das Eindringen der Luft, welche Schwefelkohlendünste ausscheidet, und die Folge davon ist das Oxydieren der Prägeflächen. Metall, besonders unechtes, oxydiert immer nach Ablauf einer gewissen Zeit, auch wenn es trocken lagert, genau wie Messing oxydiert, wenn es der Luft ausgesetzt ist.

Leider geschieht es nicht selten, daß Pressungen, bei denen unechtes Metall verwendet wurde, vorzeitig matt (taub), schließlich schwarz und somit unansehnlich werden.

Der Grund dafür, daß Goldpressungen häufig schon nach kurzer Zeit an Aussehen verlieren, liegt oftmals in der minderwertigen Beschaffenheit des Vergoldepulvers sowie in zu minderwertigem Prägemetall, auch kann das mit der Pressung versehene Material irgendwelche Säure enthalten. Die Stoffzusammensetzung des Papiers oder, wenn es sich um geklebte Papiere oder Kartons handelt, das Bindemittel trägt die Schuld. Auch die gravierte Platte muß stets sehr sauber gehalten werden, da das Gegenteil eben-

verascht. Es hinterbleibt dann metallisches Gold, das aber meist noch durch etwas Eisen verunreinigt ist und an eine Scheideanstalt verkauft werden könnte. Wird Wert auf die Wiedergewinnung des Goldstaubes gelegt, so müßte die Masse durch Aufweichen in Benzin oder Spiritus in die Papierreste und in eine Lösung des Kittes getrennt werden, in welcher der Goldstaub aufgeschwemmt ist. Man läßt die groben Stücke absetzen, gießt die Lösung ab, worauf sich hierin der Goldstaub absetzt, der dann durch Absetzen oder Abfiltrieren von der Lösung getrennt wird. Das Papier kann man dann in der vorher beschriebenen Weise auf Gold verarbeiten. Es fragt sich nur, ob die Kosten für Lösungsmittel usw. den Gewinn an Gold nicht überschreiten." Dr-y.

falls zur schnellen Oxydierung der Blattmetallpressung viel beiträgt.

Wir werden uns nun der Herstellung der Platten zur Preßvergoldung zuwenden, als dem vorbereitenden Arbeitsgang zur Herstellung von Pressungen.

Die Platten für die Preßvergoldung.

Im Gegensatz zu den für Prägezwecke benötigten Platten und Stempeln, bei welchen die Zeichnung tief graviert resp. moduliert ist, müssen die zur Preßvergoldung gebrauchten Platten erhaben graviert sein.

Auch hier sind es Spezialisten, welche eine einwandfreie Gravur herstellen. Die zur Preßvergoldung bestimmten Stempel und Platten werden nur in Rotguß angefertigt. Zu seiner Arbeit benötigt der Graveur eine korrekte Vorlage; größere Gravieranstalten beschäftigen bestimmte Zeichner, welche solche Vorlagen anfertigen.

Von der Kontur der Zeichnung wird eine Bleistiftpause gemacht und diese auf die vorher äußerst sauber und hochfein polierte Druckfläche der Rotgußplatte, die mit weißem Wachs überzogen wird, aufgerieben.

Mittels Spitzstichels werden nun die Konturen ganz leicht, aber äußerst genau angestochen und darauf der Wachsüberzug von der Platte entfernt.

Das neben der Zeichnung befindliche Metall wird nun mittels Flach- und Spitzstichel oder Meißel entfernt, größere Flächen mit der Fräsmaschine (die man bei großen Platten möglichst viel benutzt) tiefer gelegt.

Fig. 36

Um nun eine saubere Vergoldung beim Pressen zu gewährleisten, muß die Zeichnung ganz steil (Fig. 36) graviert werden und die Seitenflächen derselben glatt und sauber ohne Schrammen und Falten vom Grunde der Platte bis zur Druckfläche bearbeitet sein.

Auch müssen die Zwischenräume der Zeichnung möglichst auf eine gleiche Tiefe graviert werden. Die Gravur einer solchen Platte muß (zum Vergleich) ähnlich den vom Schriftsetzer gebrauchten Buchdrucklettern größeren Formates aussehen.

Stellt die Zeichnung nun Köpfe, Figuren, Tierkörper usw. dar, so sticht der Graveur (ähnlich wie der Holzschneider) die Töne derselben in die Platte; diese Arbeit erfordert größte Aufmerksamkeit und Verständnis.

Seit längerer Zeit stellt man auch die Platten mittels Ätzung her. In diesem Falle wird von der lithographierten Zeichnung ein Abdruck auf Umdruckpapier gemacht und dieser auf die polierte Platte übertragen.

Mittels Asphalt und Kolophonium eingestaubt und eingebrannt, wird dann die Zeichnung unter Einwirkung von Eisenchlorid an- resp. hochgeätzt, muß dann aber noch mittels Fräsmaschine und Stichel nachgearbeitet werden. Die Druckfläche der Platte wird dann mit der Lederfeile unter Zuhilfenahme von Wienerkalk und Stearinöl Hochglanz poliert.

Dieses bewirkt, daß das beim Pressen verwendete Blattgold nicht an der Platte hängen bleibt und einen schönen Glanz erhält.

Auch ätzt man Platten zum Zwecke der Relief- bzw. Blindprägung in Zink. Diese sind aber nur zum Blinddruck, d. h. nur zum Pressen ohne Gold- oder Folienauflage zu benutzen.

Wir kommen nunmehr auf

die Technik des Pressens

selbst zu sprechen.

Auf dem Schieber, auch Schlitten genannt, der das zu bearbeitende Material mit dem Prägestempel in Verbindung bringt, wird ein Stück Pappe geklebt, um eine glatte Anlegefläche zu haben. Bei Flachprägungen genügt eine harte Pappunterlage — man nimmt am besten hierzu Stanzpappe — bei Hochprägungen, d. h. solchen, bei denen die Pressung erhaben wirken soll, muß eine Matrize gemacht werden.

Auf diese flachliegende Pappe macht sich der Preßvergolder eine Anlage in der Weise, daß er auf diese Fläche Kartonstreifen in der Längs- und Querrichtung klebt. Man schneidet sich, um das Material nicht zu verschwenden, in derselben Größe eine dünne Pappe oder Karton zu, darauf macht man von dem Stempel, mit dem gearbeitet werden soll, einen Abdruck auf dünnem Karton. Bei einem Material, bei dem bereits Farbe vorgedruckt ist, und der Metalldruck genau an bestimmter Stelle sein muß, nimmt man Pauspapier und macht auf diesem einen farbigen Abdruck. Nun klebt man den Karton oder Pauspapierabdruck an jener Stelle auf, an der der Prägedruck gewünscht wird. Jetzt stellt man genau die Mitte des Druckes fest, nicht des zu prägenden Materials, denn man muß abwägen, daß die starken Flächen einen bedeutend stärkeren Druck brauchen als die leichten, feinen Linien. Nachdem man die Druckmitte festgestellt hat, nimmt man seine Marken oder Anstößer und klebt diese erst an, ungefähr wie beistehende Zeichnung (Fig. 37). Jetzt legt man den Stempel in den Vordruck, schiebt den Tisch nach hinten und hängt den Stempel an die Anhängeplatte. Nun sehe man erst nach, ob auch alle Ornamente oder bei Schriftsätzen alle Buchstaben gleichmäßig ausdrucken. Zum Zurichten bedient man sich verschiedener Stärken von vorher geleimtem Papier, z. B. Seiden-, Druck- und Schreibpapier, und klebt nun auf die Stellen, an denen der Druck zu schwach erscheint, dementsprechende Papierlagen auf. Auch soll dieses Papier nicht geschnitten, sondern besser gerissen werden, damit ein besserer Ausgleich stattfindet.

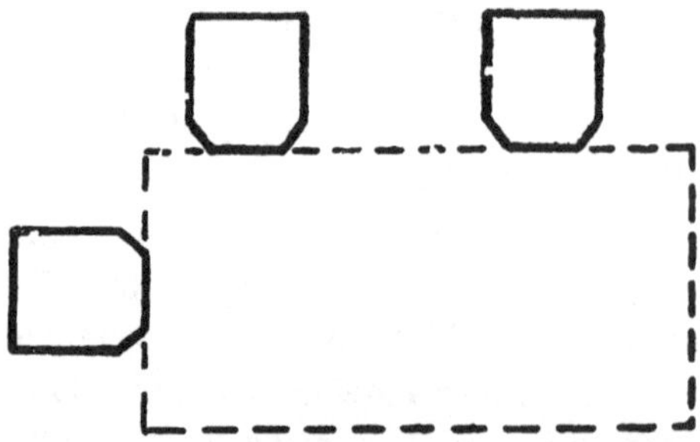

Fig. 37. Anlage für Heißdruck auf der Kniehebelpresse.

Dieses rückseitig geleimte und dann getrocknete Papier, das durch Anfeuchten gleichmäßig klebt, hat vor dem jeweils frisch angeschmierten Aufklebepapier den Vorzug, daß sich der Klebestoff nicht wie bei frisch aufgetragenem Material an der Seite herausquetscht. Diese Schicht bildet dann auf dem zu prägenden Papier eine Wulst, was natürlich unsauber aussieht. Bei dünnem Material bedarf es einer festen Unterlage (Preßspan), bei stärkerem Material macht man die Zurichtung direkt auf dem Schieber. Wenn man bei dünnem Material eine Unterlage aus Preßspan nimmt, kann man auch die Zurichtung dadurch herstellen, vorausgesetzt, daß der Stempel nicht zu ungleichmäßig prägt, daß man die Linien, Ornamente oder Buchstaben, welche zu stark prägen, von der Unterlage abschabt. Zu beachten ist ferner, daß die Marken oder Anstößer bei mehrfachem Druck genau an derselben Stelle anzubringen sind, wie bei dem ersten Druck, d. h. man zeichnet sich bei dem Einrichtmuster die Anstößer an und klebt sie dann bei einem zweiten Druck (z. B. erst Gold, dann Silber) genau an der betreffenden Stelle fest, wodurch erreicht wird, daß die Stempel stets ineinander passen. Jeder Arbeiter kann leicht selbst ausproben, daß er bei einem Material, welches nicht ganz genau rechtwinklig geschnitten ist, — wann ist das wohl der Fall! — nur den oberen Anstößer weiter nach hinten zu bringen braucht. Sobald das Material etwas spitzwinklig ist, wird sofort die vordere obere Spitze bedeutend höher, also der Druck wird nach unten kommen. Infolgedessen werden die Prägungen, wenn mit zwei genau ineinander passend gearbeiteten Platten geprägt werden soll, niemals einwandfrei passen.

Die soeben beschriebene Vorrichtung verhindert ein Verschieben der Gegenstände während des Pressens, und vor allem dient sie dazu, um die Pressung immer wieder auf diejenige Stelle zu bringen, auf welche sie zu gelangen bestimmt ist. Sie ist daher als der „kategorische Imperativ" für den Preßvergolder zu betrachten.

Hat man den zu verarbeitenden Gegenstand, wie bereits erwähnt, mit Talkum, Puder oder Eiweiß vorbereitet, so legt man auf diejenige Stelle, welche die Pressung erhalten soll, ein Stück Blattmetall, über dessen qualitative Beschaffenheit wir uns das Wissenswerte bereits dienen ließen.

Bei dem Ausproben neuartiger Papiere hinsichtlich ihrer Eignung für die Veredelung stelle man für die Versuche eine genügende Zahl von Papierproben zur Verfügung, da aus Versuchen mit einzelnen Blättern kein einwandfreies Ergebnis zu erzielen ist. Jede Farbe und jedes Papier erfordert einen anderen Hitzegrad, was z. B. bei Versuchen mit einem einzelnen Blatt nicht festzustellen ist. Nur eine größere Anzahl Proben lassen ein endgiltiges Urteil über das Ergebnis fällen.

Es soll nicht unerwähnt bleiben, daß der Teil der Maschine, in welchem der Schlitten ruht, angewärmt werden muß. Man bedient sich hierzu wohl ausnahmslos der Gasheizung. Die Flammen liegen in den aus der Abbildung einer Kniehebelpresse ersichtlichen kreisförmigen Öffnungen in dem mittleren Teil der Maschine.

Geschähe das Anwärmen nicht, so würde sich das Blattmetall nicht mit dem Vergoldepulver in Verbindung bringen lassen. In diesem Falle würde das Metall von der Prägefläche abblättern, was trotz aller Vorsicht dennoch zuweilen vorkommt und in den meisten Fällen eben auf nicht genügende Erwärmung der Maschine zurückzuführen ist.

Eine Stunde vor Aufnahme der Arbeit muß für Anheizung der Kniehebelpresse gesorgt werden.

Der untere Schlitten wird bei der Inbetriebsetzung der Maschine in die zu seiner Aufnahme bestimmte Einfahrt der Maschine eingeschoben und der obere vermittels des Hebels heruntergepreßt. Auf den oberen Schlitten wird mit einem eigens präparierten Klebstoff der Stempel aufgeklebt. Durch das Herunterdrücken des Hebels wird der obere Schlitten auf das Metall und den zu pressenden Gegenstand gedrückt.

Da der Stempel nicht tief graviert, die Zeichnung vielmehr erhaben gearbeitet ist, wird dieselbe durch den Druck auf das aufgelegte Metall und dieses dann in die Papierfläche hineingepreßt, zum Unterschied vom Prägeverfahren, bei dem die Farben aufliegen.

Zur Herstellung von Tiegeldruckpressungen muß ein Material verwendet werden, das die Hitze leitet. Dieses geschieht durch Verwendung von Messingstempeln, wobei die Hitze von dem Fundament der Maschine bis zum Kopf des Schriftsatzes oder der Oberfläche der Gravur des Stempels geleitet wird.

Soll die Pressung erhaben wirken, so muß man sich einer Matrize bedienen.

Da es sich bei dem Preßvergoldeverfahren hauptsächlich um die Ausschmückung von Deckelstücken zu Kartonnagenzwecken u. a. m., also um einfache Prägungen unter Verwendung von Sätzen und Benutzung von Matrizen handelt, dürften nachstehend zum Abdruck gebrachte Auslassungen eines Praktikers von Interesse sein.

Beim Zusammenstellen des Satzes arbeitet der Presser in der Regel nach irgendeinem Probedruck oder eingeschicktem Muster. Kommt jedoch die Prägung eines neuen Musters in Frage, dann ist die Zusammenstellung eines geschmackvollen und korrekten Satzes immerhin eine schwierige und zeitraubende Arbeit. Da ist es denn von großem Vorteil, sämtliche Matrizen aufzubewahren. Die halbe Zeit erspart man, wenn man eine frühere Matrize zur Hand hat. Da gibt es kein Abmessen und Abzirkeln, man setzt einfach Linien, Verzierungen und Schriften auf die Matrize. Bei kleineren Schriften, die auf der Matrize schlecht stehen bleiben, stellt man möglichst die Anfangs- und Endbuchstaben auf, damit man wenigstens die Richtung und Entfernung von einer Zeile zur anderen hat. Dann bestreicht man ein Stück Leder- oder Holzpappe mit Roggenmehlkleister oder Wienerpapp, legt die so vorbereitete Seite auf die Schriften, möglichst schnell noch ein zweites dünnes Stück Pappe oben auf, und schiebt den Schlitten unter die Presse. Bei leichtem Druck läßt man die Schrift eine Zeitlang stehen und etwas festhaften. Besteht der Satz hauptsächlich aus kleineren Schriften, die auf der Matrize nicht stehen bleiben, so fügt man jetzt die übrigen Typen ein, damit der Satz vollständig wird. Die Schriften richtet man dann am besten durch Anlegen einer geraden Messinglinie, die man ja in jeder Länge zur Hand hat. Ist dies geschehen, so legt man wieder ein Stück Holzpappe auf und gibt einen kurzen Druck darauf, denn die Schriften müssen immer noch zu rücken sein. Hat man aber den Abdruck auf der Pappe für gut befunden, so läßt man die obere heiße Platte so lange darauf ruhen, bis der Mehlkleister oder Wienerpapp ziemlich hart geworden ist.

Nun kommt es darauf an, ob man einen großen Posten zu pressen hat, oder ob man nur einige hundert Drucke herstellen will. Das Ausgießen des Satzes zwischen den Zeilen und Satzstücken mit Leim oder irgendeiner Ausgießmasse ist nur dann nötig, wenn es sich um das Pressen großer Posten handelt.

Bei kleinen Schriften ist es gut, wenn man den einzelnen Zeilen durch Aufkleben schmaler Pappstreifen von beiden Seiten etwas mehr Halt gibt. Das Abfallen einzelner Buchstaben oder Verzierungen wird bei einem geübten Presser überdies nur selten vorkommen. Aber bei Lehrlingen und weniger tüchtigen Leuten kommt es häufig vor; oft wird dies auch nicht gleich bemerkt, und es kann dann leicht vorkommen, daß beim Drucken mehrere Buchstaben oder teure Gravuren mehr oder minder stark beschädigt werden.

Neue Schriften sollen vor dem Gebrauch auf der Klebseite mit etwas verdünnter Salzsäure bestrichen werden.

Zweckmäßig ist es, in beide Seiten des Schlittens (Fig. 38) zwei Löcher mit Schraubengewinde zu bohren und an diesen Stellen

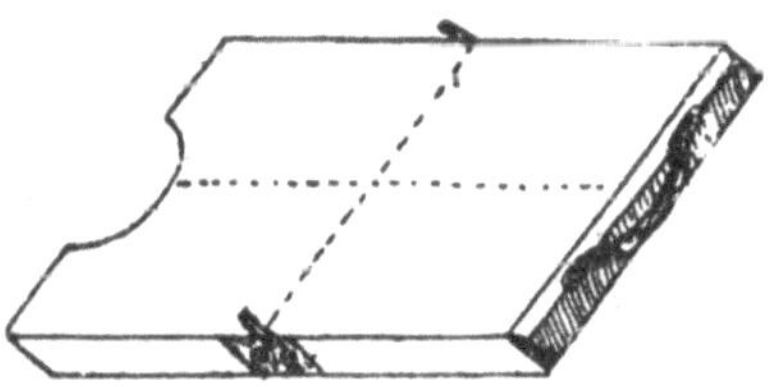

Fig. 38.

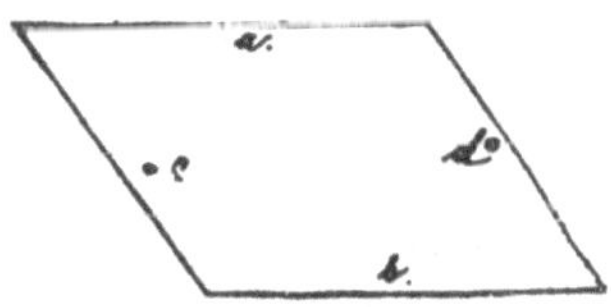

Fig. 39.

eine kleine Eisenplatte zu befestigen, welche nach oben einen runden Zapfen bildet von vielleicht 6 mm Durchmesser (siehe Abbildung 38). Die Matrizenpappen schneidet man etwas breiter als der Schlitten selbst ist, bringt mittels eines passenden Locheisens an den Stellen, wo die Zapfen durchgehen müssen, je ein Loch (Fig. 39 c d) an. Auf den Seiten a b ist unten ein schmaler

Rand mit Klebstoff zu befestigen und auf den Schlitten anzupressen. Tut man dies nicht, so wirft sich die Pappe infolge der Hitze, und man hat ein unbequemes Arbeiten oder stößt gar von der oberen Platte die Schriften herunter.

Beim Anhängen des Satzes auf der oberen Platte empfiehlt es sich, den Satz auf der Rückseite mit nur wenigen Tupfen Leim oder Wiener-Papp zu bestreichen. Darauf legt man schnell noch trockenes Papier. Auf der Rückseite versehe man die gleichen Stellen ebenfalls wieder mit einem Tupfen Leim oder Mehlkleister, schiebe den Schlitten unter die Presse und gebe einen Druck darauf, damit der Satz oben festklebt. Auf diese Weise kann man, wenn es nötig ist, den Satz leicht wieder ablösen, ebenso die Matrize. Das Ablösen erfolgt, wenn es nötig sein sollte, am besten mit einem alten biegsamen Vergoldemesser.

Hat man nur glatte Schriften zu prägen, so verwende man als Matrizenpappe eine dünne graue Pappe, doch möglichst sehr hart, denn jedes Prägestück muß (wenn nicht Relief erforderlich) möglichst flach geprägt sein. Zu tiefe Drucke sehen sehr unschön aus, zumal jede Gold- oder Aluminiumprägung beim Überziehen durch die Feuchtigkeit des Leimes wieder hoch geht, wodurch die Sache eher schlechter als besser wird. Je größer der Satz ist, um so stärker kann man die Matrizenpappe nehmen. Auf der Matrize muß jeder Buchstabe und jede Linie gleichmäßig stark ausgeprägt sein. Ist das nicht der Fall, so hilft man sich durch Unterkleben von gummiertem Papier. Das Unterkleben erfolgt, wenn es angängig ist, auf der Rückseite der Setzpappe vor dem Anhängen des Satzes.

Bei Reliefgravuren und -schriften erfordert die Herstellung der Matrize größere Sorgfalt. Bei Hochrelief-Satzstücken, -Wappen, -Köpfen u. dgl. helfe man sich durch Unterlegen von Pappe oder Karton. Darüber kommt einigemal eine fette Schicht dicken Roggenmehlkleisters und zuletzt eine doppelte oder dreifache Lage Löschpapier. Dann erfolgt ein leichter Druck mit der heißen Platte. Wenn die Matrize etwas hart geworden ist, muß der Druck stärker sein, damit die Matrize vollständig scharf ausgeprägt ist. Alles Überflüssige entferne man alsdann mit dem Messer oder Stecheisen. Während dieser Zeit wird die Matrize vollständig trocken, und man kann mit dem Pressen beginnen.

Bei Pressungen in Metallgold oder Aluminium ist eine gute Matrize die Hauptsache. Die Anschaffung von nur gutem Material ist daher unbedingt nötig.

Bei Kartendrucken verwendet man zur Matrize einen mittelstarken Karton, damit der Druck recht flach wird.

Das Aufbewahren der Matrizen empfiehlt sich natürlich nur bei größeren Formaten, bei denen die Pressung zum großen Teil aus einzelnen Satzteilen und Schriften zusammengesetzt ist, nicht aber bei einfachen Firmendrucken oder einzelnen Stempeln, denn in letzteren Fällen erfordert die Herstellung einer neuen Matrize nur geringe Mühe.

Um durch das Tiefdruckverfahren einen möglichst vollwertigen Ersatz für die Monogrammprägungen zu erzielen, kann man die in der geschilderten Weise hergestellten Schriften oder Flächen hochprägen.

Es wird dadurch erreicht, daß die hineingetriebenen Schriftzeichen vermittels eines Reliefstempels nachgeschlagen werden. Eine solche Prägung wird vor einer in einfachem Tiefdruckverfahren hergestellten insofern für sich einnehmen, als die Wirkung der Prägefläche eine brillantere ist. Die beste Gewähr für gutes Passen ist allerdings dann geboten, wenn die Platte als Tief- und Reliefdruckplatte gearbeitet ist. Dadurch wird die Maschine weniger belastet, auch ist wahrscheinlicher, daß die Prägungen gut passen, was unwahrscheinlicher ist, wenn Tief- und Reliefplatte gesondert Anwendung finden.

Wir wollen noch erwähnen, daß das Auflegen der einzelnen Metallblättchen, die in einzelnen Lagen (Heften) abgegeben werden, viele Mühe verursacht, da jedesmal erst ein entsprechendes Blatt zugeschnitten und vermittels eines Auftragmessers durch Anpusten emporgehoben und auf die betreffende Fläche übertragen werden muß.

In neuester Zeit hat der rastlos vorwärts strebende Geist der Menschen eine Erfindung gemacht, die zum Bau einer Maschine geführt hat, bei welcher das Gold nicht mehr mühselig einzeln abgehoben und auf die Prägefläche gebracht zu werden braucht. Dasselbe wird auf Papierstreifen unter die Druckfläche geführt und hierbei der Länge der Gravur entsprechend selbsttätig abgeschnitten.

Das erstrebenswerteste Ziel einer jeden Prägeanstalt war bisher, eine Methode zu finden, um Gold- und Metallprägungen leichter, unabhängiger und schneller herzustellen.

Nach mehreren Jahren vergeblicher Arbeit gelang es vor einem Jahrzehnt, eine vollständig automatisch arbeitende Presse herzustellen, bei welcher sowohl das Gold, Blattmetall, Aluminium und

Farbfolienpapier, als auch das zu prägende Material selbsttätig zugeführt wird. Dadurch wurde eine nie erwartete Leistungsfähigkeit erzielt, kommt man doch auf 50 bis 60 Prägungen in der Minute, ohne den Mechanismus der Presse übermäßig anzustrengen. Diese Leistungsfähigkeit spricht für sich selbst, denn sie bedeutet ungefähr das Fünfzehnfache der bisherigen Methode der Blattgoldauflage von Hand.

Für Seifen-, Schirm-, Zigaretten-, Schokoladen-Packungen usw. ist eine Vorrichtung an der Presse angebracht worden, welche das zu prägende Papier resp. den Karton gleich von der Rolle prägt und wird das Papier resp. der Karton in beliebigen Größen vorgezogen und gleichzeitig in entsprechende Formate zerschnitten. Mit dieser Zuführung ist die Leistungsfähigkeit eine unbegrenzte. Für Karten und Karton usw. erfolgt die Zuführung ebenfalls automatisch und hat die Person, welche die Presse bedient, die Sachen nur stoßweise einzulegen, alles übrige besorgt die Presse selbst.

Die Gold- resp. Blattmetallzuführung erfolgt, wie bereits gesagt, von Rollen; diese Rollen sind derartig hergestellt, daß das Gold- resp. Blattmetall an beiden Seiten von schmalen Papierstreifen getragen und so unter den Stempel gezogen wird. Durch geeignete Schneidvorrichtung wird vorher das Blattgold resp. Blattmetall in entsprechende Größen geschnitten, so daß irgendein Verlust bis auf den Millimeter vermieden wird. Durch diese sparsame Ausnützung des Blattgoldes und des Blattmetalles stellt sich das Blattmetall in Rollen, gegenüber dem Verbrauch an losem Blattmetall, ganz unmerklich teurer. Dieser geringe Aufschlag kommt aber bei Berücksichtigung der bedeutenden Ersparnisse an Arbeitslohn, Heizung Platz usw. gar nicht in Betracht.

Die Prägerollen werden von 10 mm bis 140 mm in jeder Millimeterbreite geführt, so daß also das Material so weit als möglich ausnutzbar ist, was bei losem Blattgold und -metall als ganz ausgeschlossen gilt. Auch werden breitere Rollen von 145 bis 280 mm geliefert, jedoch haben diese noch in der Mitte einen dritten Führungsstreifen.

Die Pressen sind für Kraftbetrieb eingerichtet und mit Gasheizung versehen; sie können jedoch auch für Dampf- oder elektrische Heizung eingerichtet werden.

Man kann zur Ausführung des Tiefdruck-Verfahrens ebenfalls eine Buchdruckpresse verwenden, doch sind am verbreitetsten die Kniehebelpressen, die wir an einer späteren Stelle noch textlich und bildlich kennen lernen werden.

Es gibt deren eine ganze Reihe verschiedener Bauarten. Während die meist gebrauchte Maschine, die Kniehebelpresse, meist für den Handbetrieb eingerichtet ist, gibt es Arten, welche an die Dampfkraft in einem Betriebe angeschlossen werden können. Die Grundsysteme aller verschiedenen Bauarten beruhen auf einem gleichen System. Je nach den Betriebseinrichtungen und den Anforderungen, die an die Leistungsfähigkeit dieser Maschinen gestellt werden, wird sich der Fabrikant von Papierwaren zur Wahl einer entsprechenden Bauart entschließen.

Die in diesem Handbuch wiedergegebenen Abbildungen führen uns die gebräuchlichsten Arten der Kniehebelpressen einfachster Konstruktion vor Augen, die in fast allen Betrieben, die sich mit Heißdruckarbeiten befassen, anzutreffen sein dürften.

Wir haben im vorstehenden eine Übersicht gewonnen über die verschiedenen Möglichkeiten der Ausstattung von Papieren mittels Auflage von Blattmetallen aller Art. Im nachstehenden sei noch zum Schluß berichtet über die

Fortschritte in der raschen Herstellung von Bronzedrucken und Prägungen.

Neben den echten Blattmetallen, die in den Betrieben der Papierverarbeitung und Kartonnagenfabrikation Verwendung finden, gibt es eine ganze Anzahl unechter Ersatzmetalle. Solche sind z. B. das Metall- oder Kompositionsgold. Es sind alle unechten Metalle in der Regel von relativ dickerer Beschaffenheit als die echten Metalle. Je größer der Kupfergehalt der Metalle ist, um so rascher nehmen sie, von anderen Umständen abgesehen, ein mißfarbiges Aussehen an, und es hat sich erwiesen, daß gute Bronzen eine weit längere Lebensdauer haben, als die unechten Metalle. Die Arbeitsweise des Auflegens dieser unechten Metalle und das Verfahren beim Druck ist das gleiche, langwierige, wie bei den echten Metallen; eine Ersparnis findet also nur im Materialwert, nicht aber bei dessen Verarbeitung statt. Bei der großen Billigkeit, mit welcher solche Drucke hergestellt werden sollen, ist eine schnellere Arbeitsweise aber sehr erwünscht.

Die Firma Horn & Schneider, Maschinenfabrik, Kötzschenbroda hat nun eine Bronzeeinrichtung auf den Markt gebracht, die sich ohne Schwierigkeiten an jeder vorhandenen Vergoldepresse anbringen läßt und die es gestattet, Gold-, Silber- und andersfarbige Bronzen mit der Wirkung des Blattmetalldruckes zu verarbeiten.

Beim Druck auf Papier, Karton, Seide, Samt, Kaliko, Leinewand, Leder, Holz usw. und ferner bei der Massenherstellung von Gold- und Silberdrucken auf Kartonnagen, Gratulationskarten, Buchdecken, Etiketten, Hutfutter, Packungen und Faltschachteln aller Art für Seife, Schokolade, Zigaretten, für Holz- und Galanteriewaren, läßt sich diese Vorrichtung — soweit nicht unbedingt echter Metalldruck gefordert wird — mit großem Nutzen und Vorteil verwenden. Dieser leistungsfähige Apparat verdient es, daß ihm die in Frage kommenden Kreise volle Aufmerksamkeit schenken. Kommt das zeitraubende Auflegen der dünnen Blattmetalle oder Folien gänzlich in Fortfall, so sind noch wichtiger als dieser Vorteil die Zeit- und ganz bedeutende Materialersparnis, sowie die Schnelligkeit der Arbeitsweise.

Die Bedienung der Maschine ist einfach, leicht und erfordert wenig Sachkenntnis.

Der Bronzeauftrageapparat ist abnehmbar und kann die Maschine auch für gewöhnliche Blindprägungen und zum Stanzen verwendet werden.

Dieser Apparat trägt die Bronze auf die Druckplatte oder Schrift wie Farbe auf und beim Druck wird dann die Bronze an das Arbeitsstück abgegeben.

Nachstehend soll dieser Bronzeauftrageapparat an Hand einer Abbildung beschrieben und seine Arbeitsweise erklärt werden. Der ganze Apparat besteht aus dem Bronze-Vorratsbehälter (Abbildung 40), der mittels Schrauben an dem Pressenkopf befestigt ist. In dem Walzenstuhl, welcher seitlich sichtbar ist, sind die für die Präparation der Platte und für das Auftragen der Bronze dienenden Walzen gelagert. Die beiden Gummiwalzen drehen sich in dem mit Bronzepulver gefüllten Behälter.

Damit nun die Bronze an dem an der Hängeplatte befindlichen Stempel haften bleibt, gleiten bei der Ausfahrt des Schlittens oder Tisches über den Stempel oder die Druckplatte mit Bienenwachs präparierte Plüschwalzen hinweg. Der erwärmte Stempel bringt das Wachs zum Schmelzen und wird gleichzeitig mit einer dünnen Schicht flüssigen Wachses überzogen. Unmittelbar nachdem der Stempel den dünnen Überzug an Wachs erhalten hat, gleiten die hinter den Plüschwalzen gelagerten Gummiwalzen, die in einem mit Bronze gefüllten Behälter laufen, an dem Stempel hin, so daß nun infolge des dünnen Überzuges an Wachs am Stempel eine genügende Menge Bronze haften bleibt. Dieser eben geschilderte Vorgang erfolgt beim Ausfahren des Tisches. Nunmehr wird der zu prägende Gegenstand aufgelegt und es fährt der Tisch, von Hand oder mechanisch eingeschoben, je nach Konstruktion der Presse ein, worauf der Druck in üblicher Weise erfolgt. Damit nun aber die Bronze beim Einfahren des Tisches nicht wieder durch die mit Wachs präparierten Plüschwalzen vom Stempel abgewischt wird, erfolgt bei der Rückwärtsbewegung eine automatische

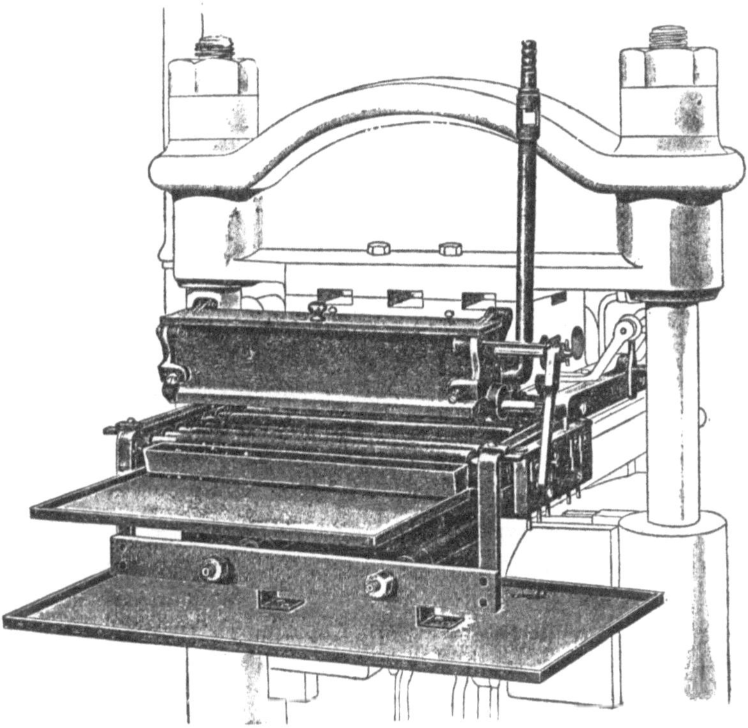

Fig. 40.

Umschaltung dieser Walzen, so daß sie in eine etwas tiefere Stellung kommen und außer Berührung mit dem Stempel bleiben. Der Walzenstuhl ist mit der Einschiebeplatte oder dem Tisch direkt verbunden und jedesmal, wenn der Walzenstuhl in seine hinterste Stellung gelangt, wird dem Bronzebehälter, in welchem sich die Gummiwalzen drehen, durch den darüber gelagerten Behälter ein entsprechendes Quantum neuer Bronze automatisch zugeführt. Bei kleineren Auflagen empfiehlt es sich, nur den unteren Behälter mit Bronze zu füllen und zwar zu zwei Drittel; dieses Quantum genügt dann für ca. 1000 Bronzedrucke.

Diese Prägepresse ist dazu bestimmt, den bisherigen Blattmetall- und Bronzefoliendruck aus vielen Gebieten zu verdrängen. Die Maschine liefert einen für den Laien vom Gold- und Silberdruck nicht zu unterscheidenden und dem Druck mit Blattmetall und Bronze-Folie fast gleichkommenden wirkungsvollen Prägedruck. Es kann Gold-, Silber-, Aluminium- und farbiges Bronzepulver verwendet werden. Oxydieren ist weit geringer als wie bei dem unechten Blattmetall. Die Maschine wird in der üblichen Weise erhitzt und das Arbeiten ist bis auf das zeitraubende Auflegen des Blattmetalls, welches wegfällt, dasselbe. Das Bronzepulver wird von den Walzen auf die Prägestempel selbsttätig aufgetragen. Die Arbeitsleistung ist infolge Wegfall des Blattmetall-Auftragens bis viermal größer gegenüber dem bisherigen Blattmetalldrucke.

Das teure Blattmetall wird vollständig erspart. Außer der enormen Ersparnis an Arbeitslohn und Blattmetall, tritt auch eine große Ersparnis an Gas ein.

Da durch das automatische Auftragen genau dem Bedürfnis angepaßt nur so viel Bronze abgegeben als gebraucht wird, ist die ganze Arbeitsweise sehr sparsam und die Mehrleistung ist gegenüber dem Blattmetalldruck eine sehr große, weil, wie schon vorher erwähnt, das langwierige Auftragen des Blattmetalles in Fortfall kommt.

Was die Haltbarkeit der Bronze auf dem verschiedenen Material anbelangt, so besitzen alle gestrichenen, wasserfesten Kalbleder- und Lederpapiere, Kaliko- und Skytogenpapiere in weiß und bunt, sowie alle gelatinierten Papiere so viel Klebstoff, daß ein mehr oder weniger langer Druck mit der erwärmten Presse genügt, um die Bronze zum Haften zu bringen. Alle anderen Papiere, Kartons und Stoffe müssen in der bekannten Weise eine Grundierung erfahren, die sich beim Druck mit der erwärmten Presse löst und welche dann die Bronze fest an das Arbeitsstück bindet. Kurz gesagt erfolgt der Bronzedruck unter den gleichen Voraussetzungen, die beim Druck mit Blattmetallen bekannt sind, nur mit dem Unterschiede, daß die Arbeitsweise eine wesentlich einfachere und deshalb 4—5 mal schnellere und somit billigere ist.

Wie schon gesagt, kann der Apparat an jeder Vergoldepresse angebracht werden, aber die Firma Horn & Schneider liefert auch komplette Maschinen sowohl in der üblichen Weise für Handbetrieb als auch für Kraftbetrieb. Der Hauptvorteil der letzteren Presse ist der, daß sie bis auf das An- und Ablegen des zu bedruckenden Materials vollkommen automatisch arbeitet. Hierin liegt der Vorteil der ganzen Arbeitsweise beim Bronzedruck mit diesen Pressen.

Was die Haltbarkeit der Drucke anbelangt, so ist diese Eigenschaft gegenüber anderen Bronzedrucken eine wesentlich höhere, eine an und für sich haltbare Bronze vorausgesetzt. Jeder Druck wird durch die dünne Wachsschicht, mit welcher der Stempel überzogen wird und sich auf den Bronzedruck gewissermaßen mit überträgt, gegen atmosphärische Einflüsse abgeschlossen, so daß eine Veränderung im Aussehen, dem Feuer und Glanz der Bronze nur bei ganz unsachgemäßer Behandlung möglich ist. Im übrigen ist die Bedienung der ganzen Einrichtung einfach, leicht und so, daß auch einfache Arbeiter den Apparat mit der Presse leicht bedienen können.

Schließlich ist noch zu bemerken, daß der Apparat leicht zu entfernen ist und die Presse dann ohne weiteres für jede andere Prägearbeit verwendet werden kann.

Eiweiß und andere Grundiermittel der Preßvergoldung.

Die Verwendung des Eiweiß in der Preßvergoldetechnik ist keine neue Erscheinung, und es ist verständlich, wenn trotz seiner großen Vorzüge die Frage aufgeworfen wird, welche Ersatzmittel bis jetzt für natürliches Eiweiß, da es jetzt besonders unerschwinglich teuer geworden ist, zur Preßvergoldung bekannt geworden sind, woraus diese bestehen, und welche Vorteile sie bei Benutzung des äußerst raren und zudem recht teuren natürlichen Eiweiß bieten.

Das natürliche Eiweiß gilt in der Technik des Heißpressens als das beste und bisher durch nichts vollwertig ersetzte Mittel zur Grundierung besonders von Leder, um eine Echtgold-Metallpressung den unbedingten Halt auf dem auszustattenden Stück zu geben. Ein Eiweiß mit ½ Liter Wasser und einem knappen Teelöffel Essig dient als Rezept für diese Zubereitung. Um dem Glanz eine besonders brillante Wirkung zu verleihen und ihn beständiger zu machen wird auf Grund alterprobter Erfahrung auch Urin als Zusatz genommen, dessen chemische Zersetzung von gutem Einfluß auf die Konservierung der heißgepreßten Fläche ist.

Die unangenehme Begleiterscheinung dieses Präparates ist der sehr lästige und unangenehme Geruch (selbst ohne Urinzusatz), besonders bei längerer Aufbewahrung des Präparates.

Da natürliches Eiweiß verhältnismäßig teuer ist, so versuchte man dessen Eigenschaften zu ersetzen durch künstliche Mittel, insbesondere als diese auch bei Massenerzeugnissen hinsichtlich der Selbstkosten nicht unwesentlich die Herstellungskosten beeinflussen.

Zur Vorgrundierung, die unbedingt erforderlich ist, um der Metallschicht Haltbarkeit zu verleihen, nimmt man neuerdings, wie auch früher schon, das bekannte gelbe und weiße Vergoldepulver.

Letzteres wird besonders für die Aufprägung heller Flächen, weißer Stoffe, Seide, Atlas, Leinen u. a. m. verwandt. Für Heißprägezwecke, die keine besonderen Erfordernisse hinsichtlich technischer Vorbedingungen voraussetzen, wird man das gelbe Vergoldepulver verwenden.

Die Verwendung des weißen Pulvers erfolgt deshalb, um keinen fleckigen Rückstand auf der vorgrundierten Fläche zu lassen. Würde man für diesen besonderen Fall beispielsweise Leimwasser nehmen, das noch zum Grundieren vielfach Anwendung findet, neben aufgelöster Gelatine, die wieder für ähnliche Zwecke wie das weiße Vergoldepulver Verwendung findet, so würde ein Grat zurückbleiben.

Für Kaliko und Wachstuch verwendet man kein Eiweiß, sondern in Spiritus gelösten Schellack. Um die feuchte Grundierung zu vermeiden gibt es ein praktisches Hilfsmittel in dem bekannten „Gubinol“, das prägefähig geliefert wird.

Es ist ein Metall, das auf einer Seite mit in Spiritus gelöstem Schellack gespritzt ist, welche Schicht sich bei der Verbindung mit der heißen Platte löst und so eine haltbare Verbindung der Metall- mit der Prägefläche ermöglicht. Es ist jedoch große Geschicklichkeit erforderlich, hinsichtlich der Schnelligkeit des Pressens, denn bei zu langsamer Ausführung des Arbeitsverfahrens wird das aufgelegte Metall das Bestreben zeigen, sich zu werfen, sowohl an den Kanten als auch im Stück und dadurch wird der Ausfall der Arbeit beeinträchtigt.

Außer dem vorerwähnten präparierten Eiweiß, das sich der Verbraucher selbst nach Bedarf auflöst, ist mir aus meiner früheren Praxis nur ein einziges Mittel als Versuch bekannt, das natürliche Eiweiß zu ersetzen, und das ist „Auralin“. Es wird flüssig in Flaschen gehandelt und hat natürlich in der Hauptsache die bindende Klebeeigenschaft des Originaleiweiß, ohne dessen widerlichen Geruch, dürfte aber bei Pressungen auf echt Leder, das besondere Voraussetzungen notwendig macht, nicht vollwertig als Ersatz anzusprechen sein. Um „Auralin“ eine garantierte Bindekraft zu geben, empfiehlt sich das Vorprägen in Blinddruck, dann das Aufstreichen des Auralin (Auspinseln) auf der vorgepreßten Fläche und dann der Metallaufdruck.

Die idealen Forderungen für ein Eiweißpräparat ergeben sich aus vorstehenden Ausführungen über die Eigenschaften des Für und Wider der bisher geschaffenen Hilfsmittel und Eigenpräparate.

(Die chemischen Zusammensetzungen dürften aus den DRGM.-Schriften der bestehenden Mittel auf dem Patentamt ersichtlich sein, ebenso Einzelheiten über die Verwendung und deren Vorzüge vom theoretischen Standpunkt aus.)

Hutfutterpressungen.

Kartonnagenfabriken, die eine Prägepresse zur Verfügung haben, können diese, bei sich bietender Gelegenheit, durch Aufnahme der Hutfutterpressungen ausnutzungsfähiger gestalten. Die Technik ist keineswegs schwierig und nach einiger Übung auch für den Laien leicht ausführbar. Bedingung ist, sofern für die Pressung Blattmetall verwendet wird, die Heizbarkeit der Presse durch irgendeine der bekannten Arten (Gas, Dampf oder Elektrizität). Der passende Hitzegrad wird am besten durch einen Versuch festgestellt, als Fingerzeig darf dabei gelten, daß die Anhängeplatte durch die Heizung zischwarm geworden sein muß, das heißt, die Platte muß bei der Berührung mit angefeuchteten Fingern zischen.

Der gravierte Stempel wird, um ein sicheres Haften an der Anhängeplatte zu gewährleisten, auf der Rückseite zur Entfernung von Fett und Schmutz mit einer kräftigen Säurelösung gereinigt, darauf mit schwacher Strohpappe beklebt und mit Wienerpapp bestrichen, einem Klebmittel, das sowohl bei Heißprägungen als auch bei Kaltprägungen für Farbdrucke als ein ausgezeichnetes Bindemittel gilt.

Auf den ausziehbaren Tisch der Presse wird ein Stück harte Pappe (Preßspan) in der Größe des zu prägenden Hutfutters geklebt und darauf durch Niederlegen des Handhebels ein Abdruck der gravierten Platte gemacht. Druckt die Gravur nicht gleichmäßig aus, das heißt, sind nicht alle Stellen deutlich sichtbar, so werden die schwachen Partien unter stetem Anprägen so lange mit einzelnen Lagen dünnen Papiers überklebt, bis sich ein gut sichtbarer Abdruck der Gravur zeigt. Hierauf wird diese Unterlage (die Matrize) mit glattem Kaliko überklebt, an dessen Stelle eventuell auch zähes Papier treten kann, und gut mit Talkum

(Speckstein) abgerieben, um ein Klebenbleiben der Hutböden an der Matrize zu verhindern. Dieses Abreiben hat auch während des Pressens in regelmäßigen, nicht zu langen Zwischenräumen zu erfolgen.

Die Hutböden, die aus weißem oder schwarzem Cambric-Papier oder aus den verschiedenartigsten Geweben bestehen, werden vor dem Pressen mit gelbem Vergoldepulver, wie es die Buchbinder gebrauchen, oder auch Kartoffelmehl eingestäubt (aber nicht eingerieben). Als Einstäubeapparat verwendet man zweckmäßig eine aus Pappe selbst hergestellte, einer Glühstrumpfhülse ähnliche Büchse, deren offener Boden mit dichtmaschiger Gaze zu überziehen ist. Das Vergoldepulver wird hier hineingefüllt und durch leichtes Aufklopfen gleichmäßig auf den Hutboden gestreut.

Das Hutfutter wird nun auf die Matrize gelegt, das Blattmetall darauf gedeckt und der Hebel niedergedrückt. Bei schwachgeheizter Presse muß der Druck ein längerer, bei starker Heizung darf er dagegen nur ganz kurz sein. Der gute Ausfall der Pressung wird wesentlich von der Art des Hutfuttergewebes beeinflußt. Als Vorbedingung für ein tadelloses Gelingen sind folgende Punkte unerläßlich: kräftige Heizung, harter Preßspan als Unterlage, gleichmäßig ausgeprägte Matrize, an Klebstoff reichhaltiges Vergoldepulver und ein gleichmäßig dichtes Blattmetall. Wird das letztere in geringerer Qualität verwendet, so ist es mindestens doppelt aufzulegen, wodurch es sich aber teurer stellt, als gutes Metall in einfacher Auflage.

Besteht das Hutfutter aus sehr weitmaschigem Gewebe, dem sogenannten Schleierstoff, dann wird zuerst auf die Matrize ein Blatt Metall gelegt, auf dieses das Hutfutter, hierauf wird mit Vergoldepulver eingestäubt, dann nochmals ein Blatt Metall daraufgelegt, der Druck gemacht und das Hutfutter dann auf beiden Seiten gut abgebürstet.

Kommen statt der üblichen ca. 8 mm starken gravierten Platten hohe Schriften zur Verwendung, wie sie die Buchbinder bei Handvergoldungen benutzen, so muß in diesem Falle die Anhängeplatte sowohl, als auch der Einsatzrahmen (oder sind mehrere vorhanden, einer davon), entfernt werden, und es wird der Schriftkasten mit den genau in der Mitte eingespannten Schriften dafür eingeschoben.

Soll das Hutfutter farbig (gewöhnlich schwarz) bedruckt werden, so wird wieder mit Anhängeplatte und Einsatzrahmen gearbeitet, aber ohne Heizung, außerdem aber noch mit einer an der linken Seite des Tisches zu befestigenden Farbdruckklappe, die sich leicht bewegt, aber in den Scharnieren unbedingt dicht gehen muß. Die letzteren sind dann so hoch einzustellen, daß der Zwischenraum zwischen Tisch und zugeklappter Farbdruckplatte genau der Höhe der verwendeten Gravurplatte entspricht. Die Gravur wird in diesem Falle nicht an die Anhängeplatte, sondern an die Farbdruckplatte geklebt, die übrigen Handgriffe bleiben die gleichen.

Die zum Bedrucken vorgesehene Farbe wird mittels einer Handwalze auf einen kleinen Lithographiestein aufgewalzt und auf die Gravur übertragen. Das Hutfutter lege man darauf auf den Tisch, klappe die Farbdruckplatte darüber, schiebe den Tisch ein und lege den Handhebel nieder.

Vergoldepressen.

Bei der Auswahl einer Vergoldepresse handelt es sich in erster Linie darum, ob nur Vergoldearbeiten, nur Präge- oder Reliefdrucke, nur Farbendrucke oder mehrere dieser Arbeiten auf ein und derselben Maschine ausgeführt werden sollen.

Sind nur Vergoldearbeiten in Tiefdruck, also ohne Relief oder Spiegelschriften herzustellen, so wird man vorteilhaft eine größere Presse für dieselbe Summe erstehen, welche eine leichte Presse mit vergrößertem Druckkopfe erfordern würde. Für Plakate, Spiegelschriften oder Reliefvergoldungen ist aber auch, wenn nur Vergoldungen erforderlich sind, eine schwere Presse notwendig.

Buchbindereien, denen kein großes Kapital zur Verfügung steht, werden gut tun, Pressen mit vergrößertem Druckkopfe zu nehmen, welche größere Arbeiten auszuführen gestatten, ohne zweimal drucken zu müssen.

Kleinere Betriebe, die meist auf die Vergoldearbeit an Bücherrücken usw. beschränkt sind, während größere Flächen selten vergoldet werden, können solche Pressen ausnützen. Sie eignen sich vorzüglich zum Rückendruck, und man kann auf einer solchen Presse sogar Plakate von 48/33 cm Größe ausführen, allerdings mit mehrmaligem Druck.

Man sollte niemals eine Presse wählen, deren Druckfläche für die auszuführenden Arbeiten gerade ausreicht. Die Presse muß so groß sein, daß mindestens ein Rand von 8 bis 10 cm rings um das größte zu druckende Format bleibt, weil der Schwerpunkt des Druckes nicht immer genau in der Mitte liegt. Wenn z. B. auf einer Druckplatte links in der oberen Ecke schwere Verzierungen sind, welche in feine Linien auslaufen, und der untere Teil enthält nur einige Linien Schrift, so liegt der Hauptdruck in der oberen Ecke. Wenn die Druckfläche der Presse nicht größer ist als die zu druckende Platte, so wird der Tisch aus dem Gleichgewicht gebracht, und der Druck erfolgt nicht genau senkrecht, sondern Kopf und Tisch schieben gegeneinander. Das Gold zerreißt dadurch, der Druck hat keinen schönen Glanz und haftet schlecht. Die Druckplatte muß so in die Druckfläche eingesetzt werden, daß die schweren Partien um den Mittelpunkt gelagert sind. Ungeübte Drucker können sich dadurch helfen, daß sie die Platte, ohne sie anzukleben, in die Presse legen, aber so, als ob sie dieselbe wirklich ankleben wollten, d. h. mit der Deckelseite nach oben. Man kann dann auf einem Karton prüfen, ob alle Partien gleichmäßig kommen. Ist auf diese Weise die richtige Stellung ermittelt, so klebt man die Anlegemarken auf und hängt dann erst die Platte an. Wenn die Blinddrucke aus einer vollen Platte mit großer Fläche bestehen, oder wenn Reliefdrucke blind oder mit Vergoldung ausgeführt werden sollen, sowie bei Schrägkanten, bedarf man einer schweren Presse.

Für solche Arbeiten genügt auch nicht der um die Platte verbleibende Rand von 8—10 cm. Man wähle für Reliefplatten die doppelte Größe der größten Platte, um Maschine und Arbeiter zu schonen.

Um eine Buchdecke mit Schrägkanten und Reliefplatten von Gesangbuchgröße zu prägen, müssen zwei Arbeiter an einer Presse

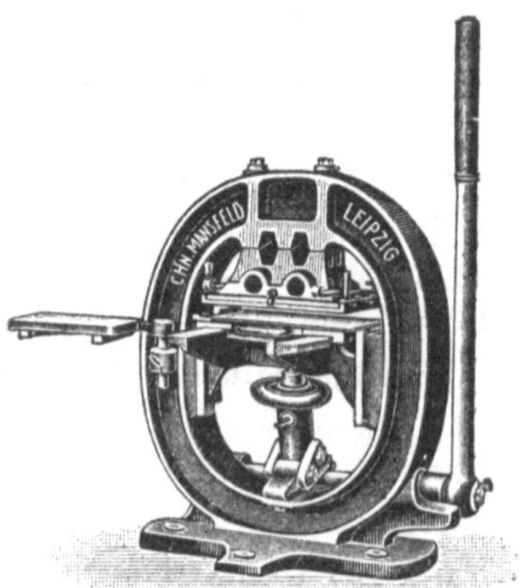

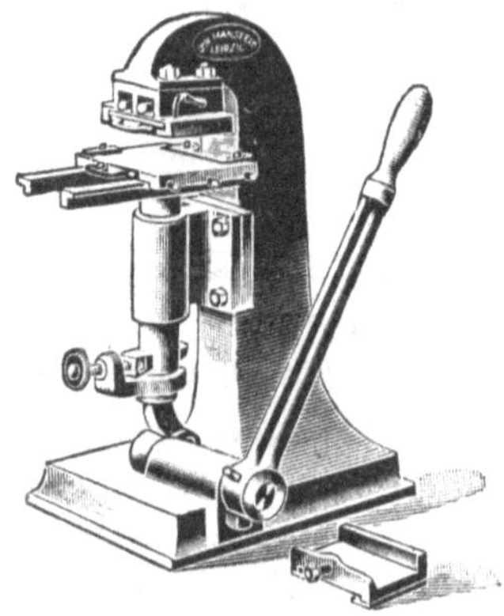

Fig. 41 und 42. Verschiedene Bauarten von Kniehebelpressen.
Erbaut von der Maschinenfabrik Chr. Mansfeld in Leipzig-Reudnitz.

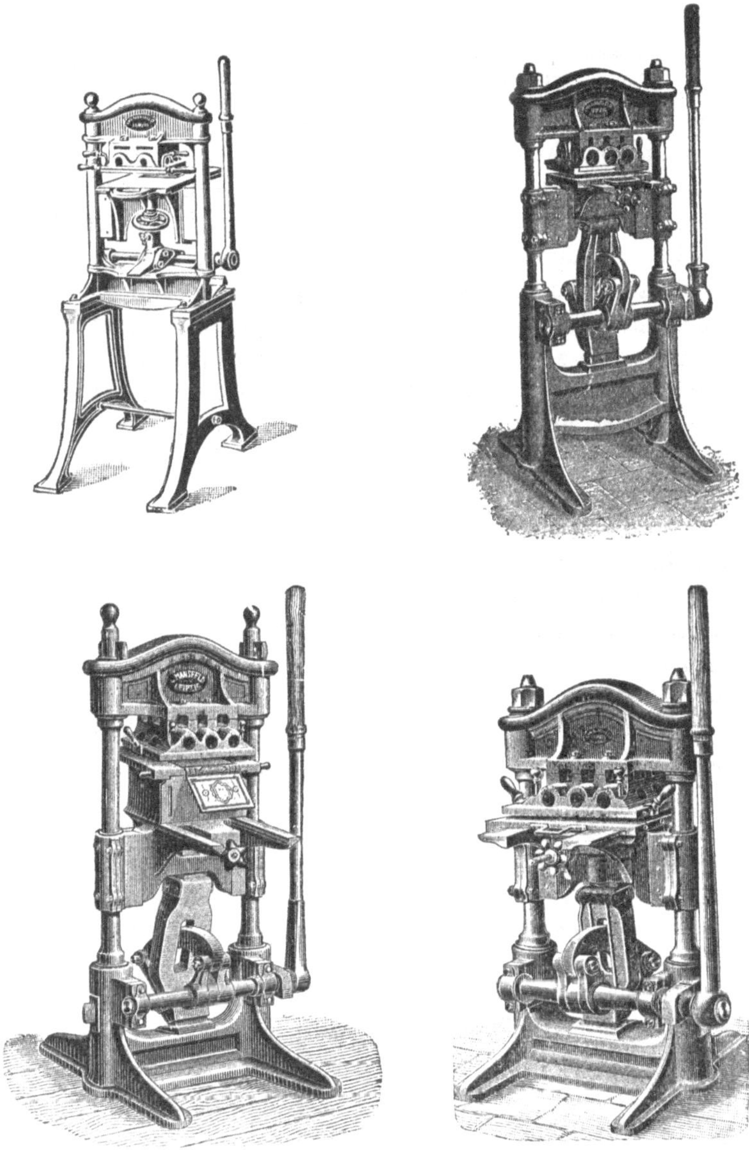

Fig. 43—46. Verschiedene Bauarten von Kniehebelpressen.
Erbaut von der Maschinenfabrik Chr. Mansfeld in Leipzig-Reudnitz.

mit zwei Hebeln arbeiten. Auch kann man mit einer zu schwachen Presse keine gute Matrize für Reliefdruck machen. Wenn dann die leichten und schweren Partien noch ungleich verteilt sind, so daß das vorhin erwähnte Schieben eintreten würde, so werden die Kanten fortwährend schneiden, die Gravuren durch das Seitwärtsschieben andauernd gelockert, und der Schrägrahmen geht auseinander. Dann hilft auch noch so häufiges Neuaufkleben nicht mehr, es muß eine neue Matrize angefertigt werden. Daher ist hier keine falsche Sparsamkeit am Platze. Genügt eine Presse für Reliefdruck, so genügt sie auch für Farbendruck, denn dieser erfordert keinen so starken Druck, wie z. B. das Blinddrucken großer Flächen.

Wichtig ist die Heizung der Presse. Gas-, Dampf- und elektrische Heizung kommen dabei in Frage.

Über elektrische Heizung an Vergoldepressen macht die Firma Karl Krause, Leipzig, folgende interessante Angaben:

„Neben größter Sauberkeit hat diese Heizart vor allen anderen den besonderen Vorteil, daß die Wärmequelle in der Hauptsache nach unten hin auf den zu pressenden Gegenstand wirkt, wodurch ein übermäßiges Miterwärmen des Preßkopfes, wie es bei allen bisherigen Heizarten nicht zu umgehen war, ausgeschlossen ist, und die Luft im Arbeitsraum eine unverdorbene bleibt. Während bei der Heizung durch Gas die Luft in den Arbeitssälen durch den Gasgeruch selbst und ferner durch die Entziehung von Sauerstoff erheblich verschlechtert wird, wird andererseits durch Dampfheizung — namentlich im Sommer — eine unangenehme Wärme erzeugt, wodurch die Gesundheit und, damit Hand in Hand gehend, auch die Leistungsfähigkeit der in den betreffenden Räumen arbeitenden Personen beeinträchtigt wird.

Alle diese Nachteile fallen bei der elektrischen Heizung fort, da hier ein Heizkasten zur Anwendung gelangt, der es gestattet, die Wärme vom oberen Preßkopf möglichst fernzuhalten und sie hauptsächlich dorthin zu leiten, wo sie erforderlich ist.

Ferner wird durch die elektrische Heizung die Bedienung der Presse ganz bedeutend erleichtert, und die Gesundheit der die Presse bedienenden Personen in wesentlich höherem Grade berücksichtigt, als es bisher bei anderen Heizarten möglich war.

In Anbetracht dieser Vorzüge ist es deshalb jedem Fabrikanten, der in seinem Betrieb über elektrische Kraft verfügt, in seinem eigenen und dem Interesse seiner Mitarbeiter warm zu empfehlen, neue Pressen nur noch mit elektrischer Heizung zu bestellen, bzw. die bereits vorhandenen Pressen für dieses neue Verfahren einrichten zu lassen."

Wir werden nun den Herrn Verfasser des Artikels „Vergoldepressen" weiter hören über die Vorzüge und Nachteile der verschiedenen Heizungsmethoden.

Vor der Gasheizung verdient die Dampfheizung den Vorzug,

da sie die umgebende Luft nicht verdirbt, außerdem gibt sie nicht die starke Hitze wie Gas; die Wärme ist milder. Ist Dampfheizung nicht möglich, so bleibt nur die Gasheizung übrig, da Grudeheizung, Spiritus- und Petroleumheizung nur im Notfalle brauchbar sind.[1]) Bei Gasheizung wird man gut tun, den Heizkopf mit Ausnahme der Anhängeplatte mit einem Blechkasten zu umgeben, welcher mit einem Rohre verbunden ist, das die verbrauchte Luft ins Freie führt.

Von Reserveteilen sollten unbedingt eine zweite Anhängeplatte und ein zweiter Tisch bestellt werden, denn wenn eine Arbeit unterbrochen werden muß und eine andere Arbeit dazwischen kommt, so erzielt man große Zeitersparnis durch Ersatzplatten, da dann die ganze „Einrichtung" nicht nochmals zu machen ist.

Soll die Presse auch zum Stanzen benutzt werden, so ist es trotzdem nicht nötig, ein herausnehmbares Stück, welches sich zwischen dem Heizkasten und dem Kopfe befindet, zu bestellen, da der Zwischenraum zwischen dem Heizkasten und dem Tiegel nach Herausnahme der Anhängeplatte und des Tisches und wenn man den Keil auf den niedrigsten Stand herausgeschraubt hat, für gewöhnliche Stanzeisen genügt.

Eine Farbdruckplatte ist zum Farbdruck unbedingt nötig, ebenso ein Deckelrahmen. Dagegen werden verstellbarer Hub, heizbarer Tiegel, Kippvorrichtung an der Anhängeplatte, Rahmen für hohe Schrift usw. meist entbehrlich sein.[2])

* * *

Die Kniehebelpressen können den verschiedensten Zwecken dienstbar gemacht werden, besonders wenn in einer Fabrik nicht genügend Arbeit für sämtliche Pressen vorhanden ist oder aber andere Abteilungen überlastet sind, was meistens in der Zeit der Mustersaison der Fall zu sein pflegt. Sie sind besonders zu Blindprägungen geeignet, doch auch für die weitere Bearbeitung bereits erfolgter Prägungen, die nur noch von Schneideplatten auszuschneiden sind, sind sie zu gebrauchen. In solchen Fällen, ebenso wie zum Stanzen unter Zuhilfenahme eines Ausschlageisens, wird die Maschine nicht geheizt.

Die Kniehebelpresse dient ferner zur Herstellung von Blumenblättern und für die Knopffabrikation. Bei niedergelegtem Hebel kann die Einfahrt sehr verschieden groß sein. Für Präge- und Stanz-

[1]) Über die Vorzüge der elektrischen Heizung haben wir bereits gehört. (Anm. des Herausgebers.)

[2]) Autor: Louis Horn, Huy (Belgien).

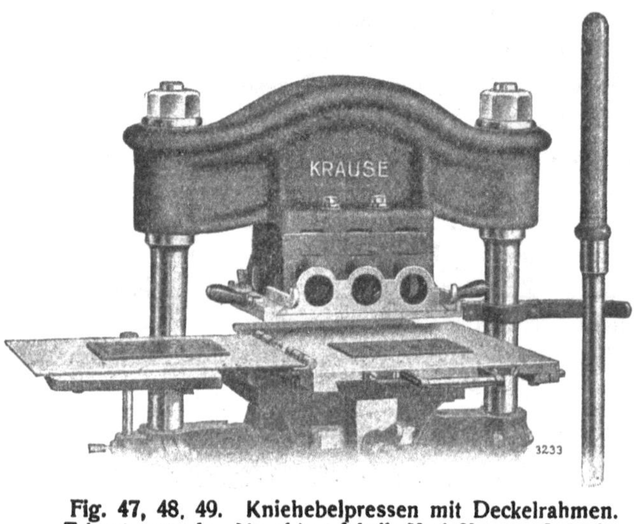

Fig. 47, 48, 49. Kniehebelpressen mit Deckelrahmen. Erbaut von der Maschinenfabrik Karl Krause, Leipzig.

arbeiten wird die Presse, vollständig automatisch arbeitend, mit Dampfbetrieb gebaut. Um zu prägen und zu stanzen, muß die Maschine mit Deckelrahmen Anwendung finden, wie die Abbildungen 47, 48, 49 zeigen.

Die Ausnutzung der Prägefläche ist eine verschiedene. Besonders in früherer Zeit war es beliebt, ganze Bogen in der Art der Vorsatzpapiere mit Tiefdruckpressung zu versehen. Diese Mode hat sich nicht bis auf den heutigen Tag erhalten, wobei meist modefarbene Papiere als Untergrund dienten, während die jeweilige neue Saisonmode ausschlaggebend für die Art der Zeichnung war. Allerdings ist es meist nur möglich, von räumlich begrenzten Platten zu prägen. Ein Bogen im Format 70×90 cm wird immerhin drei- bis viermal unter die Maschine gebracht werden müssen. Es gibt allerdings Prägemaschinen mit Kraftbetrieb, die eine Fläche von 80—105 cm in einem Gange, allerdings unter mehrmaligem Aufdruck, bis zur gewünschten Ausdruckskraft prägen.

Den Lesern sei des Interesses halber nachstehend die größte jemals gebaute Kniehebelpresse vorgeführt, deren Erbauerin die

Fig. 50.

weltbekannte Firma Karl Krause, Aktiengesellschaft, Leipzig, ist, die hiermit wieder einen neuen Beweis ihrer großen Leistungsfähigkeit gegeben hat. Einige Angaben über die kolossalen Abmessungen etc. der Presse dürften wohl von Interesse sein.

Druckkraft 1,100,000 Kg.
Höhe 4 Meter.
Gewicht ca. 40 t.
Antriebskraft ca. 15 PS.

Die Druckfläche bei der für eine Spezialarbeit gelieferten Presse betrug 125×50 cm, kann aber auch bedeutend größer sein.

b) Die Herstellung von Pressungen auf Farbdruckpressen.

Farbdruckpressen.

Besonders bei Deckelstücken von Postkarten- sowie Photoalbums werden wir oftmals eine oder mehrere Farben eingepreßt finden.

Hierbei sei auf die mit weißer Farbe auf dunklem Papier oder Karton hergestellten Prägungen (Weißprägungen) hingewiesen, bei denen großartige Wirkungen auf diese Weise zu erzielen sind.

Wir können das am besten an den in diesem Verfahren hergestellten Adreßkarten feststellen, die weiße Schrift auf farbigem Grunde zeigen. Wollte man weiße Farbe auf eine farbige Fläche drucken und dann prägen, so müßte dazu besondere Sorgfalt aufgewendet werden, um alle Teile der weißen Buchstaben durch den Schlag oder Prägedruck aus der glatten Papierfläche herauszuholen und zu plastischer Gestaltung zu bringen.

Nun fällt das bekanntlich bei dem gleichzeitig erfolgenden Prägedruck weg, weil die glatte farbige Fläche, welche stets die größere sein wird, gedruckt, der weiße Schrifttext, auf dessen Wirkung besonderer Wert auch bezüglich der ornamentalen Ausgestaltung gelegt wird, dagegen ausgespart und gleichzeitig herausgeprägt wird, wodurch eine Gewähr für gutes Passen gegeben ist.

Das läßt sich nun natürlich auch auf andere Farbenzusammenstellungen ausdehnen.

Man erreicht diese Wirkung ebenfalls unter kleinen zweckentsprechenden Änderungen auf der Kniehebelpresse, und zwar an den Teilen der Maschine, wo die Schlitten eingeführt werden. Natürlich gibt es dazu auch besonders erbaute Maschinen, welche die Bezeichnung „Farbdruckpressen“ führen. Das Passen auf der Farbdruckpresse, besonders von weißen ausgesparten Buchstaben auf farbigem Grunde, läßt sich am besten dadurch ermöglichen, daß weißes Papier verarbeitet wird, auf das ein farbiger Grundton aufgedruckt wird. In einem einzigen Arbeitsgange werden die weiß ausgesparten Buchstaben gedruckt und gleichzeitig reliefartig herausgeprägt.

Bleiben wir zunächst bei der Verwendung der Kniehebelpresse zu farbigen Prägungen. Das Anwärmen der Maschine kommt auch in diesem Falle in Fortfall. An der einen Querseite des unteren Schlittens wird an Scharnieren eine Platte befestigt, auf welcher der zur Färbung dienende Stempel angebracht wird. Mittels einer Handwalze wird die Farbe auf den Stempel übertragen, und dieser gibt diese dann auf den zu bearbeitenden Gegenstand ab.

Die Methode, von Hand einzuwalzen, ist ziemlich umständlich und erfordert auch viel Zeit, die anderweitig besser zu benutzen ist.

Bei den unter der Benennung „Farbdruckpressen“ in den Handel gebrachten Maschinen kommt das lästige Einwalzen von Hand in Fortfall, da dieses auf maschinellem Wege besorgt wird. Die Walzen laufen in regelmäßigen Zwischenräumen über die Stempelfläche, ähnlich wie bei der Buchdruckpresse über den Satzspiegel, und sorgen für ein gleichmäßiges Verteilen der Farbe. Die beigegebene Abbildung und folgende Erläuterung des technischen Vorganges auf einer solchen Maschine soll den Lesern das Verständnis dafür erschließen helfen. Diese Art Maschinen spielen besonders für die Herstellung von Albumdeckeln, besonders in Großbuchbindereien, eine sehr große Rolle.

Die Herstellung der auf den Farbdruckprägepressen erzeugten Artikel hat im Laufe der Zeit große Verbesserungen und Erleichterungen erfahren, und die fortschreitende Technik wird auch ferner wieder auf neue Einfälle kommen, die zur denkbar vollkommensten Arbeitsleistung führen werden.

Die augenblicklich im Handel befindlichen kleinen Dampfprägepressen erleichtern das Arbeiten bereits ungemein, da sie vollkommen automatisch arbeiten und sich sowohl zum Prägen als zum Ausstanzen eignen. Um beide Verrichtungen auf der Presse machen zu können, wird sie stets mit Einsatzrahmen geliefert.

Die Leistungen an der Kniehebelpresse hängen jeweilig von der Größe des Stempels, sodann der Arbeitskraft der mit der Ausführung der Prägungen betrauten Personen ab.

Wir ersehen daraus, daß die menschliche Kraft mehr und

mehr in den Hintergrund gedrängt wird, während die Arbeitsleistung den Maschinen zufällt, wodurch sich der Herstellungspreis und somit auch der Verkaufspreis wesentlich ermäßigen und einem erfolgreichen Wettbewerb Tür und Tor öffnen.

Es sei hierbei gleich an die außerordentlich schön wirkende Art des Hochprägens der Buchstabentypen auf der Papieroberfläche erwähnt, eine Arbeit, die sich bequem auf der Tiegeldruckpresse machen läßt. Die Farbe legt sich aus den gravierten Druckstempeln genau wie beim Monogrammprägeverfahren auf die Oberfläche des zu dekorierenden Papiers ab und der Farblack, der ausschließlich für diese Zwecke genommen wird, trocknet mit schönem Glanz auf. Je nach Wahl der Farbe werden sich großartige Erfolge bezüglich der Wirksamkeit erzielen lassen. Bei der Herstellung solcher Arbeiten ist es besonders notwendig, sich nicht treiben zu lassen und die Prägedruckbogen nicht etwa zu frisch zusammenzulegen, da sie leicht zusammenkleben, und dadurch verliert sofort die Wirkung der Vorderseite; ferner legt sich die Farbe auf der Rückseite der zusammengelegten Bogen ab und beschmutzt sie selbstverständlich. Für derartige Arbeiten ist es besonders notwendig, auf ausreichende Lieferfristen zu sehen, um nicht die Fortschritte der Technik auf Kosten der Wirkung durch die unverständige Treiberei in der Ablieferung zu beeinträchtigen.

Wir haben nun unsere besondere Aufmerksamkeit der Farbdruckpresse zuzuwenden, und zwar werden wir ein Modell der Maschinenfabrik „Fomm“ (Fig. 51) behandeln. Mit dieser Presse ist eine Maschine geschaffen worden, die jeglichen Anforderungen in ganz außerordentlicher Weise entspricht.

Die Konstruktion dieser Farbdruckpresse ist eine völlig selbständige, die sich in der Praxis schon seit vielen Jahren bewährt hat. Die Presse ist mit einem für alle vorkommenden Drucke bestens verwendbaren Farbwerk ausgestattet, dient aber nach dessen Abstellung, die nur einen einzigen Handgriff erfordert, ebenso vorteilhaft für schwere Blind-, Hoch- und Golddrucke. Je nach Wunsch kann man die Maschine ununterbrochen laufen oder nach jedem Druck ausrücken lassen. Der Übergang von einer zur anderen Arbeitsweise bedingt eine Abstellvorrichtung, welche sich mit einem Handgriffe bewerkstelligen läßt.

Das Zylinderfarbwerk arbeitet nach dem durch die deutschen Reichspatente Nr. 78 868 und Nr. 152 275 geschützten Verfahren, bei welchem auf jedem Wege nur eine Auftragwalze die von den Farbzylindern übernommene Farbe an die Gravur abgibt, und da weiter der Umfang jeder Farbwalze so groß ist, daß er beim einmaligen Abrollen die ganze Druckfläche deckt, gestaltet sich die Einfärbung auch bei Verwendung strenger Buchdruckfarbe zu einer vollkommenen. Es ähnelt demjenigen der Tiegeldruckpresse, besteht aus zwei Auftragwalzen, fünf Verreibewalzen — zwei Masse- und drei eisernen Walzen —, einer Leckwalze, zwei Farbzylindern

Fig. 51. Farbdruck-Prägepresse „Fomm".
Erbaut von der Maschinenfabrik August Fomm, Leipzig.

mit rotierender und seitlicher Bewegung, Farbkasten mit Speisewalze und Farbmesser mit Feinstellung, sowie einem verstellbaren Schaltwerk für die Speisewalze, und läuft unabhängig von der Schlittenbewegung.

Die Auftragwalzen treten ihren Weg erst an, nachdem der Schlitten seine Außenstellung eingenommen hat.

Die Speisewalze, welche die Farbe aus dem Farbkasten entnimmt und an die Leckwalze abgibt, hat eine regulierbare Schaltung, infolgedessen für jede Einfärbung nur ein beliebig großer Teil des Walzenumfanges zur Farbeabgabe in Betracht kommt, und nach dieser die sich drehende Bewegung bis zur nächsten Farbeabgabe aufgehoben wird. Solange die Speisewalze sich dreht, liegt die Leckwalze an ihr an, aber im Augenblick des Stillstandes der ersteren schwingt letztere an die untere Verreibewalze und gibt die von der Speisewalze genommene Farbe an diese ab. Hierdurch ist der sparsamste Farbeverbrauch gewährleistet. Es wird nur soviel Farbe aus dem Kasten entnommen, wie gerade gebraucht wird, und diese kommt dann auch an die Farbzylinder. Zur Vervollkommnung der Leistung hat auch die Maßnahme beigetragen, das Farbwerk von der Schwungradwelle aus anzutreiben und die Farbwagenschienen mit Mikrometerstellung zu versehen. Das andauernde Laufen des Farbwerkes, wobei es sich nicht etwa um eine dauernde Farbzuführung, sondern um eine fortdauernde Verreibung der Farbe handelt, also um die entsprechende Bewegung der Farbzylinder mit den Verreibewalzen und den Auftragwalzen, ist nötig, um die Bildung von fetten Stellen auf den Walzen zu verhindern. Diese bilden sich sofort, wenn die Walzen einmal ohne Bewegung an den Zylindern liegen, und sind dann bei den wenigen Umdrehungen, die sich bei der Wiederingangsetzung der Presse für das Anliegen der Auftragwalzen an den Zylindern ergeben, meist nicht wieder wegzubringen. Die Leckwalze, welche die Farbeabgabe vom Farbkasten an die Verreibewalzen vermittelt, arbeitet dagegen nur bei vor- und rücklaufendem Farbwalzenwagen.

Als sehr nützlich ist auch die Hubhöhe von 80 mm befunden worden, die im Verein mit der Keilstellung zwischen Wärmetiegelplatte und Schlitten eine so große Öffnung läßt, daß sie eine bequeme Handhabung ermöglicht und weiter auch die Ausführung tieferer Prägungen erlaubt.

Die Einrichtung zur Ein- und Ausführung des Schlittens ist derart beschaffen, daß sie den Schlitten rasch nach vorn führt, in der Außenlage dann längere Zeit in Ruhe verharren läßt und ihn hernach in einem langsamen Zeitmaß wieder einführt.

Die starke Nachfrage nach dieser Presse liefert schon den Beweis, daß mit der Konstruktion der Presse einem wirklichen Bedürfnis nachgekommen ist. Bei der vielseitigen und in jedem Falle äußerst vorteilhaften Verwendbarkeit dürfte sie für jeden größeren Betrieb, der nutzbringend arbeiten will, eine Notwendigkeit sein. An geeigneter Arbeit für die Presse wird es in keinem solchen fehlen, und somit bleibt auch die Möglichkeit bestehen, für das Anschaffungskapital eine reichliche Verzinsung zu erzielen.

Die qualitativ vorzügliche und quantitativ sehr große Leistung der Presse erhöht die Leistungsfähigkeit bedeutend.

Diese Farbdruckpresse ist selbst den schwersten Tiegeldruckpressen vorzuziehen, einesteils, weil die Druckkraft der letzteren derjenigen der Farbdruckpresse noch lange nicht gleichkommt, und andernteils, weil bei dieser Maschine infolge der wagerechten Bewegung des Schlittens die Auflage und Abnahme des Materials bequemer und vor allen Dingen auch gefahrloser ist. Bei unausgesetztem Laufen kann man die Maschine mit fünf bis zehn Drucken in der Minute arbeiten lassen. Voraussetzung für die Ausnutzung dieser Drucke resp. für die Möglichkeit, die Presse ununterbrochen arbeiten zu lassen, ist die Verwendung einer weniger strengen Farbe, welche das Klebenbleiben des Materials an der Gravur vermeidet oder das Abziehen des hängengebliebenen Bogens mit den Greifern zuläßt. Wird bei der Verwendung strenger Farbe ein Abziehen des Materials von der Gravur mit der Hand nötig, dann muß man die Presse nach jedem Druck ausrücken lassen, und das ergibt natürlich eine entsprechend geringere Leistung.

Die Maschine ist sowohl für Transmissions-, als auch für direkten Antrieb von einem Elektromotor verwendbar; ist letzterer vorgesehen, dann empfiehlt sich entschieden die Verwendung eines Motors mit größerer Höchstgeschwindigkeit und starkem Widerstand, welcher eine Regulierung der Tourenzahl von 25½ bis 33⅓ % ermöglicht, um den Gang der Presse der Art der jeweils zu verrichtenden Arbeit anpassen zu können.

Zum gleichzeitigen Drucken und Prägen von Plakaten, Reklamekarten usw. ist ein sehr kräftiger Druck erforderlich, um ein schönes Ausprägen des Reliefs, sowie die zur Erhöhung des Glanzes und der Gleichmäßigkeit des Farbtones erforderliche innige Verbindung der selbst in der feinsten Farbe noch vorhandenen winzigen Farbkörperchen unter sich zu erzielen, und auch in dieser Hinsicht entspricht diese Presse sehr weitgehenden Anforderungen.

Große Widerstandsfähigkeit und Ergiebigkeit des Drucks sind unbestrittene Vorzüge dieser Farbdruckpresse. Die Bauart darf sicher als eine kräftige und zweckdienliche bezeichnet werden. Als besonders bemerkenswert ist hervorzuheben, daß der Abschluß der Säulen im Fußstück und über dem Kopfstück nicht durch Keile, sondern durch Muttern erfolgt, von denen die unteren mittels Schrauben festgehalten werden, während die oberen mit Sicherheitsringen versehen sind, welche eine Selbstauflösung der Muttern in der erfolgreichsten Weise verhindern. Die Grundpfanne ist nicht in das Fußstück eingegossen, sondern es bildet diese ein besonderes Stück, das erst nach der erfolgten sorgfältigen Bearbeitung in das ebenfalls entsprechend vorgerichtete Fußstück eingefügt wird und somit immer gleichgerichtet zu der oberen Preßtischkeilfläche zu liegen kommt.

Die Pfannenflächen der dazwischen liegenden Teile — Kniestück, Druckstange und Unterkeil — werden in gleich genauer Weise bearbeitet, und infolgedessen muß sich auch bei diesen Pressen der Druck gleichmäßig äußern.

Verwendung finden nur die geeignetsten Materialien. Die Daumenwelle und die Säulen werden aus geschmiedetem Stahl, Pfanne, Kniestück, Druckstange, Stöckchen und Druckrolle, also das ganze Druckzeug, sowie ferner die Exzenter, Exzenterbügel, Rollen und ev. Räder aus bestem Stahlguß hergestellt.

Durch die jetzt allgemein durchgeführte Verwendung genau gefräster Zahnräder ergibt sich ein dem Uhrwerk ähnlicher leichter, lautloser und stoßfreier Gang und auch eine größere Betriebssicherheit, sowie infolge der höheren Tourenzahl, mit der man die Maschine nun laufen lassen kann, selbstverständlich auch eine größere Leistung.

Farbzerteilung und Einfärbung an Farbdruckpressen aller Art.

Farbzerteilung und Einfärbung an Farbdruckpressen aller Art hängen in erster Linie von der Beschaffenheit und dem Umfange, d. h. der mehr oder weniger großen Anzahl der Stahl- und Massewalzen ab, mit denen die betreffende Presse ausgestattet ist. Hierzu kommt, daß wir unter Rücksicht auf das mehr oder weniger ausgebildete Farbwerk eine Farbe zum Druck verwenden, die in ihrer Konsistenz nicht höhere Ansprüche an die Verreibkraft des Farbwerks stellt, als dieses nach Anordnung und Ausbildung zu leisten imstande ist. Es liegt ja in der Natur der Sache, daß wir uns zum Druck guter Arbeiten auch guter und wenn es sein muß, bester Farbe bedienen, aber es sind doch jeder Presse gewisse Grenzen in der Farbzerteilung und Einfärbung gezogen, die ohne weiteres nicht überschritten werden dürfen, wenn wir gute Drucke erhalten wollen.

Was nun die Farbe zunächst betrifft, so ist es ohne weiteres einleuchtend, daß das Farbenprodukt das Aussehen des Druckerzeugnisses um so brillanter gestalten wird, je besser die Bestandteile der Farbe sind. Die volle Wirkung, die mit einer besseren Farbe zu erreichen ist, kann, zunächst von geeigneten Walzen und ihrer richtigen Stellung abgesehen, erst dann erzielt werden, wenn zum Druck eine Maschine mit günstigem Farbapparat zur Verfügung steht. Dann besteht erst die Möglichkeit, die Farben, wie es notwendig ist, auf das feinste zu verteilen und in möglichst dünner, aber vollkommen deckender Weise auf Schrift und Druckplatten zu übertragen. Da dieses nur mit einem Farbapparat zu erreichen ist, der eine größere Anzahl Verreib- und mehr als zwei Auftragwalzen besitzt, so dürfte es ohne weiteres einleuchten, daß solche Farben auf Pressen mit einfachem Farbwerk mit dem gewünschten Effekt nicht verdruckt werden können. Dem wichtigen Erfordernis, die Farbe der Maschine anzupassen, tragen die Farbenfabriken Rechnung, indem sie ersuchen, bei der Bestellung schwarzer und auch anderer Druckfarben anzugeben, wofür sie bestimmt sind und in welcher Konsistenz sie geliefert werden sollen, ob stark, mittelstark oder schwach. Die Konsistenz der Farben muß der Verreibungskraft des Farbwerks angepaßt werden. Es ist technisch möglich, Farben herzustellen, die von schwacher Konsistenz sind und die annähernd die gleiche Deckkraft haben wie solche von strenger Beschaffenheit.

Ob wir nun Pressen mit einfachem oder solche mit mehr ausgebildetem Farbwerk haben, stets müssen wir im Interesse einer guten Einfärbung auf richtige Stellung der Walzen das Augenmerk richten. Der aufmerksame Beobachter kann öfters Druckerzeugnisse sehen, die in mehr oder weniger starker Weise den falschen Stand der Walzen erkennen lassen. Sie stehen vielfach zu tief, soweit Einfärb- oder Deckwalzen in Frage stehen, während die Verreibwalzen oft zu stark aufliegen oder angestellt sind. Durch zu starken Druck der Deckwalzen auf die Druckform wird die Farbe an den Stand von Buchstaben und Platten gedrängt und der Abdruck von der Schrift sieht aus, als wäre das Buchstabenbild von einem Saum umzogen. Bei feinen Schriften und Liniendrucken sieht der Abdruck mangelhaft gefärbt aus und die verdruckte Farbe kann, gleichgültig, ob es sich um Schwarz oder Bunt handelt, in voller Wirksamkeit gar nicht zur Geltung gelangen. Daher ist recht sorgfältige Einstellung der Walzen notwendig, wenn man das Beste im Druck erzielen, gute Deckung und volle Wirksamkeit der Farbe erreichen will. Beim Abrichten werden die Auftragwalzen so hoch eingestellt, daß sie an die Form keine Farbe abgeben können. Ist dann die Form in der Presse, so sind die Walzen soweit herunterzulassen, daß sie die Form eben decken. Enthält die Form stark abgenutztes Material, so muß sie von unten zugerichtet werden, um so die Höhenunterschiede auszugleichen und gleichmäcige Einfärbung möglich zu machen. Walzenrillen und Laufschienen müssen von Öl trocken gehalten werden und wird hierdurch sowie durch die Druckform derjenige Grad von Adhäsion erzielt, der notwendig ist, um gute Farbabgabe zu ermöglichen. Bei den Auftragwalzen der Farbdruck- und Tiegeldruckpressen ist auch auf gleichen Durchmesser aller Walzen zu achten, denn die Auftragwalzen können nicht einzeln für sich reguliert werden, sondern sie werden durch die Laufschienen gleichmäßig gehoben und gesenkt, und wenn nun Unterschiede im Durchmesser vorhanden sein sollten, was man durch Umlegen eines Papierstreifens leicht feststellen kann, so müssen stark differierende Walzen ausgewechselt werden.

Farbzerteilung und Einfärbung machen entsprechende Maßnahmen notwendig, die in vorstehenden Ausführungen gekennzeichnet sind und deren Beachtung zu guten Erfolgen führen werden.

c) Pressen mit Folien und Prägepapieren.

Der Druck mit Farbfolien und Prägepapieren.

Der Druck heller Farben auf dunkle Papiere wird trotz seiner schwierigen und umständlichen Ausführung verhältnismäßig oft ausgeübt. Bei dem guten und wirkungsvollen Aussehen der Druckarbeiten, die z. B. auf dunkler Fläche einen reinen Weißdruck zeigen, nimmt man die umständliche Arbeitsweise mit in den Kauf. Beim Foliendruck wird es sich fast stets um den Druck auf Papier bzw. Karton handeln; auch der Druck auf Leinwand, Kaliko usw. dürfte hin und wieder vorkommen. Handelt es sich um den Druck heller Farben auf dunkle, glatte Papiere, so sollte, wenn irgend möglich, der helle Karton mit der Farbe, die das Papier haben soll, bedruckt werden, in welcher Druckplatte, Schrift und Ornamente negativ ausgespart sind. Man erhält so in einfacher Arbeitsweise einen tadellosen Weißdruck, nämlich einen Druck, der Schrift und Ornamente in der Farbe des Papiers zeigt. Diese Arbeitsweise wird technisch unmöglich, wenn es sich z. B. um den Druck heller Farben auf dunkle, rauhe Papiere und Kartons handelt. Hier muß der direkte Farbdruck zur Anwendung kommen, der bei vorangegangenem Unterdruck mit Bronze und nachheriger öfterer Wiederholung des Farbdruckes allein zu erreichen ist. Außer solchem direkten Farbdruck, der ziemlich umständlich ist, kann man den Druck auf andere Weise ausführen, die bei einmaligem Arbeitsgang Ornamente und Schriften in jeder gewünschten Farbe gut deckend auf farbige Papiere aller Art zum Stehen bringt. Dies erreicht man mittels Farbfolien. Es gibt hierfür Prägepapier und Öserfolien.

Die Folien sind äußerst dünne, aus Bronzen oder Farbpulver und einem Klebstoff gefertigte Tafeln, die in ähnlicher Weise wie Blattmetalle verarbeitet werden. Zwischen Blättern in dünnen Büchelchen untergebracht, sind sie allerdings etwas stärker als die äußerst feingeschlagenen Blattmetalle. Die Folien werden auf das zu bedruckende Papier gelegt und durch entsprechenden Druck an das auszustattende Material angepreßt und an den Druckstellen mit ihm fest verbunden. Damit die Folie auf dem Druckträger besseren Halt findet, bedarf sie eines Bindemittels, welches je nach Art der Arbeitsweise, d. h. ob man den Druck mit kalter oder warmer Presse ausführt, ausgewählt wird.

Wird der Druck kalt ausgeführt, in welchem Falle der Präger oder Buchdrucker das gewöhnliche Schriftmaterial wie er es zum Farbdruck braucht verwenden kann, so ist ein Vordruck mit einer gut mit Trockenstoff versetzten Farbe notwendig, damit die Folie an der Druckfläche genügend festhält. Diese Unterdruckfarbe soll sich in ihrem Aussehen der Farbe der Folie anpassen und muß in ihrer Zusammensetzung die Saugfähigkeit des Papiers berücksichtigen. Je größer diese ist, um so strenger muß die Farbe und um so reichlicher muß auch der Zusatz an Trockenstoff zur Farbe sein, damit sie möglichst schnell verharzt und die Folie fest an die Druckfläche bindet. Der Aufdruck der Unterdruckfarbe darf aber nicht in übermäßiger Deckung erfolgen, damit sie nicht über den Rand der Druckfläche hinweggequetscht wird. Die aufgelegte Folie würde dann auch dort antrocknen, wo die Farbe übergetreten ist, so daß Schrift und Ornamente von unscharfen Konturen begrenzt sein würden. Ist der Vordruck ausgeführt, so warte man mit dem Auflegen der Folie wenige Minuten und drücke sie dann mit einem Wattebausch an Schrift und Ornamente an. Hierauf lasse man den Druck unter genauer Anlage und bei gründlich gesäuberter Form nochmals unter Druck durch die Maschine gehen, um die Folie ganz gleichmäßig an den Unterdruck anzupressen. Foliendrucke lassen sich am besten auf einer guten Tiegeldruck-

13*

presse und, falls sie auf Steindruckarbeiten ausgeführt werden, auf der Handpresse herstellen.

Nachdem die Folie auf den Druck genügend aufgetrocknet bzw. dieser erkaltet ist, wird das überschüssige Material mit einer mittelharten Bürste unter kreisförmiger Bewegung derselben abgebürstet.

Während des Druckes ist es hin und wieder notwendig, die Form gründlich zu säubern, weil das Grundiermittel sich nach und nach an der Druckfläche ansetzt und Veranlassung zu unsauberen Drucken gibt. Diese Säuberung geschieht durch Abreiben mit einem Lederlappen, in dem einige Tropfen Stearinöl verrieben sind.

Außer den Farbfolien gibt es auch Bronzefolien in den verschiedensten Tönungen, die gegenüber den Blattmetallen den Vorzug haben, daß sie ohne vorherige Grundierung verarbeitet werden können.

Bronzefolien, die sich viel leichter und schneller verarbeiten lassen als Blattmetalle aller Art zeigen einen vorzüglichen Glanz und sind von guter Haltbarkeit besonders gegenüber den neuesten unechten Kompositions-Metalldrucken.

Sobald es sich in der Ausstattungstechnik um den Druck von Bronzen auf Karton, Leder, Leinwand und sonstiges Material handelt, wird von der Verwendung von Bronzen und Druckfarben abgesehen und zum Foliendruck gegriffen. Besonders beim Bronzedruck wird nicht mehr die alte langwierige Arbeitsweise des Puderbronzierens in Anwendung gebracht. Die Arbeit des Foliendruckes ist gegenüber dem Druck mit Puderbronze ungleich sauberer, einfacher und alles in allem wesentlich rascher.

Wenn eine mit Heizeinrichtung ausgestattete Tiegeldruckpresse oder eine Vergoldepresse zur Verfügung steht, sollte der Foliendruck stets warm ausgeführt werden, da die Herstellung einfacher und der Druck haltbarer ist als bei vorbeschriebener Arbeitsweise. Dazu ist es allerdings ein Erfordernis, daß die zum Druck dienenden Schriften und Ornamente in Stahl oder Messing graviert sind, weil Bleischriften der Wärme nur geringen Widerstand bieten und zu starker Abnutzung unterliegen würden. Gravierte Schriften und Ornamente, Platten usw. werden in der Regel in Höhe von 7 mm geliefert, wenn man das Material nicht gleich schrifthoch bestellt, was sich in manchen Fällen empfehlen dürfte. Diese niedrigen Schriften müssen zum Gebrauch auf eine entsprechend dicke Eisenunterlage geklebt werden.

Für Foliendruck empfiehlt es sich, möglichst nur Messinggravuren zu benutzen. Nur wo schon Zinkätzungen vorhanden sind, kann man dieselben im Notfall dazu verwenden. Man hat aber mit Zinkplatten immer Schwierigkeiten beim Folienprägen.

Sind die Stempel aufgeklebt und in der Presse angehangen, so ist dann die Hauptsache eine gute Justur. Zu stark druckende Stellen schneidet man aus einem dünnen Papier heraus und zu schwach druckende werden aufgelegt. Über das Ganze legt man dann einen schwachen festen Karton.

Das Schneiden der Folie kann im ganzen Buch geschehen, indem man das Buch samt Folie in die gewünschten Teile mit der Pappschere zerlegt. Ein Hin- und Herwiegen der geschittenen Folie läßt dieselbe an den Schnittflächen von dem dazwischen liegenden Papier los, so daß sich dann die einzelnen Stückchen leicht auftragen lassen. Geübte Aufträgerinnen schneiden auch jedes Blatt einzeln mit dem Goldmesser im Buch.

Für Stoffe, welche keinerlei Klebmittel enthalten, z. B. gewebte Stoffe, Seide, Samt, Plüsch usw., gibt es Folien, welche noch eine besondere Klebschicht enthalten und mit Marke P bezeichnet werden. Marke P hält auf diesem Material sehr dauerhaft, darf aber nicht mit zu heißer Presse gedruckt werden.

Eine jetzt viel als Goldersatz angewandte Folie ist die sogen. Antioxydfolie. Dieselbe ist durch einen Lacküberzug gegen Oxydation geschützt. Das Prägen ist genau so wie bei der Bronzefolie. Eine solche Prägung mit Antioxydfolie behält jahrzehntelang einen schönen Goldglanz. Bei Artikeln, welche eine längere Lebensdauer haben sollen, empfiehlt es sich, an Stelle von unechten Goldmetallen diese Antioxyd zu verwenden.

Ein gutes Werkzeug beim Folieprägen ist der Gebrauch einer weichen Messingdrahtbürste zum Ausbürsten der Stempel. Mit einer solchen Bürste kann man am schnellsten die Stempel und Schriften reinigen.

Ein weiteres, sehr gutes Hilfsmittel ist auch das leichte Abreiben des zu prägenden Nutzens oder Gegenstandes mit irgendeinem feinen Pulver (Mehl, Kartoffelmehl, Dextrin, Reismehl usw.). Es gibt Papiere oder dergl., bei welchem sich die Folie infolge des Heißdruckes leicht an den Rändern der Prägung festsetzt, so daß es Schwierigkeiten beim Ausputzen mit der Bürste macht, um die überschüssige Folie zu entfernen. Nach einem Abreiben mit Puder geht das Ausputzen viel schneller von statten, so daß die geringe Mühe diese Vorarbeit reichlich lohnt.

Beim Druck mit warmer Presse läßt sich auch mit Vorteil und bei größter Sparsamkeit Prägepapier verwenden. Es hat das Aussehen wie Kreidepapier, nur daß der Farbstoff nicht glatt am Papier, sondern mehr rauh obenauf liegt. Dieses Folienpapier wird mit dem Farbstoff nach unten auf den zu bedruckenden Gegenstand aufgelegt und durch den Druck die Farbschicht von dem Papier abgenommen und an die grundierte Druckfläche angepreßt. Das Arbeiten mit diesen Folien ist recht bequem und sparsam, da sich das bedeutend stärkere Papier schnell in beliebige Stücke schneiden und bequem auflegen läßt. Nach erfolgtem Druck wird das überflüssige Papier von der Druckfläche abgezogen.

Da es sich bei der Verwendung von Prägepapier um ein verhältnismäßig neues Verfahren handelt, so sei dasselbe nachstehend näher beschrieben.

Die Verwendung von Prägepapier als Blattmetall- und Folienersatz erspart Zeit und Material, es wird nur mit mäßig warmer Presse geprägt, eine Grundierung des Arbeitsstückes mit Eiweiß, Pulver etc. ist in der Regel nicht erforderlich, es prägt ohne Grundierung Papiere und Kartons aller Art. Die Prägepresse richte man wie für Metallfolien, die Kartusche etc. befestige man in üblicher Weise, als Druckunterlage diene eine dünne, feste Pappe (Preßspan), die richtige Wärme ist durch Probieren zu ermitteln und durch Regulierung der Heizung beizubehalten; die Presse darf nicht so heiß sein wie für Blattmetall. Das Prägepapier (Bogenformat 51×61 cm) schneide man packweise in Blättern nach Größe der zu prägenden Fläche, lege ein Blatt mit der Farbschicht nach unten auf das Arbeitsstück und nach einem raschen, kurzen Zuschlag zieht man sofort das Papier wieder ab; das Abziehen muß leicht ohne Rauschen und Reißen gehen; reißt das Prägepapier beim Abziehen und bleibt die Farbschicht ganz oder teilweise auf dem Arbeitsstück kleben, so war entweder die Presse zu heiß oder der Zuschlag zu anhaltend (zu langsam) oder beides zusammen.

Besonders beachte man dies bei dem Weiß- und Goldprägepapier, dagegen ist bei den farbigen, speziell dunkelfarbigen Prägepapieren der Zuschlag ein klein wenig länger anzuhalten; bei dem Prägen mit Goldprägepapier lege man das Arbeitsstück nach dem Abziehen nochmals in die Presse und präge mit einem kurzen, harten Zuschlag blind nach, dadurch bekommt das Gold einen hohen Glanz wie Metallfolie. Man präge niemals Arbeitsstücke aus verschiedenem Material gleichzeitig hintereinander, da fast ein jedes Material eine andere Wärme benötigt, die Regel ist, daß Buchbinderleinen, Kaliko, Rohpapiere, Pappen, Horn, Holz etc. mehr Wärme benötigen als Leder, Kunstleder, Dermatoid, Zelluloid, appretierte, lackierte z. B. Kalbleder-, Cambric-, Gelatine-Papiere.

Prägepapiere sind in einem ungeheizten und kühlen Raum in Paketen eingeschlagen aufzubewahren, um das Austrocknen zu verhüten; das Papier muß sich immer etwas feucht anfühlen. Sollte es im Hochsommer zu trocken geworden sein, muß es vor Verwendung einige Zeit in einem feuchten Raum (Keller) ausgelegt oder mit druckfeuchter Makulatur durchschossen werden.

Nach dem Prägen größerer Flächen, Umrandungen etc. werfe man das abgezogene Präpepapier nicht weg, denn das Stück ist an allen Stellen, an welchen die Farbdecke noch nicht abgehoben ist, wieder verwendbar, gleichviel ob das Stück (Blatt) ein- oder mehreremal in der Presse unter Druck gestanden, nur müssen solche Stücke vor Wiederverwendung etwas Feuchtigkeit anziehen können.

Diese Ausnutzung der Prägepapiere bis auf das kleinste Stückchen ist ein sehr großer Vorteil gegenüber den Metall- und Farbfolien und erhöht dessen Ersatzwert bedeutend.

Ich bringe noch eine Spezialanweisung für die Verwendung des neuen D. R. P. a. „Goldprägepapiers" der Firma Hochstein & Weinberg, Berlin S. 42, da gerade die Goldpressungen in der Praxis wohl am häufigsten angewendet werden zur dekorativen Ausstattung jeglicher Arten Papierwaren.

Behufs Vornahme der Prägung bringe man zunächst die Presse (es eignet sich dazu jedwede Prägepresse) auf die geeignete Temperatur. Bei ungrundiertem Material ist dieselbe sehr hoch zu wählen, während solche bei grundiertem Material, wie Plakatkarton u. a. m. niedrig zu halten ist. Sodann legt man ein Stück Goldprägepapier mit der Bronzeschicht nach unten, die weiße Papierseite nach oben auf den zu prägenden Gegenstand.

Nach einem kurzen, nicht allzu kräftigen Druck zieht man das Prägepapier einfach ab und die Prägung muß ein wohlgelungenes Resultat zeigen, ohne daß noch ein Extra-Nachbürsten, -Putzen oder -Polieren erforderlich ist. Soll dieselbe Hochglanz zeigen, so ist unmittelbar nach der ersten Prägung, nachdem das Papier entfernt ist, noch ein zweiter, durch einen ganz kurzen Pressenschlag ausgeführter Nachdruck (blind) vorzunehmen.

Sollte bei diesem Nachdruck der Stempel unsauber werden,

was nicht geschehen darf, so liegt dies an unrichtiger Temperatur bzw. nicht entsprechender Regulierung der Presse.

In der Hauptsache muß es jedem Präger überlassen bleiben, je nach Beschaffenheit des zu prägenden Materials die Presse in bezug auf Druck und Temperatur zu regulieren, und es wird nach wenigen Versuchen ohne Schwierigkeiten gelingen, die allerbesten Resultate zu erzielen.

Als Unterlage für den Druck von Prägepapieren verwendet man, um dem Einsetzen der Schrift und Ornamente in das Material vorzubeugen, eine dünne, feste Pappe. Dort, wo der Druck keinerlei Schattierung zeigen soll, genügt es auch, auf dem Tiegel oder die Ausziehplatte nur ein schwaches Blatt Karton zu befestigen. Selbstverständlich ist entsprechende Zurichtung der Schrift und Ornamente usw. notwendig, um sie in bester Weise zum Druck zu bringen, das Material zu schonen und gleichmäßigen Druck zu erzielen.

Die Verwendung von Prägepapier als Ersatz von Blattmetall und Farbfolien ist sehr bequem, Zeit und Material sparend und deshalb äußerst vorteilhaft. Prägepapier läßt sich nur mit mäßig warmer Presse prägen, eine Grundierung des Arbeitsstückes mit Eiweiß, Pulver, Gelatine ist in den meisten Fällen überflüssig.

Die Verwendung mit den sogenannten Abziehfolien klappt jetzt nicht mehr gut. Es gibt seit dem zweiten Kriegsjahr nur noch sehr schlechte fast unbrauchbare Prägepapiere; jedenfalls fehlen auch die Materialien, welche zum Gelingen einer einwandfreien Arbeit notwendig sind und die sich nicht gut durch minderwertige Ersatzstoffe ersetzen lassen.

Im allgemeinen werden Abziehfolien in großen Betrieben nur bei ganz gewöhnlichen Arbeiten verwendet. Alle diese Prägepapiere sind nicht mehr richtig gestrichen, so daß sie gute Prägungen ergeben können.

Die Anwendung der Öser-Folien in der Prägetechnik.

Im Anschluß an die Preßvergoldetechnik behandelte ich in einem Abschnitt die Verwendung des Eiweiß in der Heißprägetechnik. Im Verfolg meiner Ausführungen kam ich auch auf die Verwendung des Gubinol zu sprechen, das ich als ein mit in Spiritus gelöstem Schellack bespritztes Material schilderte. Dieses prägefertige Blattmetall, welches auf der Rückseite eine Klebeschicht hat, bewirkt durch diese Präparierung, daß man das Gubinol verwenden kann, ohne die zu prägenden Stoffe vorher mit Eiweiß oder mit anderen Grundiermitteln bearbeiten zu müssen. Logischerweise ist dieses Verfahren nicht auf die Anwendung des Gubinol allein beschränkt, sondern ist nur ein Glied in der Kette der Hilfsmittel für die Prägetechnik, die wir in den Folien zur Herstellung der verschiedenfarbigsten Pressungen kennen.

Es sei im Anschluß an die Ausführungen im Rahmen dieses Aufsatzes auf die Öserfolien und ihre vielfache Verwendung hingewiesen. Die Öser-Farb- und Bronzefolien haben eine Verwendung von Eiweiß und von anderen Grundiermitteln in der gesamten Prägetechnik fast vollkommen überflüsig gemacht. Es ist in der Prägetechnik bekannt, daß man bei Verwendung von Öserfolien selbst beim Prägen auf schwarzen Stoffen niemals grundieren braucht, denn Öserfolien sind an sich schon in der geeigneten Weise präpariert und können ohne jede Grundierung verarbeitet werden. Beiläufig sei erwähnt, daß bekanntlich zum Weben geprägter Stoffe ohne Appretur wie z. B. Seide, Baumwollstoff, Samt usw. und auch für Velourpapiere, Glacé- und Moirépapiere eine besonders präparierte Folie mit grundierter Rückseite geliefert wird.

In Ergänzung der Abhandlung über den Druck mit Folien sollen in den nachstehenden Abschnitten aus sachkundiger Feder die wesentlichsten Vorzüge der Anwendung von Öserfolien in der Prägepraxis eingehend behandelt werden in Anbetracht der Bedeutung, die diese in der Prägeindustrie mit Recht gewonnen haben.

Es ist bekannt, daß man früher nur mit den größten Schwierigkeiten durch häufiges Überdrucken mit weißer Farbe Verzierungen in Weiß herstellen konnte. Dieses Verfahren war umständlich, zeitraubend und nicht zufriedenstellend, denn man verschmutzte viel Material, ohne wirklich schöne Wirkungen zu erzielen. Dann kam der Druck in Farben. Aber auch hierbei war man sehr an einen geeigneten Untergrund gebunden, denn z. B. dunkle Stoffe mußten vorher, um darauf einen Buntdruck ausführen zu können, durch geeignete Vorbehandlung zugerichtet werden. Derartige schwierige Arbeitsverfahren eigneten sich zumeist für große Betriebe, hatten die Benutzung großer und teurer Maschineneinrichtungen zur Voraussetzung und waren nur dann lohnend, wenn es sich um große Auflagen handelte.

Bei dem Verfahren, vermittels Auflage von echtem Blattgold oder -metall Gegenstände zu verzieren, haben wir zugleich auch die Schwierigkeiten kennen gelernt, die sich zuweilen unangenehm bemerkbar machen. Blattmetall ist in der Anwendung schwierig, es ist hart und widerstrebend und feine Prägungen, wie z. B. Wappen,

Medaillen, feine Linien und Haarstriche lassen sich nur schwer klar und scharf herausarbeiten. Beim Blattmetall ist zudem eine Kontrolle der Blattanzahl sehr schwierig und häufig sind die Ränder eingerissen, wodurch keine volle Ausnutzung der Blattgröße möglich ist, und wodurch im Verbrauch Verluste entstehen, während Öserfolien in Büchern zu 25 Blatt, jedes Blatt in Seidenpapierzwischenlage verpackt liegen und die Blätter über die vom Fabrikanten angegebene Größe meist erheblich hinausgehen.

Abgesehen von der sehr kostspieligen Verwendung des echten Blattgoldes, das für Massenauflagen sehr unvorteilhaft ist, verursacht auch die Verwendung anderer Metallsorten viel Mühe und Zeit und ist zudem wegen der dazu erforderlichen Vorarbeiten auch ziemlich umständlich.

Die Genthiner Kartonpapierfabrik G. m. b. H. in Berlin hat ein durch Reichs- und Auslandspatente geschütztes Erzeugnis auf den Markt gebracht, welches unter der Benennung „Öserfolien“ in der Industrie sehr bekannt und auch wegen der sich bei dem Gebrauch derselben ergebenden Vorteile mit Recht sehr beliebt ist. Wenn die Folien auch im Preise höher stehen als Blattmetall, so bieten sie doch dem Verbraucher derselben eine Menge Vorteile, wodurch die Verarbeitung dieser Folien weit billiger und lohnender sich gestaltet als die Verwendung von Blattmetall.

Es sind keine besonderen maschinellen Einrichtungen erforderlich. Mit demselben Schriftmaterial und denselben Stempeln, wie man sie zur Blattgoldverarbeitung gebraucht, werden auf der Heißprägepresse auch Prägungen mit diesen Folien hergestellt.

Vor allem bietet die Benutzung von „Öserfolien“ große Ersparnis an Material und Arbeit. Ein geübter Arbeiter macht beim Prägen mit Bronzefolien überhaupt keinen Ausschuß.

Das Abwischen der Bronzefolien ist eine leichte Arbeit und kann von einer billigen Arbeitskraft besorgt werden. Mit Vergoldepulver und Blattmetall hergestellte Pressungen wischen sich sehr schwer ab und erfordern mindestens zwei Arbeitskräfte mehr. Auch auf diese Weise wird bei Anwendung von Öserfolien eine wesentliche Ersparnis erzielt.

Die Haltbarkeit der mit Bronze-Öserfolien hergestellten Prägungen ist fast unbegrenzt. Es hat die Praxis erwiesen, daß die Prägungen jahrelang ihren schönen, goldigen Glanz behalten und auch nach so langer Zeit nicht oxydiert sind.

Bei der Verwendung dieses Materials können selbst die feinsten Konturen und Haarstriche (Wappen und Medaillen) tadellos ausgeführt werden, ohne daß die offenen Partien durch Puder verschmiert werden. Außerdem findet es für Pressungen von Schriften und ornamentalen Verzierungen mittels Heißprägung Anwendung, die zudem von echtem Gold kaum zu unterscheiden sind und sich durch ihren ruhigen Ton und die scharfe Zeichnung auszeichnen.

Außerdem darf der Vorzug nicht unerwähnt bleiben, daß die Prägungen bei richtiger Anwendung absolut fest sitzen und nicht herausfallen. Diese Schwierigkeiten, welche die Metallprägungen in sich schließen, lassen sich bei Anwendung der Öserfolien gänzlich vermeiden.

Öser-Folien werden im allgemeinen so geprägt wie Blattmetall und zwar auf der heißen Prägepresse unter Anwendung von Stahl- oder Messingstempeln bzw. -Platten.

Die Stempel müssen gut poliert und sauber sein. Man poliert die Stempel, indem man einige Tropfen Stearinöl auf dickes Riemenleder träufelt und die Stempel damit abputzt.

Die Hitze der Prägepresse muß den verschiedenen Stoffen, die geprägt werden sollen, angepaßt sein; auch die verschiedenen Foliensorten bzw. -Farben erfordern eine diesbezügliche Beachtung.

Helle Farben, sowie Bronzefolien, mit Ausnahme derjenigen mit grundierter Rückseite, Marke P, werden möglichst heiß geprägt. Schwarze Folien sind sehr heiß zu prägen.

Dunkle Farben müssen mäßig heiß geprägt werden. Zu große Hitze verbrennt die Farben, wodurch die Prägungen ein fleckiges Aussehen bekommen.

Den erforderlichen Hitzegrad wird man am besten durch Ausprobieren feststellen und beibehalten.

Nicht aufgezogene Papiere und Stoffe brauchen eine gute Hitze.

Der anzuwendende Druck ist ebenfalls verschieden und muß nach den verschiedenen Materialien ausprobiert werden. In der Regel prägt man mit einem kurzen harten Druck, schon um Festkleben und Verbrennen der Folien zu verhindern.

Prägungen mit Bronze-Folien erhalten einen höheren Glanz, wenn man beim Prägen zweimal zuschlägt.

Alle dünnen Stoffe und Papiere, die nicht aufkaschiert sind, prägt man unter Benutzung einer Unterlage.

Die Unterlage muß hart und eben sein. Dadurch wird bewirkt, daß alle Teile des zu prägenden Stoffes gleichmäßig vom Stempel getroffen werden, was für eine saubere, festhaltende Prägung unerläßlich ist. Ferner bekommen die Prägungen dadurch scharf umrissene Konturen, was sie erst schön macht. Bronzefolien-

Prägungen erhalten einen hohen Glanz und Prägungen mit weißen oder farbigen Folien einen emailleähnlichen Glanz und absolute Festigkeit. Am besten für eine Unterlage eignet sich Preßspan oder eine durch mehrmaligen Blinddruck auf der Prägepresse glatt gepreßte Holz- oder graue Pappe.

Bei Anwendung einer zu weichen Unterlage erzielt man keine scharfen Konturen, die Folie wird sozusagen nur hineingequetscht, die Prägung ist unansehnlich und wenig haltbar, das heißt, sie blättert leicht ab. Dieser Punkt ist daher, wenn man gute Prägungen erzielen will, sehr zu beachten.

In der nachstehenden Abhandlung werden wir die Gebrauchsanweisung für das Prägen mit „Öser-Folien“ aus erster Hand kennen lernen.

Einige Winke über richtige Anwendung der Oser-Folien.

Öser-Folien können auf fast jedem Material ohne Grundierung verwandt werden, es ist nur nötig, sich für die verschiedenen Stoffe der richtigen Marke zu bedienen. Es gelten im allgemeinen dafür folgende Vorschriften:

Für Kalbleder-, Xytogen- und sämtliche gelatinierten Papiere, Kartons, Kaliko, Dermatoid, Saxonia-Leinen, abwaschbaren Leinendruck, grünes und anderes Fein-Leinen, Wachstuch-Stoffe, Natté, Zelluloid, Hölzer mit Appretur und Patentfourniere sind für farbige Prägungen die Farb-Folien Marke C, B oder IA, je nach der Stärke der zu prägenden Schriften und Verzierungen, für Bronze-Prägungen die Bronze-Folien Nr. 100 bis 110 oder die Blattgold-Ersatz-(Antioxyd-)Folie anzuwenden, aber niemals die Marke P. Nur bei Prägungen größerer Flächen auf Natur-Kartons empfiehlt es sich, die in nachstehendem beschriebene Marke P zu verwenden, da sonst eine Grundierung nötig wird.

Marke P ist anzuwenden bei sämtlichen Glacé- und Moiré-Papieren, sowie bei modernen Umschlagdecken wie schwachen Naturkartons, Büttenimitation, Velourpapieren etc. Ebenso für Samt, Seide, Futterstoffe, Moleskin, Filz, Segeltuch, Holz Horn, Hartgummi, Sämisch Leder, sowie fettfreie Leder aller Art.

Die Öser-Folie Marke P unterscheidet sich von der gewöhnlichen Oeser-Folie dadurch, daß sie auf der Rückseite eine Grundierschicht trägt, welche in sich eine große Bindekraft besitzt. Es ist deshalb beim Prägen darauf zu achten, daß die Presse nur mäßig heiß sein darf, um ein Durchschlagen der Grundiermasse zu vermeiden, da dieselbe sonst den Prägestempel verunreinigt, die feinen Schraffierungen ausfüllt und dadurch einen unklaren Druck erzeugt. Die Unterlage, auf welcher ungefütterte Stoffe geprägt werden, kann im allgemeinen eine feste, nicht zu starke Pappe sein; es empfiehlt sich, der Unterlage vorher mit der heißen Presse durch mehrmaligen Druck die nötige Festigkeit zu geben. Falls sich der Stempel durch zu heißes Prägen verschmutzt, so ist derselbe vermittels einer Bürste und Spiritus leicht zu reinigen. Wenn die Unterlage sorgfältig ausjustiert ist, so daß jede Stelle vom Stempel gut ausgeprägt wird, dann wird man einen sauberen Druck erzielen. Bei fertigen Decken ist eine Unterlage nicht notwendig. Irgendwelcher Vordruck ist nicht erforderlich.

Bei der Verarbeitung von Samt, Plüsch oder dicken Filzen ist ein Vordruck notwendig, um die hochstehenden Härchen, sowie die lose aufliegenden Fasern festzupressen. Um nun die scharfe Kontur zu vermeiden, welche durch den direkten Druck des Stempels auf das zu prägende Stück Samt oder Plüsch erfolgt, bedient man sich einer schwachen Leder- oder Holzpappe, legt dieselbe auf die zu prägende Fläche und läßt dann den Druck erfolgen. Sodann legt man die Folie auf und prägt in gewohnter Weise; es wird dadurch ein Reißen der Folie vermieden. Nach erfolgtem Druck bürstet man die überstehende Folie ab und wird dann eine effektvolle Prägung erzielt, welche selbst mit echtem Golde in der vierfachen Zeit nicht sauberer hergestellt werden kann.

Bei der Marke P ist noch zu beachten, daß diese Folien nicht kalt aufbewahrt werden dürfen, da sie sonst leicht aufrollen, sobald sie in die Nähe der heißen Prägeplatten gebracht werden. Am besten ist es, wenn man die Folien vor dem Prägen kurze Zeit auf den Pressekopf legt.

Maschinenfertige Kartons sind meist säurehaltig, daher empfiehlt es sich, für Goldprägungen auf diesen Stoffen nur die Bronze-Folie „Ersatz für echt Blattgold“ (Antioxydfolie) zu verwenden, da Prägungen mit Blattmetall und z. T. auch mit Echtgold auf diesen Stoffen oxydieren. Die Antioxydfolie ist der denkbar vollkommenste Ersatz für Blattgold, da die Prägungen in Bezug auf leichte Verarbeitung, schönen Glanz und Haltbarkeit von keinem andern Blattgoldersatz übertroffen werden. Die Verarbeitung dieser Marke geschieht dann in der gleichen Weise wie diejenige von Echtgold, jedoch ist eine vorherige Grundierung beim Prägen überflüssig. Ein weiterer Vorzug der Bronze-Folie „Ersatz für Echt-

Blattgold“ (Antioxydfolie) ist, daß sie sich vollkommen staubfrei verarbeitet.

Im einzelnen gelten für die Benutzung der verschiedenen Folienarten noch folgende Bedingungen:

Marke C nimmt man für Prägungen feiner Linien und dünner kleiner Schriften, Marke B für mittelstarke Schriften und Konturen und Marke IA für größere Flächen. Neuerdings werden zum Prägen mit besonders feinen Stempeln (z. B. auf Photographiekarten) die Farben weiß 1 und Bronze-Orange 101 noch in einer „extradünnen“ Ware geliefert.

Über Marke P und über die Folie „Ersatz für Echtblattgold“ ist alles Nähere schon oben gesagt.

Wenn Folien bedruckt werden sollen, so nimmt man Chromo-Öser-Folien.

Öser-Folien „Emaille“-Wasserfest nimmt man für Prägungen, die wetterbeständig und wasserfest sein sollen und für Relief-Prägungen.

Für die Anwendung der Öser-Folie „Emaille“-Wasserfest kann man sich der für die Öser-Folien im allgemeinen gegebenen Gebrauchsanweisung bedienen. Es ist noch zu bemerken, daß die Wasserfestigkeit dieser Folie nach dem Heißprägen eintritt. Die Prägung der Öser-Folie „Emaille“-Wasserfest erfordert ungefähr die Hitze, die man bei dunklen Farben anzuwenden hat, demnach sind diese Folien weniger heiß zu prägen.

Für Gold-Prägungen auf nicht fetthaltigen Ledern nimmt man die Blattgold-Ersatz-Folie Marke P und bedient sich dabei der vorstehend gegebenen Vorschriften. Bei Prägungen in Aluminium und in Hellcitron genügt es jedoch, die gewöhnliche Bronze-Folie, Farben Nr. 110 und 107, zu nehmen, da dabei eine Oxydation kaum zu befürchten ist. Die Farbe Hell-Zitron 107 wird ihrer fast unbegrenzten Haltbarkeit wegen besonders gern genommen und eignet sich vorzüglich zum Prägen von Kontobuch-Titeln, Etuis etc.

Grundierung.

Für solche Fälle, in denen trotz des Vorhergesagten dennoch eine Grundierung notwendig werden sollte, sei es, daß es sich um besonders geartete Stoffe handelt, sei es, daß mit solchen Farben geprägt werden soll, die sind in Marke P nicht auf Lager, gelten für das Grundieren nachstehende Vorschriften:

Es kommen trockene und nasse Grundiermittel in Anwendung. Trockene Grundiermittel sind: Weißes französisches Vergoldepulver,

Kartoffelmehl etc. Nasse Grundiermittel sind: Eine Gelatinelösung, bestehend aus 100 Teilen Wasser und 5 Teilen Gelatine; oder: Lösung von weißem Schellack in 96prozentigem Spiritus, wofür die Zusammenstellung nachstehend angegeben ist; oder: Eiweiß mit Wasser verdünnt (namentlich für Seide).

Zusammenstellung für die Schellacklösung:

Man löst 1/2 kg weißen Schellack in 1 Liter 96prozentigem Spiritus auf. Diese Lösung wird im Verhältnis von 1:3 mit Brennspiritus verdünnt, kann aber bei Stoffen, die wenig Leimung haben, noch etwas verstärkt werden.

Beim nassen Grundieren bedient man sich eines feinen Schwammes, den man wenig mit der betreffenden Flüssigkeit tränkt und damit die Stoffe möglichst leicht überfährt. Bei zu starkem Auftragen dringt die Flüssigkeit in die Papiere und Stoffe ein und macht sie unansehnlich. Sehr empfindliche Stoffe sind trocken zu grundieren, wobei man sich zum Auftragen eines Gazebeutelchens, eines Wattebäuschchens oder eines feinen Haarsiebes bedient.

Ausputzen der Prägungen.

Nach dem Prägen entfernt man die vom Stempel nicht getroffenen Teile durch Abblasen oder Abklopfen von der Rückseite und sucht größere Folienstücke ganz herunter zu bringen, um unnötiges Stäuben und Verschmutzen der Prägungen zu ver-

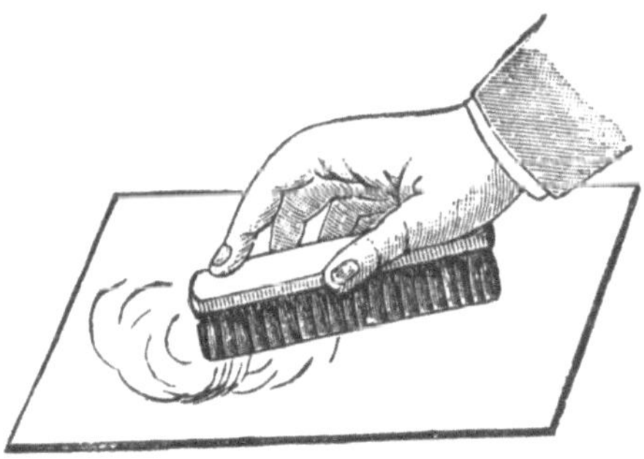

Fig. 52.

meiden. Alsdann bürstet man leicht nach. Zum Abbürsten kann man sich einer nicht zu weichen Wurzelbürste bedienen. Dieselbe ist schräg zu halten, denn die Kantenborsten putzen am besten aus. Die Bewegungen der Bürste sind, wie auf der beigedruckten Skizze ersichtlich, kreisförmig auszuführen, dadurch wird Verschmieren verhindert. Starkes Reiben und Aufdrücken der ganzen Bürstenfläche ist zu vermeiden.

Ein Hauptererfordernis für das gute Gelingen der Arbeiten ist natürlich, auf die Beschaffenheit der Stempel und Verwendung warmer Pressen bei angemessenem Druck zu achten.

Aus den erwähnten Gründen wird der Bronzefolie in den meisten Fällen der Vorzug zu geben sein gegenüber der Verwendung von gewöhnlichem Blattmetall, abgesehen davon, daß man das Grundieren spart und wirksame, dauerhafte Prägungen erzielt.

Anhang.

Erprobtes aus der Praxis der Preßvergolderei.

Von Valentin Langnickel, Chemnitz.

Zu Anfang des vergangenen Jahrhunderts wurde bei der Verzierung des Bucheinbandes ausschließlich die Handvergoldung angewendet. Diese war eine mühevolle und zeitraubende Arbeit. Daher wurde es mit Freuden begrüßt, als es im Laufe der Zeit durch die Fortschritte in der Maschinen-Technik gelang, eine Maschine zu konstruieren, die es uns heute ermöglicht, diese Arbeiten in weit vollkommenerem Maße auszuführen und selbst die größten Auflagen mit Leichtigkeit bewältigen zu können. Die zur Ausführung dieser Arbeiten konstruierte Maschine ist die Kniehebel-Vergoldepresse. Es werden solche Maschinen in verschiedenen Größen und Preislagen gebaut. Sie eignen sich in jeder Hinsicht zur Herstellung aller vorkommenden Arbeiten im Klein-, sowie auch im Großbetrieb. Zur Bewältigung großer Auflagen schwerer Blind- und Reliefdrucke erbaute man in neuerer Zeit große automatische Prägepressen. Das Arbeiten an diesen Maschinen soll jedoch an dieser Stelle nicht behandelt werden, ich lege vielmehr Wert darauf, das Arbeiten an der Kniehebel-Presse ausführlich zu beschreiben. Die vielerlei verschiedenen Arbeiten, welche auf der Kniehebel-Presse erzeugt werden, stellen die größten Anforderungen an die Kenntnisse und Fähigkeiten des an solchen Maschinen arbeitenden Personals. Aus diesem Grunde ist die Nachfrage nach geübten Preßvergoldern auch heute noch eine große. Man eignet sich diese Kenntnisse und Fertigkeiten nicht an, indem man jahrelang in ein und derselben Stellung als Vergolder arbeitet, im Gegenteil, man muß durch Stellungswechsel, durch das Arbeiten in Klein- und Großbetrieben, sowohl in Buchbindereien als auch im Luxus-Kartonnagenfach sein Wissen und Können zu bereichern suchen. In jeder neuen Stellung findet man andere Arbeitsmethoden, anderes Material, andere Grundiermittel usw., durch deren Anwendung man sich in seiner Praxis als Präger bedeutend vervollkommnen kann. Die künstlerischsten Arbeiten bezüglich der Technik des Satzes, sowie auch durch Genauigkeit und Sauberkeit bei Ausführung des Druckes werden unstreitbar in Buchbindereien ausgeführt. Daher empfiehlt es sich auch, bei Bedarf von Preßvergoldern in erster Linie solche Leute einzustellen, die nachweislich in Buchbindereien längere Zeit als Presser tätig waren. Falls dieselben noch nicht in Kartonnagen-Betrieben gearbeitet haben, ist es logisch, daß sie sich auf solche Artikel erst einarbeiten müssen, aber sie werden in kurzer Zeit weit bessere Arbeit liefern, als ein angelernter Hilfsarbeiter, der von einem korrekten Satz überhaupt keine Ahnung hat. Das Anlernen von Hilfsarbeitern als Preßvergolder findet man häufig in Großbuchbindereien und Kartonnagen-Betrieben. Man glaube aber ja nicht etwa, daß solche Leute wirklich Preßvergolder sind. Ich halte dieses Anlernen für ganz verwerflich. Solche jungen Leute bilden sich sehr bald ein, den Titel „Preßvergolder" mit Recht zu führen und bleiben doch nur „Stümper" für allezeit. Dem Unternehmer bringt dies vielleicht einen augenblicklichen kleinen Nutzen, aber seinen Erzeugnissen keine Ehre. Wenn solche Leute ein oder zwei Jahre gelernt haben, laufen sie dann weg und beglücken einen anderen Unternehmer, der leider sehr häufig kein Fachmann ist, um ihre mangelhaften Fähigkeiten beurteilen zu können. Wer aus besonderen Gründen nur junge Leute einstellen will, der nehme junge Buchbindergehilfen, die nachweislich eine Fachschule längere Zeit besucht haben, wo ihnen Gelegenheit geboten war, sich die nötigen Vorkenntnisse anzueignen.

Für die Prägearbeiten in Buchbindereien eignen sich nur stabile Maschinen, wie solche in mehreren Abbildungen veranschaulicht sind. Die Farbdruckeinrichtung darf einer solchen Maschine nicht fehlen, doch ist sie nur im Gebrauchsfalle anzuhängen. Da es sich in Buchbindereien vorwiegend um Buchdecken und Rückendrucke handelt, so kommen an Materialien hauptsächlich folgende in Betracht: Verschiedene Sorten Leder, Dermatoid, Kaliko, Papiere etwas seltener. Als Universal-Grundiermittel verwendet man in Buchbindereien das Eiweiß, welchem man etwas Kampfer zusetzt, um es längere Zeit vor Fäulnis zu schützen. Saffian und gute Bockleder werden vor dem Vergolden mit einer stärkeren Beize ausgewaschen. Auch bei Kalbleder macht es sich nötig. Man kann verdünnte Salz- oder Salpetersäure dazu verwenden. Für gefärbte

Schafleder verwendet man eine schwächere Beize z. B. Scheidewasser, Meerzwiebelsaft und Kornbranntwein zu gleichen Teilen vermengt und mit Wasser verdünnt, bis hellfarbiges Leder nicht mehr schwarz wird, sonst ist die Beize zu scharf. Doch genügt für die meisten Schafleder ein Auswaschen mit Essig. Bei farbigem Schafleder kommt es vor, daß nach dem Prägen der Goldstaub sehr fest auf dem Leder haftet. Um dies zu verhindern, reibt man die Stellen, auf die der Golddruck zu stehen kommt, vorher mit Speckstein oder auch mit Kartoffelmehl ab. Bei Stoffen, welche ein Naßgrundieren nicht vertragen, wendet man das Pariser-Vergoldepulver an, welches sich seit alter Zeit am besten bewährt hat. Alle besseren Leder grundiert man zweimal mit starkem Eiweiß, Samt, Seide, Atlas, Moleskin und dergl. kann man nur mit Pulver drucken, es sei denn, daß es sich um einen größeren Posten handelt, bei dem es sich verlohnt, ein anderes Verfahren anzuwenden. Das Vergolden von Kaliko-Decken ist verhältnismäßig leichter als solcher mit Lederüberzug.

Modefarbigen, einseitig gefärbten Kaliko muß man mit stärkerem Eiweiß grundieren, er läßt sich nicht so leicht vergolden wie alle durchfärbten dunklen Sorten. Letztere lassen sich mitunter, das heißt wenn die Decken mit gutem Leim gemacht worden sind, ohne jegliches Grundiermittel vergolden. Wo dieses nicht angängig ist, grundiert man die ganze Decke mit dünnem Eiweiß. Bei den ersterwähnten Kaliko-Sorten muß das Eiweiß stärker sein. Es wird nicht die ganze Decke grundiert, sondern nur diejenigen Stellen, auf die der Golddruck zu stehen kommt. Dieserhalb müssen die Decken erst vorgedruckt werden. Der Vordruck muß so stark sein, daß etwas Glanz entsteht und die Narben so ziemlich verschwinden. Die Vordrucke werden mit Eiweiß ausgepinselt. Goldprägungen auf Dermatoid werden im allgemeinen in gleicher Weise ausgeführt, wie solche auf Kaliko. Sollte dies bei einer Sorte nicht gelingen, dann empfiehlt sich ein Auswaschen mit verdünntem Spiritus. Prägungen auf Papiere, die vor dem Kriege in Buchbindereien selten vorkamen, treffen wir jetzt häufiger an. Sie müssen jetzt als Ersatz dienen für die ehemaligen englischen Fabrikate in buntfarbenem Kaliko. Dunkelfarbige Papiere sind meist derartig präpariert, daß das Gold durch den Druck mit geheizter Presse tadellos haftet. Bei Papieren, welche nicht vergoldefähig präpariert sind, wende man die geleimte Bronze-Folie an, sie dient als Ersatz für Echtgold und ist ein solcher Druck nur schwer von Echtgold zu unterscheiden. Die

Folie druckt man mit mäßig erwärmter Maschine, der Druck muß ein anhaltender und fester sein. Sollen hellfarbige Papiere, wie Glacé, Moiré, Natur- und Schreibpapiere vergoldet werden, so wendet man, wenn es sich um größere Posten handelt, ein anderes Verfahren an. Man führt die Prägungen auf kaltem Wege aus. Diese Methode ist sehr vorteilhaft bei der Verwendung von Blattmetall oder Aluminium. Zur Herstellung solcher Drucke benötigt man die Farbdruck-Einrichtung, welche linksseitig an der Presse angebracht wird. Nachdem man als Matrize eine festgewalzte graue Pappe in der Größe der zu druckenden Papiere festgeklebt und die Anlegeklötzer befestigt hat, wird der Satz an der Farbdruckplatte angehängt, dazu genügt als Klebstoff Leim oder Wienerpapp. Nun beginnt das Vordrucken der Papiere bei ungeheizter Maschine und zwar durch Aufwalzen von Bernsteinlack. Dieser wird mit Terpentin verdünnt, bis er sich mit Leichtigkeit auf die Schriften und Gravuren walzen läßt. Nun kann man ungefähr 100 Stück solcher Papiere mit Lack vordrucken, dann muß der Satz wieder gesäubert und blank geputzt werden. Erst kann man Petroleum oder Terpentinöl dazu nehmen, zum Blankputzen eignet sich Wiener Kalk. Nachdem dieses geschehen, trägt man bei jedem Druck einzeln das Blattmetall oder Aluminium auf und druckt auf diese Weise sämtliche Papiere durch, bei ganz wenig erwärmter Maschine. Wenn 100 Stück fertig sind, beginnt man ein neues Hundert wieder vorzudrucken. Das Ausputzen der Drucke darf jedoch nicht gleich geschehen, sondern erst nach Ablauf von 1—2 Stunden. Bei dieser Art Vergoldung darf die Maschine nicht geheizt, sondern nur etwa lauwarm sein. Bei Prägungen mit Farb-Folie kann außer dem Naßgrundieren noch eine dünne Schicht Vergoldepulver aufgetragen werden, man reibt es mit einem Pinsel fest auf und klopft das übrige wieder ab. Vergoldungen auf Seide und Atlas werden mit Pariser-Vergoldepulver ausgeführt. Dasselbe ist in Gelb und Weiß zu haben. Das gelbe verwendet man für dunklere Stoffe, man kann es auch noch mit Dextrin vermengen, dadurch erhalten die Drucke einen schönen Hochglanz. Die Maschine muß ziemlich heiß und der Druck möglichst kurz sein. Sollen Samt oder ähnliche Stoffe vergoldet werden, so hinterklebt man dieselben vorher mit Papier. Um jedesmal wieder in die Vordrucke hineinzutreffen müssen die Samtteile rechts und links aufgenadelt werden. Als Nadeln bedient man sich zweier Reißzwecken, die auf der Matrizenpappe festgeklebt, oder am besten gleich durchgesteckt werden. Hat man größere Posten Samt zu drucken, so beginnt man mit der Arbeit erst gegen Abend, weil sich ein Vordrucken mit verdünntem Lack oder Firniß nötig macht und die Vordrucke die Nacht über trocknen müssen. Zuerst wird der Satz an der oberen Platte festgehängt, aber so, daß man ihn leicht wieder abnehmen kann. Dies erreicht man dadurch, daß man auf der Rückseite nur ein paar Tupfen Klebstoff gibt, dann ein Stück Papier darauf legt und an denselben Stellen wieder etwas Klebstoff gibt. Zum Abnehmen des Satzes eignet sich am besten ein altes Vergoldemesser, denn dazu muß ein Messer biegsam sein. Die Samtteile müssen nun mit stark geheizter Maschine so kräftig vorgedruckt werden, bis sich die Samthaare vollständig niedergelegt haben. Ist der Vordruck gemacht, so muß man sehen, die Maschine möglichst schnell wieder kalt zu kriegen. Der Satz wird jetzt abgelöst und auf der Farbdruckplatte angehängt. Daß der Satz bei jedesmaligem Wechsel in einen Vordruck hineingelegt werden muß, ist selbstverständlich. Wenn der Lack in entsprechender Dicke zugerichtet und auf dem Farbstein mager verwalzt ist, druckt man die betreffenden Samtteile der Reihe nach durch und läßt sie trocknen. Morgens wird der Satz wieder in der Maschine angehängt und die Farbdruckplatten entfernt. Das Vergoldepulver wird nun recht gleichmäßig aufgestäubt und die Teile wieder aufgenadelt. Das Gold nimmt man am besten auf die Schriften, aber doppelt und drückt es mit Watte möglichst fest an. Die Schrift muß vorher etwas angefettet werden. Ist das Gold aufgetragen, druckt man langsam aber fest zu mit ziemlich heißer Presse. Dann wird das überflüssige Gold mit einem großen Pinsel abgekehrt, das Pulver mit einem Tuch fest abgeklopft und der Druck zuletzt mit einer weichen Bürste sauber gemacht. Auf diese Weise erzielt man saubere Drucke, aber die Sache ist etwas umständlich, daher werden einzelne Teile nur mit Pulver gedruckt, ohne Aufwalzen von Lack, jedoch auf dieselbe Art. Die bisher beschriebenen Prägearbeiten beziehen sich sämtlich auf den sogenannten Flach- oder Tiefdruck, bei welchem nur flach oder glatt gearbeitete Schriften und Gravuren in Frage kommen. Dazu gehört auch die Herstellung des Schwarzdruckes, sowie auch der Buntfarbendruck, welcher speziell in den Buchgewerbe-Städten Leipzig, Berlin und Stuttgart in höchster Vollendung ausgeübt wird. Der Schwarzdruck, sowie auch der Buntfarbendruck werden beide auf der Kniehebelpresse ausgeführt und ist ersterer keineswegs so einfach, wie mancher Fachgenosse sich die Sache vielleicht vorstellen mag. Alle Vorarbeiten müssen mit größter Umsicht und Genauigkeit ausgeführt werden. Der

Raum, in welchem der Schwarzdruck hergestellt werden soll, muß eine Temperatur von 18—20 Grad Reaumur haben, sämtliche Gegenstände, welche man dazu benötigt, ebenso auch das zu prägende Material muß 12—24 Stunden vor Beginn der Arbeit in dem betreffenden Raum untergebracht werden, damit alle Gegenstände eine möglichst gleiche Temperatur annehmen, weil davon das Gelingen eines schönen Schwarzdruckes abhängig ist. Unterläßt man diese Vorkehrungen, so wird man sicher mit großen Schwierigkeiten zu kämpfen haben. Beim Anhängen der Prägeplatte an die Farbdruck-Einrichtung achte man darauf, daß der Schwerpunkt stets unter die Mitte des Preßkopfes zu stehen kommt; nicht die Größe der Platte, sondern ihre Beschaffenheit ist dabei maßgebend. Wenn die Platte oder der Satz derartig beschaffen ist, daß die eine Hälfte oder auch nur eine Ecke schwere Partien aufweist, z. B. Köpfe oder sonstige Arabesken und Verzierungen, während die andere Hälfte nur einige kleine Zeilen Schrift enthält, so muß diese Stelle weiter von der Mitte entfernt werden und die erstgenannten Stellen mehr nach der Mitte gerückt werden. Man probiert dies am besten aus, wenn man sich einige Vordrucke auf Pappe macht, woran man deutlich erkennen kann, ob der Druck ein gleichmäßiger ist. Je gleichmäßiger der Druck ist, desto tadelloser wird die Arbeit ausfallen. Würde man beim Einsetzen der Platten diesen Umstand nicht berücksichtigen, so würde mit der Zeit die Maschine derartig wacklig werden, daß ein präzises Arbeiten darauf überhaupt nicht mehr möglich wäre. Auch die stabilste Maschine würde darunter leiden, weil durch den Druck des beweglichen Unterbaues gegen den feststehenden Preßkopf eine Seitwärtsschiebung stattfindet, wodurch die Führungsflächen stark abgenutzt würden. Wenn der Schwarzdruck auf Kaliko gemacht werden soll, so werden die Buchdecken, wenn es sich um große Formate handelt, zweimal durchgepreßt, und zwar so stark, bis ein schöner Blinddruck erzielt wird. Bei kleineren Formaten genügt ein zweimaliges kurzes Anschlagen mit dem Preßhebel. Die Schwarzdruckfarbe erhält man gebrauchsfertig, es wird davon eine kleine Messerspitze voll mit französischem Terpentin verdünnt und dann auf dem Farbstein gleichmäßig verwalzt. Das Aufwalzen auf die Platte muß ein Hilfsarbeiter besorgen, sobald es sich um Partie-Arbeit handelt. Die fertigen Decken müssen 10—12 Stunden trocknen und alle gebrauchten Gegenstände müssen wieder sorgfältig gereinigt werden. Der Buntfarbendruck ist ein Spezialfach auf dem Gebiete der Prägekunst Ein wenig theoretisches Wissen genügt nicht, um sich an die Ausführung des Farbendruckes heranzuwagen. Wer diese Kunst erlernen, oder sich darin etwas Fertigkeit aneignen will, muß unbedingt in einem solchen Großbetrieb als Presser arbeiten, er muß bei den einfachsten Arbeiten anfangen, bis er sich so weit ausgebildet hat, auch an die schwierigen Arbeiten herangehen zu können. Eine Hilfsarbeiterin, welche das Zurichten und Aufwalzen der Farben besorgt, weiß gewöhnlich mehr Bescheid als ein Neuling auf dem Gebiet des Buntfarbendruckes, selbst wenn er sonst ein tüchtiger Preßvergolder ist. Ebenso ist auch nicht gesagt, daß ein Presser, welcher in der Technik des Buntfarbendruckes Großartiges leistet, auch ein tüchtiger Sortimentspresser sein muß. Daher beschränke ich meine Ausführungen nur darauf, was einem Preßvergolder im allgemeinen und speziell den Leuten, die in dieser Eigenschaft im Kartonnagenfach arbeiten, von Nutzen sein kann. Um bei Buchdecken gewisse Verzierungen erhaben wirken zu lassen, wurde in früherer Zeit ein sehr umständliches und mühsames Verfahren angewandt. Mancherlei Figuren und Ornamente wurden mit dem Messer oder einem scharfen Stecheisen aus einer stärkeren Pappe herausgestochen, auf den Buchdeckel geklebt und das Ganze mit Leder oder Kaliko überzogen. Die Umrisse der Figuren wurden erst mit dem Handballen, dann mit dem Falzbein scharf eingerieben. Wo es die Fasson gestattete, wurden die Umrisse auch mit Rolle und Bogen scharf eingebrannt. Durch den Bau der Kniehebel-Presse haben sich diese umständlichen Arbeiten längst erübrigt. Man kam auf den sogenannten Reliefdruck, der es uns heute ermöglicht, die herrlichsten Ornamente und Verzierungen in schärfster Form hervortreten zu lassen. Beim Reliefdruck ist die Hauptsache, daß sämtliches zu prägende Material gut ausgetrocknet ist, im anderen Falle würde eine gute Prägung kaum gelingen. Die Prägeplatte muß immer recht blank poliert sein, dann wird auch die Prägung einen schönen Glanz bekommen. Der Anfertigung der Matrize ist die größte Aufmerksamkeit zuzuwenden. Vor allem muß sie scharf ausgeprägt und widerstandsfähig sein. Je nach der Größe und Beschaffenheit der Prägeplatte erfordert die Anfertigung einer dauerhaften Matrize einen ziemlichen Zeitaufwand. Über das Material und die verschiedene Masse, welche zum Bau einer Matrize verwendet wird, ist an andrer Stelle schon hinreichend geschrieben worden, ich füge nur noch der Billigkeit wegen hinzu, daß auch Roggenmehlkleister eine vorzügliche Masse ist, welche sich dazu verarbeiten läßt. Man stellt diesen her aus sogenanntem Gang- oder Kehrmehl und verrührt es mit heißem

Wasser zu einem dicken Brei. Alles übrige, die Zuhilfenahme von Pappe, Löschpapier u. dgl. ist im vorderen Teil dieses Buches schon genügend erläutert worden. Ein neuer Zweig der Reliefprägerei ist der Monogramm-Prägedruck. Man hat diesem besonders in der Kartonnagen-Industrie großes Interesse entgegengebracht. Seine Anwendung dient hauptsächlich zur Ausschmückung kleinerer Flächen als: Kastendeckel für verschiedene Arten Luxus-Kartonnagen. Die Ausführung des Monogramm-Prägedruckes erfordert große Übung von seiten des Präger-Personals. Er wird auf mancherlei Maschinen hergestellt, doch dürfte dazu ebenfalls die Kniehebel-Presse sehr geeignet sein. Das Arbeiten an den Balancier- und Schlagradspindelpressen ist viel unbequemer und anstrengender als an einer Kniehebelpresse. Am wenigsten geeignet sind solche Maschinen mit Handbetrieb, wie sie zum Ziehen von Pappkörpern verwendet werden. Die Einrichtung an der Kniehebel-Presse ist nur mit ganz unbedeutenden Kosten verbunden. Jeder geschickte Schlosser bringt es fertig, die Farbdruckplatte derartig einzurichten, daß sie ein leichtes Auswechseln der Prägestempel gestattet. Das Arbeiten an der Kniehebel-Presse ist bei weitem nicht so anstrengend, weil man in aufrechter Stellung alle Arbeiten verrichten kann, was bei den Spindelpressen mit Handbetrieb nicht der Fall ist. Die Anschaffung der zum Monogramm-Prägedruck nötigen Gebrauchsgegenstände, inklusive der dazu gehörigen Stempel ist natürlich kostspieliger, als die Einrichtung an der Maschine. Die Stempel sind in der Regel aus bestem Material, Stahl oder Rotguß gefertigt. Die Oberfläche, in welche die Zeichnung vertieft hineingearbeitet ist, muß blank poliert sein. Diese Politur muß man zu erhalten suchen, weil jede Beschädigung das Gelingen eines sauberen Druckes unmöglich macht. Eine gut ausgeprägte und harte Matrize, sowie die Anwendung nur guter Farben und Bronzen ist Bedingung für einen wirksamen Druckausfall. Die Matrizen müssen an ihrem äußeren Rande genau und sauber abgestochen werden, sonst würden die Farben hervorquetschen, was der Prägung ein verschwommenes Aussehen gibt. Die Buntfarben werden gewöhnlich mit Damarlack verdünnt, doch trocknet dieser langsamer als Bernsteinlack, es ist daher ratsam, der Farbe etwas Sikkativ beizumischen. Mit einem Schablonenpinsel wird die Farbe auf die Zeichnung gebracht, dann wird der Stempel auf dem zur Hand liegenden Abwischblock sauber abgewischt und zuletzt der Druck ausgeführt. Zum Auftragen der Farbe kann man auch Farbblätter verwenden, man fertigt sich diese selbst, indem man die Farbe auf dem Stein gut und gleichmäßig verwalzt und dann mit der Walze auf glattes Papier überträgt. Ein solches Papier wird nun auf die Matrize gelegt, mit der Farbe nach oben. Nun führt man ein oder zwei Drucke aus, bis die Platte genügend Farbe angenommen hat, dann muß der Stempel ebenfalls wieder sauber abgewischt werden. Der Abwischblock muß mit Terpentin oder Petroleum-Äther gleichmäßig durchzogen sein. Von Bronzen verwende man nur die besten Qualitäten, bei ihrer Ausgiebigkeit kann ein kleiner Preisunterschied nicht ins Gewicht fallen. Bei Prägungen mit flüssiger Bronze hat man verschiedene Versuche gemacht, doch hat man in der Regel nicht befriedigende Resultate erzielt. Am besten bewährte es sich, wenn man die feinste Hochglanzbronze mit dünnem Kleisterwasser aus Reisstärke vermischte, welches den Glanz der Bronze am wenigsten beeinträchtigte und auch in bezug auf die Bindekraft mit dem Papier erfüllte es seinen Zweck. Nach meiner Ansicht ist es unbedingt nötig, daß in jedem Betrieb, wo derartige Arbeiten vorkommen, auch eine Person vorhanden ist, die im Prägefach gründliche Erfahrungen besitzt und in der Lage ist, dem jüngeren Personal die nötigen praktischen Anweisungen zu geben. Nur auf diese Weise kann ein brauchbarer Nachwuchs von Preßvergoldern herangezogen werden.

Ich komme jetzt zu den sogenannten Grabschriften, welche speziell bei der Fabrikation von Reklame-Plakaten Verwendung finden. Diese Schrift ist wie bei Grabdenkmälern dreikantig vertieft und wirkt, wenn der Druck sauber ist, für diese Artikel sehr wirkungsvoll. Da die Schriften meist groß und infolgedessen auch der einzelne Buchstabe ziemlich schwer ist, muß bei Anfertigung des Satzes ein guter Klebstoff verwendet werden. Die Rückseite der Schriften muß gut entfettet sein, man erreicht dies durch Bestreichen mit verdünnter Salzsäure. Weil es sich hier in den meisten Fällen um größere Formate handelt, habe ich der Billigkeit wegen zum Aufkleben der Schriften stets Roggenmehlkleister verwendet. Man läßt einen frischen Satz langsam festbacken, indem man den Preßhebel herunterlegt, so daß die obere geheizte Platte auf der Schrift ruht, nach einer Viertelstunde hängt man den Satz oben an, am besten mit gutem Leim. Als Matrize schneidet man eine starke Pappe in Plakatgröße. Diese klebt man jedoch schon auf den Preßschlitten, bevor der Satz oben angehängt wird. Wenn der Satz festgeklebt ist, zieht man die obere Platte heraus und legt sie auf den Tisch mit der Schrift nach oben und läßt sie so ein Weilchen liegen. Macht man dies nicht, so kommt es sehr leicht vor, daß verschiedene Buchstaben oder auch ganze Zeilen herunterfallen.

Wenn der Satz trocken und die Platte wieder eingeführt ist, gibt man einen so kräftigen Druck auf die Matrizenpappe, bis die Schriften vollständig bis an den äußeren Rand ausgeprägt sind. Durch diesen kräftigen Druck tritt selbstverständlich die Pappe zwischen den Schriften in die Höhe. Diese Stellen müssen mit einem scharfen Messer um die Konturen der einzelnen Buchstaben sehr genau herausgeschärft werden. Die Anfertigung einer solchen Matrize nimmt natürlich auch viel Zeit in Anspruch. Wenn man mit dem Ausschärfen fertig ist, wird die Matrize mit Sandpapier glatt gerieben, erst mit grobem, dann mit feinerem. Dann kann man die ganze Fläche mit dünnem Papier überkleben, was jedoch nicht unbedingt nötig ist. Wenn das Papier dann trocken geworden ist, preßt man die Schrift nochmals kräftig vor und reibt die Matrize mit Speckstein oder Graphit ab, je nach der Farbe der zu prägenden Plakate. Die Pappen oder der Karton, welcher zu solchen Plakaten verwendet wird, ist in der Regel mit präparierten Papieren überzogen. Um das Kleben des Blattmetalls oder Aluminiums zwischen der Schrift zu verhindern, wird der Karton mit einer dünnen Schicht Vergoldepulver bestrichen, der Druck muß ein langsamer sein. Man läßt den Hebel einige Sekunden in herabgedrückter Stellung stehen. Die Plakat-Prägerei sollte nur von kräftigen Personen ausgeführt werden, da ein solcher Druck viel Kraftaufwand erfordert. Das Arbeiten von zwei Personen an einer Maschine halte ich nicht für erforderlich. Die Arbeiten müssen immer so verteilt werden, daß die kräftigsten Leute auch die schwersten Drucke ausführen, während schwächere Personen für leichtere Arbeiten verwendet werden können. Der Arbeitsraum muß möglichst abgeschlossen sein, es kommt vor, daß man 12 und noch mehr Blatt Aluminium auftragen muß, welches bei dem geringsten Luftzug von dem betreffenden Arbeitsstück wegfliegt. Nach jedem Druck nimmt man einen größeren Pinsel und stößt das hängenbleibende Gold oder Silber von der Schrift ab. Außerdem muß man, wenn es nötig ist, die Platte herausnehmen und die Schriften wieder blank putzen. Dazu eignet sich ganz feiner Schmirgelstaub. Weil infolge ihrer Größe solche Plakat-Schriften auch sehr teuer sind, werden sie niemals so reichhaltig an Buchstaben sein, wie andere kleine Schriftensätze. Daher kommt es vor, daß bei der Zusammenstellung eines Satzes die Buchstaben nicht ausreichen. Man kommt bei solchen Fällen oftmals in die größte Verlegenheit. Wenn es sich um einen größeren Posten handelt, dann muß mit der Anfertigung solcher Plakate gewartet werden, bis die fehlenden Buchstaben nachbestellt und ergänzt sind. Bei kleineren Bestellungen kann man sich aus dieser Notlage heraushelfen durch Umsetzen der Buchstaben. Man wählt hierzu Buchstaben von ziemlich gleicher Breite, setzt also z. B. für ein n ein u, für ein m ein w, für ein b ein d, für ein l ein i usw. Doch muß man an solchen Stellen noch einen kleinen Zwischenraum lassen, vielleicht einen knappen Millimeter, weil beim Anhängen des Satzes an die obere Platte die Schriften noch etwas auseinander gedrängt werden. Bevor der Satz angehängt wird, nimmt man die falschen Buchstaben wieder heraus. Sind die Plakate nachher das erstemal durchgedruckt, kehrt man sie nicht ab, sondern läßt das Gold oder Aluminium solange darauf, bis die fehlenden Buchstaben an anderen Stellen herausgenommen und in die betreffenden Lücken eingesetzt sind. Wenn dies geschehen ist, druckt man die Plakate noch einmal durch. Sauberes Ausputzen ist dann die Hauptsache, es sieht unschön aus, wenn irgendwelche Flimmer daran hängen bleiben. Das Neueste auf dem Gebiet der Plakat-Prägerei sind die Stanz- oder Schneidschriften. Dieselben sind ebenfalls aus hartem Metall gegossen. Sie müssen sehr vorsichtig behandelt werden, damit der äußere Rand, die Schneidkante nicht beschädigt wird. Die Arbeitsweise ist so ziemlich die gleiche. An Stelle des Blattgoldes verwendet man dazu geleimte oder gummierte Papiere, welche mit dünnem Kleisterwasser mager bestrichen und mit dieser Seite auf das betreffende Arbeitsstück aufgelegt werden. Der Druck wird so geregelt, daß das Prägepapier nur leicht durchschnitten wird. Da die Schneidkanten der Schrift sich nach oben verbreitern, werden die Umrisse der Schrift bei zu starkem Druck zu tief gestanzt, was bei solchen Plakaten nicht gerade schön aussieht. Auch in bezug auf die Haltbarkeit ist zu tiefes Prägen ein Nachteil. Die Plakate können in diesem Falle sehr leicht zerbrechen. Nach erfolgtem Druck muß das abfallende Prägepapier sofort abgezogen und die kleinen Teilchen, welche bei ringsum geschlossenen Lettern, wie D. B. e. usw. auf dem Karton bleiben, vorsichtig herausgehoben werden. Dazu gehört ebenfalls ein Hilfsarbeiter. Wenn eine Anzahl Plakate fertig ist, werden sie mit einem ausgedrückten Schwamm überwaschen und dann zum Trocknen aufgestellt. Ein geübter Präger wird sich auf diese Artikel sehr schnell einarbeiten.

Ich komme nun auf die Arbeiten in Kartonnagen-Betrieben und solchen Prägeanstalten, die sich speziell mit der Anfertigung kleinerer Massen-Artikel beschäftigen. Für solche Arbeiten eignen sich die kleinen Prägepressen, doch ist es ratsam, für vorkommende außergewöhnliche Arbeiten eine größere Vergoldepresse zu besitzen. Es handelt sich bei solchen Artikeln in erster Linie um die Zusammenstellung eines korrekten Satzes, was mitunter sehr viel zu wünschen übrig läßt. Das Setzen erfordert, weil es hier sehr häufig vorkommt, viel Aufmerksamkeit und Verständnis in bezug auf die Harmonie der verschiedenen Ornamente und Gravuren. Die gewählten Umrahmungen, Ecken oder sonstigen Verzierungen müssen immer im richtigen Verhältnis zur Größe der zu bedruckenden Fläche stehen. Bei kleineren Formaten wirkt eine schmale Umrahmung oder fein geschnittene Ornamente weit wirkungsvoller als schwere plumpe Linien oder Satzstücke. Bei der Schrift ist genau dasselbe zu beobachten. Man wähle sie stets im rechten Verhältnis zur Größe des Feldes, worin sie zu stehen kommt. Gleichmäßig lange Zeilen sehen nie schön aus, auch dürfen für einen gefälligen Satz nicht immer gleiche Schriften verwendet werden, es muß eine geschmackvolle Abwechslung darin liegen, doch müssen sie im Schnitt möglichst zueinander passen. Zum Aufkleben der Schriften und Gravuren kann man verschiedene Klebstoffe verwenden, je nachdem man sich darauf eingerichtet hat. Wienerpapp, Dextrin, Roggenmehlkleister oder auch guten Leim. Mit Leim habe ich selbst fünf Jahre in einer Stellung gearbeitet und habe damit die größten Formate geprägt, mitunter auch sehr große Posten. Trotzdem kann ich mich nicht erinnern, daß mir während des Prägens irgendwelche Schriften oder Gravuren herabgefallen wären. Bei einem Satz, der lange zu halten hat, ist es natürlich sehr zweckmäßig, die Schrift zwischen den Zeilen mit Leim auszugießen. Man macht sich dazu eine Tüte, füllt sie mit ziemlich dickem Leim, schneidet dann mit der Schere die Spitze ab und läßt den Leim zwischen die Zeilen laufen. Sämtliche Schriften und Gravuren sind auf ihrer Unterseite schraffiert. Die vertieften Linien dienen dazu, daß beim Anpressen des Satzes nur die Hälfte des Klebstoffes hervorgedrückt wird. Bei Anfängern kommt es allerdings sehr häufig vor, daß während des Pressens einzelne Buchstaben herunterfallen, ganz gleich, mit welchem Klebstoff sie arbeiten. Dieserhalb müssen sie sehr vorsichtig sein, weil, wenn es nicht rechtzeitig bemerkt wird, oftmals sehr teure Schriften und Platten verquetscht und unbrauchbar gemacht werden. Wie ich schon erwähnt habe, ist es gut, nach dem Anhängen des Satzes die Platte herauszuziehen und ein Weilchen verkehrt auf den Tisch zu legen, mit der Schrift nach oben. Dann führt man die Platte wieder ein und macht einen langsamen Druck auf die Matrize. Bei solchen Massenartikeln, welche in den hier angeführten Betrieben hergestellt werden, handelt es sich hauptsächlich um Papierdrucke. Das Eiweiß kommt hierbei als Grundiermittel nur selten in Betracht. Sollen jedoch unpräparierte, dunkle Papiere vergoldet werden, so wende man an dessen Stelle die Gelatinelösung an, sie besitzt mehr Bindekraft als die im Handel befindlichen teuren Ersatzmittel, wie Öserlin, Metallin und wie sie alle heißen, ganz abgesehen von dem widerlichen Geruch, den diese Präparate verbreiten. Sämtliche nassen Grundiermittel darf man nie zu trocken werden lassen, in diesem Falle haben sie erstens keine Bindekraft und zweitens bekommen solche Drucke auch nicht den nötigen Glanz. Am besten drucken sich die Kalbleder-Papiere, die schwarzen in der Regel besser wie die hellfarbigen. Die meisten Chagrinpapiere und auch das diesen Papieren ähnliche Skytogen lassen sich ohne jegliches Grundiermittel vergolden. Man muß natürlich versuchen, die erforderlichen Hitzegrade herauszukriegen. Bei Gelatinepapieren muß ein möglichst schneller Druck gemacht werden, oder man muß etwas Vergoldepulver aufstäuben, um das Kleben des Goldes auf dem Papier zu verhindern, dann kann man auch einen langsameren Druck machen. Ob die Maschinen zu heiß oder zu kalt ist, läßt sich sehr leicht unterscheiden. Bei zu kalter Presse verbindet sich das Gold überhaupt nicht mit dem Papier, ist aber die Maschine zu heiß, dann sieht der Druck kriselig aus, es bilden sich kleine Bläschen unter dem Gold, das kommt daher, weil der Untergrund verbrannt ist. Aluminiumdrucke halten gewöhnlich besser auf dem Papier wie Metallgolddrucke. Mir ist selbst der Fall vorgekommen, daß bei schwarzem Kalblederpapier das Blattmetall nicht halten wollte, ohne zu grundieren. Das Gold war allerdings sehr stark und spröde. Das Papier war aber einmal geschnitten, infolgedessen mußte es gehen. Das Papier war sehr matt in der Farbe, jedenfalls zu dünn lackiert. Ich habe mir dadurch geholfen, daß ich eine zweite Gasgabel in die Heizlöcher der Maschine einführte, um mit doppelter Hitze zu arbeiten, und der Erfolg war überraschend. Es wurde ein Druck so sauber wie der andere. Ich habe an diesem Tage ohne irgendeine Störung 2000 Drucke herausgepreßt. Das Blattmetall soll aber für alle Papierdrucke möglichst dünn und geschmeidig sein. So unangenehm wie das Arbeiten mit Vergoldepulver ist, es läßt sich bei manchen Papiersorten doch nicht vermeiden. Glacé, Moiré oder Schreibpapiere, auch weißer Karton müssen entweder mit Vergoldepulver gedruckt werden, oder man muß das Verfahren mit Bernsteinlack anwenden, wie ich am Anfang meiner Ausführungen beschrieben habe. Naßgrundierte Papiere haben die Eigenschaft, sich möglichst bald nach oben zu rollen, sobald sie in die Nähe der Heizflammen kommen. Diesem Übel kann man leicht abhelfen, wenn man oben und unten einen Pappstreifen festklebt, dann auf jedem Streifen ein paar vorstehende Stückchen Preßspan befestigt, wodurch die Ränder der zu druckenden Papiere niedergehalten werden. Metallgold und Aluminium trägt man mit den Fingern auf, nicht wie ich erst vor einigen Jahren in einer Dresdner Großbuchbinderei beobachtet habe, mit dem Goldmesser. Das Auftragen mit dem Goldmesser eignet sich sehr wenig zur Herstellung von Mas-

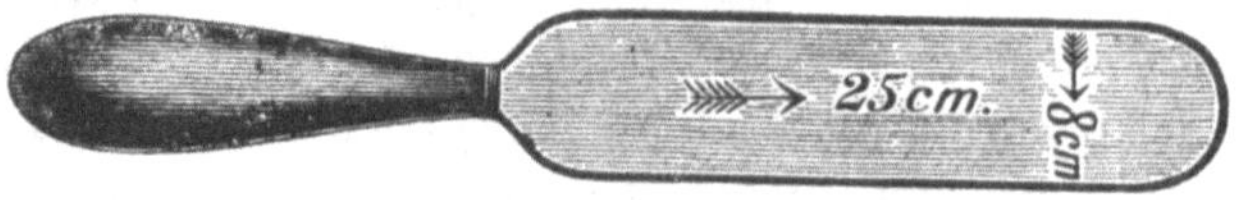

Fig. 53.

senartikeln. Ein geübter Vergolder, der auf diese Artikel eingerichtet ist, muß eine derartige Gewandtheit besitzen, daß er mit einem Blatt Metallgold oder Aluminium wahre Akrobatenkunststücke in der Luft machen kann, ohne daß es zerreißt. Schweißfinger sind dazu allerdings nicht gut zu gebrauchen, oder man muß öfters die Hände mit Speckstein abreiben. Ein kurzes Anblasen genügt, um ein Blatt Gold mit der Hand auf das betreffende Arbeitsstück zu befördern. Bei diesen Artikeln ist schnell arbeiten die Hauptsache. Was will ein Vergolder fertig bringen, wenn er jedes Blatt mit dem Messer aufträgt? Im höchsten Falle 400 Drucke pro Tag. Und was muß die durchschnittliche Tagesleistung sein? Bei grundiertem Papier muß man täglich 1—2000 Drucke herauspressen können. Doch kann man dieses Quantum noch weit übertreffen.[1]) In Kartonnagenbetrieben müssen die Vergolder ihre Prägedrucke meist selbst ausputzen. Bei großen Posten gehört aber unbedingt eine Hilfsarbeiterin dazu. Diese muß mit voller Aufmerksamkeit bei der Sache sein, sie darf nicht so und soviel Drucke unausgeputzt liegen

[1]) Meine Höchstleistung waren 900 Drucke in $2^1/_2$ Stunden. Plattengröße 8 cm □, Papiergröße 20 cm □. Es waren Packpapiere für Toilette-Seifen. Allerdings war das kein Arbeiten, sondern es war eine Wette, ich habe sie gewonnen, aber das will gemacht sein.

lassen, sondern sie muß mit der Arbeit stets nachkommen, sie muß dem Vergolder förmlich die Drucke aus der Hand nehmen, damit sie jedesmal sofort sagen kann, wenn an der Prägung etwas nicht in Ordnung ist. Sie muß aufpassen, daß die Drucke sämtlich gut halten, bis auf die feinsten Linien, daß die Drucke nicht kleben, weil die Maschine zu heiß, oder das Gold durchlöchert ist, daß keine Schriften oder Verzierungen herabgefallen sind u. dgl. Infolgedessen hat eine Hilfsarbeiterin vollauf zu tun, denn ein geübter Präger wird ihr eine derartige Menge fertiger Drucke auf den Tisch werfen, daß ihr manchmal Angst und Bange wird.[1]) Bei Papieren, die mit Vergoldepulver gedruckt werden müssen, geht die Sache freilich nicht so schnell, da hat man sich dazu zu halten, wenn man pro Tag 1000 Drucke schaffen will. Dünne Papiere müssen vor dem Vergolden auf stärkeres aufgezogen werden, damit beim Überziehen der Prägedruck durch die Feuchtigkeit des Leimes nicht zu sehr leidet; denn solche sehen sehr unscheinbar aus. In Betrieben, wo das Wölben der Kastendeckel mit der Hand gemacht wird, empfiehlt es sich, die Kästchen in halbfertigem Zustand zu vergolden, das heißt: wenn die Papierdecke schon aufgezogen ist. Solche Drucke bleiben unverändert schön und behalten ihren Glanz, weil sie durch den Leim nicht aufweichen. Wer also diese Umstände berücksichtigen will, der lasse die Kästchen bis zum Anhängen der Scharniere fertig machen. Nach dem Drucken werden die Deckel noch einmal leicht nachgewölbt, was sehr schnell geht. Das Drucken eines fertigen Deckels geht viel schneller als das Anlegen eines losen Blattes Papier an die Anlegeklötzer. Für jede Kastengröße fertigt man sich einen Pappklotz, der etwas höher ist als der Deckel. Die Deckel müssen alle leicht über die Pappklötze gehen. Die Klötze müssen fest zusammengepreßt sein und können lange verwendet werden. Man kann die Kastendeckel mit großer Geschwindigkeit auf die Form stecken, den Druck ausführen, auf der Form gleich ausputzen und ebenso schnell den Deckel wieder in eine bereitstehende Kiste werfen. Hut- und Krawattenfutter vergoldet man durch Aufstäuben von Pariserpulver oder man verwendet die geleimte Bronzefolie. Vergoldungen auf Preßspan werden ebenfalls mit Pulver ausgeführt, der Druck muß langsam und fest sein. Sämtliche gebrauchte Schrif-

[1]) Anm. des Herausgebers: Das war einmal in jener „prähistorischen Zeit“ vor 1914, als noch gearbeitet wurde innerhalb der Arbeitszeit, und die politischen und gewerkschaftlichen Debatten in die Zeit nach Feierabend verlegt waren.

ten und Gravuren müssen des Abends eingeweicht und Morgens abgesetzt werden. Dem Wasser setzt man ewtas „kaustische Soda" oder etwas „Kali-Lauge" zu. Die Maschinen müssen wöchentlich mehrmals geölt werden. Zum Einschmieren der Anhängeplatte und des Schlittens nimmt man pulverisierten Graphit.

Am Schluß meiner Ausführungen gebe ich der Hoffnung Ausdruck, daß durch baldige Verbilligung des Rohmaterials unser edles Handwerk wieder zu so schöner Blüte gelangen möchte, wie es vor dem Kriege der Fall war.

Das Prämafix - Kaltprägeverfahren.

Als Neuerung auf dem Gebiete der Prägeverfahren muß auf die Prämafix-Kaltprägung besonders hingewiesen werden, weil sie gegenüber den bisher bekannten Verfahren gewaltige wirtschaftliche Vorteile aufweist.

Zur Ausübung des Kaltprägeverfahrens bedarf es der Relief-Prägemaschine Prämafix, die in fünf verschiedenen Modellen gebaut wird. Die Prämafix-Maschine druckt und prägt in einem Gange. Sie arbeitet ohne Farbe, Matrize, Heizung, Klebstoff und Zurichtung. Das kleinste Modell dieser hervorragenden Maschine, die jederzeit gebranchsfertig ist, zeigt nachstehende Abbildung.

Relief-Prägemaschine Prämafix Modell I. Arbeitsbreite 20 cm, Gewicht 50 kg.
Fabrikant: Bauchwitz-Pscherer Aktiengesellschaft, Leipzig, 54, Bitterfelder Straße 1.

Als Zubehör zur Prämafix-Maschine finden Verwendung: Prämafix-Relief-Prägeschriften, -Ziffern und -Klischees, Kartons, Schilder und Buntpapiere, sämtlich in vielen verschiedenen Charakteren bzw. Formen und Farben. Die Buntpapiere ersetzen Druckfarbe und Folie. Die Prägung erfolgt vollkommen kalt und trocken und ist in denkbar kürzester Zeit, wie nachstehend beschrieben, auszuführen.

Man setzt die Schrift (Bild nach unten) auf die Lineale, die sich auf dem in vorstehender Abbildung eingeschobenen Schlitten befinden, legt den Karton unter die Schrift, auf diesen das Buntpapier und schiebt den Schlitten unter den Tiegel. Nach dem Hebeldruck erfolgt langsames Herausziehen des Schlittens, die Buntpapierreste werden abgestrichen und die Prägung ist fertig.

Auf diese Art lassen sich in erster Linie Schaufensterschilder, Preisschilder, Aushängeschilder, Plakate und Kalenderrückwände und sonstige Werbesachen anfertigen.

Mit Modell I, das eine Arbeitsbreite von 20 cm aufweist, kann jeweils nur eine Zeile geprägt werden, mit Modell II von gleicher Arbeitsbreite drei Zeilen auf einmal. Modell III besitzt eine Arbeitsbreite von etwa 30 cm und gestattet eine Prägung von vier Zeilen auf einmal. Werbesachen bis zu 48 cm Breite in einer Ausdehnung von fünf Zeilen lassen sich auf einmal mit Modell IV herstellen, solche von 35 cm Breite und vier Zeilen mit Modell V.

Bis auf wenige Abweichungen wiederholt sich der vorstehend beschriebene Arbeitsgang auch bei der Herstellung von Transparent- und Plastik-Plakaten, die gleichfalls aus Karton angefertigt werden. Hierbei kommt selbstverständlich das Buntpapier in Wegfall, weil farbiger Karton ausgestanzt wird, doch muß zum Schutze der Transparenttypen etwas Preßspan unter den Karton gelegt werden. Die ausgestanzten Plakate und Schilder werden mit Irispapier hinterklebt und wirken ganz ausgezeichnet.

Die bei der Herstellung der Transparent-Schilder ausgestanzten Buchstaben und Ziffern können gesammelt und zur Anfertigung von Plastik-Plakaten verwendet werden. Durch die Zusammenstellung von verschiedenfarbigen Karton-Buchstaben und -Ziffern auf getöntem Karton, lassen sich auch hier Werbesachen von hervorragender Wirkung erzielen.

Diese Transparent- und Plastik-Plakate sind nur unter Anwendung eines höheren Prägedruckes anzufertigen, wozu sich in erster Linie Modell IV und V eignen. Diese beiden Modelle sind heizbar, so daß sich mit diesen auch Warmprägungen ausführen lassen, nachdem die Prämafix-Einrichtung durch wenige Handgriffe entfernt worden ist.

Demzufolge können Prämafix-Maschinen sehr gut von Buchbindereien und Buchdruckereien mit besonderem Vorteil verwendet werden, in erster Linie dann, wenn es sich um aparte Ausstattung von Reklamesachen handelt, oder um kleine Auflagen von Drucksachen, die sich vorteilhaft mit dem Prämafix-Kaltprägeverfahren anfertigen lassen.

2444 — 22 D

Hackenstraß
S·C·M·A·G
AUTOMATEN
SIND DIE MODERNSTEN MASCHINEN ZUR HER-STELLUNG VON PACKUNGEN IN MASSEN.
VERLANGEN SIE UNSERE DRUCKSACHEN
SÄCHSISCHE CARTONNAGEN-MASCHINEN-A-G. DRESDEN-A·
FABRIK MODERNER MASCHINEN FÜR CARTONNAGEN U. MASSENPACKUNGEN

R. GERHOLD'S
GRAVIRANSTALT
erzeugt:
Vergolde-Schriften
Ziermaterial
Universal-Garnituren
Reliefplatten
Klischees
Entwürfe
GEGRÜNDET 1866
LEIPZIG
LANGESTR. 8

Meine
Friktionspresse PS
für Kraftbetrieb
Diese moderne und stark-
gebaute Maschine wird
in 6 Größen geliefert
Häufig gebraucht bei der
Herstellung von Pappwaren.
Besonders geeignet zur Fab-
rikation von Schachteln.
ALBERT SCHMIDT LEIPZIG SOPHIENSTR. 8
KARTONNAGENMASCHINEN- u. WERKZEUG-FABRIK

Zeitfracht Medien GmbH
Ferdinand-Jühlke-Straße 7
99095 Erfurt, Deutschland
produktsicherheit@kolibri360.de